SAMMELBAND ZUR STATISTISCHEN THEORIE DER TURBULENZ

SAMMELBAND ZUR STATISTISCHEN THEORIE DER TURBULENZ

mit Beiträgen von

A. N. Kolmogorov · A. M. Obuchow · A. M. Jaglom · A. S. Monin

In deutscher Sprache herausgegeben

von

DR. HERBERT GOERING

Deutsche Akademie der Wissenschaften zu Berlin

AKADEMIE-VERLAG · BERLIN

1958

Sammelband zur statistischen Theorie der Turbulenz

Übersetzt aus dem Russischen von Helmut Limberg

Erschienen im Akademie-Verlag GmbH, Berlin W 8, Mohrenstraße 39
Lizenz-Nr. 202 · 100/61/58

Satz und Druck: Druckhaus Maxim Gorki, Altenburg, Bez. Leipzig
Bestell- und Verlagsnummer: 5282
Printed in Germany

VORWORT ZUR DEUTSCHEN ÜBERSETZUNG

Infolge der unregelmäßigen Schwankungen eines turbulenten Geschwindigkeitsfeldes (bzw. Druck- oder Temperaturfeldes) ist es naheliegend, ein mit turbulenter Flüssigkeit ausgefülltes Raumgebiet als ein zufälliges Vektorfeld aufzufassen und die entsprechende Geschwindigkeitsverteilung unter Verwendung statistischer Methoden zu bestimmen. Einen ersten Schritt in dieser Richtung findet man bei L. KELLER und A. FRIEDMANN, die mit Hilfe der REYNOLDSschen Methode aus den NAVIER-STOCKESschen Differentialgleichungen und der Kontinuitätsbedingung Beziehungen für die von ihnen eingeführten Korrelationsmomente herleiteten. Ohne Heranziehung vereinfachender Annahmen hatte diese Idee jedoch zunächst nur wenig Erfolg. Erst G. I. TAYLOR, der seine Untersuchungen auf den Spezialfall einer statistisch homogenen und isotropen Turbulenz beschränkte, erhielt konkrete Resultate. Im Anschluß hieran entwickelte sich im wesentlichen unter v. KÁRMÁN, KOLMOGOROV, HEISENBERG, ONSAGER und DRYDEN eine statistische Theorie der Turbulenz, die zwar bisher in quantitativer Hinsicht wenig, aber qualitativ eine ganze Reihe wesentlicher Resultate lieferte, die eine verhältnismäßig gute Vorstellung über die innere Struktur der Turbulenz gaben. Eine systematische Zusammenstellung der bisherigen Ergebnisse und eine Übersicht über die hauptsächlichsten Methoden dieser Theorie findet man bei BATCHELOR in dem Buch "The theory of homogeneous turbulence". In diesem Buch sind einige wichtige Resultate der sowjetischen Schule zur statistischen Turbulenztheorie nur kurz erwähnt, oder sie fehlen überhaupt. Um daher in Verbindung mit dem Buch von BATCHELOR einen vollständigen Überblick über den gegenwärtigen Stand der statistischen Turbulenztheorie zu haben, sollen im vorliegenden Band die wichtigsten sowjetischen Arbeiten zum Turbulenzproblem zusammenfassend herausgegeben werden. Dies ist um so mehr gerechtfertigt, da die verschiedenen Einzelarbeiten schwer zugänglich sind.

Für wertvolle Hinweise bei der Herausgabe dieses Sammelbandes, wie für das Lesen der Korrekturen möchte ich an dieser Stelle den Professoren A. M. OBUCHOW, A. M. JAGLOM, A. S. MONIN und meinem Kollegen Herrn H. LIMBERG meinen besten Dank aussprechen.

Herbert Goering

INHALTSVERZEICHNIS

A. M. OBUCHOW

Statistische Beschreibung stetiger Felder[1])

Der Artikel enthält eine systematische Darstellung der Hauptfragen aus der Theorie der statistischen Beschreibung stetiger Felder, die das Haupthilfsmittel zur theoretischen Behandlung der Turbulenz bilden. Die Theorie kann auch bei der Benutzung statistischer Untersuchungsmethoden in der Geophysik vielfach angewandt werden.

EINLEITUNG

In den Arbeiten von A. A. FRIEDMANN und L. W. KELLER [1, 2], die den Anfang der modernen Theorie der Turbulenz bilden, wurde zum erstenmal das Problem der statistischen Beschreibung stetiger Felder — der charakteristischen Größen einer turbulenten Strömung — genau formuliert und zur Lösung dieses Problems die Methode der Momente vorgeschlagen. Das Auffinden allgemeiner Methoden zur statistischen Beschreibung stetiger Prozesse und Felder ist das Verdienst der sowjetischen Mathematiker E. E. SLUTSKY [3], A. J. CHINTSCHIN[2]) [4] und A. N. KOLMOGOROV [5, 6]. Als Ergebnis dieser Arbeiten entstand in der Wahrscheinlichkeitsrechnung ein neuer Zweig — die Theorie der Zufallsfunktionen.

Als Zufallsfunktion bezeichnet man eine Funktion von einer oder mehreren Veränderlichen, aufgefaßt als Element einer statistischen Gesamtheit von Funktionen, in der eine Wahrscheinlichkeitsverteilung gegeben ist. Eine ausführliche Übersicht über die moderne Theorie der Zufallsfunktionen einer Veränderlichen (stochastischer Prozesse) findet man in einem Artikel von A. M. JAGLOM [7][3]). Diese Theorie hat in der Physik und der Radiotechnik bei der Untersuchung von Schwingungen und Geräuschen verschiedener Art umfassende Anwendung gefunden [8].

Die Theorie der Zufallsfunktionen von mehreren Veränderlichen (Skalar- und Vektorfelder) ist bisher nur wenig behandelt worden; diesbezügliche Ergebnisse wurden hauptsächlich in Verbindung mit der Lösung konkreter Probleme aus der statistischen Theorie der Turbulenz gewonnen. Diese Resultate sind aber

[1]) Übersetzt aus: Труды геофизического института АН СССР № 24 (151) (1954) S. 3.

[2]) In einigen Übersetzungen findet man diesen Namen auch in der französischen Schreibweise KHINTCHINE. — Anmerkung zur deutschen Übersetzung.

[3]) Eine deutsche Übersetzung dieses Artikels erscheint im Akademie-Verlag, Berlin. — Anmerkung zur deutschen Übersetzung.

nicht nur für die Turbulenztheorie von Interesse; sie können auch eine weitere Anwendung in der Geophysik finden. Als Beispiel erwähnen wir die Arbeit von M. J. JUDIN [9] über die Benutzung statistischer Methoden zur Beschreibung von Feldern bei Problemen der Klimatologie. Möglicherweise erweisen sich derartige Methoden auch beim Studium von mikroseismischen und magnetischen Änderungen als zweckmäßig.

In der vorliegenden Arbeit ist der Versuch gemacht worden, eine systematische Darstellung der Theorie der Zufallsfelder (skalarer und vektorieller) zu geben. Der Hauptsatz über die Zerlegung der Korrelationsfunktionen in Komponenten, die der Solenoidal- und Potentialkomponente eines Feldes entsprechen, war vom Verfasser im Jahre 1947[1]) bewiesen worden und wird in der vorliegenden Arbeit zum erstenmal veröffentlicht. Die Spektraltheorie der Zufallsfelder wird in der vorliegenden Arbeit nicht behandelt, da das entsprechende Material in dem oben erwähnten Artikel von A. M. JAGLOM [7] (s. auch [10]) enthalten ist.

§ 1. Die Wahrscheinlichkeitsverteilung für eine Zufallsfunktion

$u(x)$ sei eine Zufallsfunktion, die in einem Intervall $[a, b]$ der unabhängigen Veränderlichen x definiert ist und die einer hinreichend großen Klasse von Funktionen K angehört (K kann beispielsweise die Gesamtheit aller stetigen oder stückweise stetigen Funktionen sein). Wir werden sagen, für $u(x)$ ist eine Wahrscheinlichkeitsverteilung (mit anderen Worten, in K ist eine Wahrscheinlichkeitsverteilung) gegeben, wenn jedem Wertesystem $x_1, x_2, \ldots, x_N$ der unabhängigen Veränderlichen aus $[a, b]$ bei beliebigem, aber endlichem N eine bestimmte Funktion von N-Veränderlichen — die Dichte der Wahrscheinlichkeitsverteilung

$$f_{x_1, x_2 \ldots, x_N}[u(x_1), u(x_2), \ldots, u(x_N)] \tag{1}$$

für das System der N-Zufallsgrößen $u_1, u_2, \ldots, u_N$ [den Werten der Funktion $u(x)$ an den Stellen $x_1, x_2, \ldots, x_N$] zugeordnet ist. Die Funktion (1) muß einer gewissen Verträglichkeitsbedingung genügen. Wählen wir aus dem Wertesystem $x_1, x_2, \ldots, x_N$ ein Teilsystem von weniger Werten, z. B. $x_1, x_2 \ldots, x_{N-m}$ (bei geeigneter Numerierung kann man es stets so schreiben), so ist offenbar

$$\begin{aligned} & f_{x_1, x_2, x_3 \ldots, x_{N-m}}(u_1, u_2, \ldots, u_{N-m}) = \\ = & \int\limits_{-\infty}^{+\infty}\!\!\int \cdots \int f_{x_1, x_2, \ldots, x_{N-m}, x_{N-m+1}, \ldots, x_N}(u_1, u_2, \ldots \\ & \ldots, u_{N-m}, u_{N-m+1}, \ldots, u_N)\, d\,u_{N-m+1} \ldots d\,u_N . \end{aligned} \tag{2}$$

An Stelle der mehrdimensionalen Wahrscheinlichkeitsverteilung $f_{x_1, x_2, \ldots, x_N}(u_1, u_2, \ldots, u_N)$ kann man auch die entsprechende charakteristische

[1]) Dieser Satz befindet sich in der Dissertation des Verfassers: „Anwendung von Methoden der statistischen Beschreibung von Feldern auf die Theorie der atmosphärischen Turbulenz", Moskau 1947 (Geophysikalisches Institut der Akademie der Wissenschaften der UdSSR).

Funktion — die FOURIER-Transformierte der Verteilungsfunktion — betrachten:

$$\varphi_{x_1, x_2, \ldots, x_N}(\theta_1, \theta_2, \ldots, \theta_N) = M\left\{\exp\left(i\sum_{k=1}^{N}\theta_k u_k\right)\right\} =$$
$$= \int\int_{-\infty}^{+\infty}\cdots\int \exp\left\{i\sum_{k=1}^{N}\theta_k u_k\right\} f_{x_1, x_2, \ldots, x_N}(u_1, u_2, \ldots, u_N)\, du_1\, du_2 \ldots du_N. \quad (3)$$

Das Symbol M bezeichnet die mathematische Erwartung der entsprechenden Größe. Die Operation der Bildung der mathematischen Erwartung werden wir auch mit einem Querstrich über der betreffenden Größe bezeichnen (dies darf man nicht mit konjugiert komplexen Größen verwechseln, die im folgenden mit einem Stern bezeichnet werden). Man überzeugt sich leicht [dies ergibt sich unmittelbar aus (2) und (3)], daß für charakteristische Funktionen die oben erwähnten Verträglichkeitsbedingungen der Wahrscheinlichkeitsverteilung von $u(x)$ in einem vorgegebenen System von Punkten und jedem seiner Teilsysteme folgende Gestalt annehmen:

$$\varphi_{x_1, x_2, \ldots, x_{N-m}}(\theta_1, \theta_2, \ldots, \theta_{N-m}) =$$
$$= \varphi_{x_1, x_2, \ldots, x_{N-m}, x_{N-m+1}, \ldots, x_N}(\theta_1, \theta_2, \ldots, \theta_{N-m}, 0, \ldots, 0). \quad (4)$$

Somit müssen wir die Parameter $\theta_{N-m+1}, \ldots, \theta_N$, die den Variablen $u_{N-m+1}, \ldots, u_N$ entsprechen, gleich Null setzen.

Für eine Zufallsfunktion kann man den Begriff eines „charakteristischen Funktionals" einführen. Dieser Begriff ist analog dem der charakteristischen Funktion für eine Zufallsgröße (oder für ein endliches System von Zufallsgrößen). $\theta(x)$ sei eine beliebige, auf $[a, b]$ definierte Funktion der Beschaffenheit, daß das Integral

$$u[\theta] = \int_a^b \theta(x)\, u(x)\, dx \quad (5)$$

für eine beliebige Funktion aus der Gesamtheit K sinnvoll ist. Wenn $u(x)$ eine Zufallsfunktion ist, dann stellt $u[\theta]$ eine gewöhnliche Zufallsgröße dar, deren Verteilungsgesetz von der Auswahl der Funktion $\theta(x)$ abhängig ist; letztere ist gewissermaßen ein „Verteilungsparameter".

Die charakteristische Funktion der Größe $u[\theta]$ für $N = 1$

$$\varphi_u[\theta] = M\{\exp(i u[\theta])\} = M\left\{\exp\left(i\int_a^b \theta(x)\, u(x)\, dx\right)\right\} \quad (6)$$

nennen wir das charakteristische Funktional $\varphi_u[\theta]$ der Zufallsfunktion $u(x)$. Das Funktional $\varphi_u[\theta]$ ordnet jeder Funktion $\theta(x)$ eine bestimmte komplexe Zahl zu. Kennt man für eine gewisse Zufallsfunktion das charakteristische Funktional, so ist es prinzipiell möglich, die Verteilungsfunktionen (1) zu berechnen. Dazu betrachten wir bei gegebenem System von Werten der unabhängigen Veränderlichen $x_1, x_2, \ldots, x_N$ eine Funktionenfolge $\theta^{(n)\,\theta_1,\,\theta_2,\,\ldots,\,\theta_N}_{x_1,\,x_2,\,\ldots,\,x_N}(x) = \theta^{(n)}(x)$, $(n = 1, 2, \ldots)$ mit folgenden Eigenschaften:

1. für ein beliebiges Intervall $[\alpha, \beta]$, das die Punkte $x_1, x_2, \ldots, x_N$ nicht enthält, gilt

$$\lim_{n\to\infty} \int_\alpha^\beta \theta^{(n)}(x)\,dx = 0,$$

2. für die Umgebung eines jeden Punktes $x_i\,(i = 1, 2, \ldots, N)$ ist

$$\lim_{n\to\infty} \int_{x_i-\varepsilon}^{x_i+\varepsilon} \theta^{(n)}(x)\,dx = \theta_i, \tag{7}$$

wobei die θ_i gegebene Parameter sind und ε eine beliebige, hinreichend kleine positive Zahl bedeutet.

Wir betrachten nun eine Folge von Werten des charakteristischen Funktionals $\varphi_u[\theta^{(n)}]$. Nach Definition des charakteristischen Funktionals (6) muß die Folge $\varphi_u[\theta^{(n)}(x)]$ konvergieren. Sie konvergiert gegen die zugehörige charakteristische Funktion (3):

$$\lim_{n\to\infty} \varphi_u\left\{\theta^{(n)}(x/x_1, x_2, \ldots, x_n)\right\} = \varphi_{x_1,\,x_2,\,\ldots,\,x_N}[\theta_1, \theta_2, \ldots, \theta_N]\,. \tag{8}$$

Nachdem wir die charakteristischen Funktionen (3) derart berechnet haben[1]), können wir schließlich die Verteilungsfunktion (1) nach der Umkehrformel für Fouriersche Integrale[2]) bestimmen:

$$f_{x_1,\,x_2,\,\ldots,\,x_N}(u_1, u_2, \ldots, u_N) =$$

$$= \frac{1}{(2\pi)^N} \int\int_{-\infty}^{+\infty}\cdots\int \exp\left\{-i\sum_{k=1}^{N} \theta_k u_k\right\} \varphi_{x_1,\,x_2,\,\ldots,\,x_N}(\theta_1, \theta_2, \ldots, \theta_N)\,d\theta_1\,d\theta_2\ldots d\theta_N\,. \tag{9}$$

Das charakteristische Funktional ist also ein sehr starkes Mittel zur Charakterisierung der Wahrscheinlichkeitsverteilung einer Zufallsfunktion: es bietet eine Möglichkeit zur Bestimmung aller Verteilungsfunktionen vom Typ (1) für beliebig vorgegebene Wertesysteme $x_1, x_2, \ldots, x_N$ der unabhängigen Ver-

[1]) Unter Verwendung der Symbolik, die in der theoretischen Physik üblich ist, kann man die Limesoperation (8) kürzer schreiben:

$$\varphi_{x_1,\,x_2,\,\ldots,\,x_n}(\theta_1, \theta_2, \ldots, \theta_N) = \varphi_u\,[\theta(x)];$$

dabei ist $\theta(x) = \theta_1\delta(x - x_1) + \theta_2\delta(x - x_2) + \cdots + \theta_n\delta(x - x_n)$ und $\delta(x)$ die „Diracsche δ-Funktion".

[2]) Wir setzen überall voraus, daß die mehrdimensionale Wahrscheinlichkeitsverteilung für ein Wertesystem $u(x_1)$, $u(x_2)$, ..., $u(x_N)$ mit Hilfe einer stetigen Funktion $f_{x_1,\,x_2,\,\ldots,\,x_N}(u_1, u_2, \ldots, u_N)$ — der Dichte der Wahrscheinlichkeitsverteilung in dem zugehörigen N-dimensionalen Raum — beschrieben werden kann.

änderlichen x. Im Paragraphen 4 wird ein konkretes Beispiel eines charakteristischen Funktionals angegeben[1]).

Die Definition der Wahrscheinlichkeitsverteilung für eine Funktion von mehreren Veränderlichen, beispielsweise für ein Skalarfeld $u(x, y, z)$, ist vollkommen analog der oben gegebenen Definition für die Funktion einer Veränderlichen. Wir wollen sagen, für ein Zufallsfeld $u(M)$ (M sei ein veränderlicher Punkt mit den Koordinaten x, y, z) sei eine Wahrscheinlichkeitsverteilung gegeben, wenn für ein beliebiges System von endlich vielen Punkten $M_1, M_2, \ldots, M_N$ aus dem Definitionsbereich D der Funktion $u(M)$ (wir wollen sie Beobachtungspunkte des Feldes nennen) ein Verfahren zur Konstruktion der zugehörigen N-dimensionalen Wahrscheinlichkeitsverteilung für das System der Werte des Feldes $u(M_1), u(M_2), \ldots, u(M_N)$ in den Beobachtungspunkten gegeben ist:

$$f_{M_1, M_2, \ldots, M_N}(u_1, u_2, \ldots, u_N).$$

Bei der Definition des charakteristischen Funktionals müssen wir im Falle eines dreidimensionalen Feldes die Parameterfunktion θ als eine in D definierte Funktion der drei Veränderlichen x, y, z ansehen. Das charakteristische Funktional wird in diesem Falle folgendermaßen definiert:

$$\varphi_{u(M)}[\theta(M)] = M\left\{\exp i \iiint_D u(x, y, z)\,\theta(x, y, z)\,dx\,dy\,dz\right\}. \tag{6'}$$

Wir wollen nun zur statistischen Beschreibung eines Vektorfeldes übergehen. In jedem Punkt M des Definitionsbereiches D des Feldes sei ein System von Basisvektoren $\mathfrak{e}^{\alpha}(M)$ mit $\alpha = 1, 2, \ldots, n$ gegeben[2]).

Wir werden sagen, für ein Vektorfeld $\mathfrak{u}(M)$ liege eine Wahrscheinlichkeitsverteilung vor, wenn für jedes System von Beobachtungspunkten $M_1, M_2, \ldots, M_N$ aus dem Bereich D ein Verfahren zur Konstruktion der Wahrscheinlichkeitsverteilung für nN Beobachtungsgrößen gegeben ist:

$$u_i^{(\alpha)} = \mathfrak{u}(M_i) \cdot \mathfrak{e}^{\alpha}(M_i) \tag{10}$$

[1]) In den letzten Jahren wurde der Begriff des charakteristischen Funktionals in der statistischen Turbulenztheorie benutzt, und zwar in der wichtigen Abhandlung von E. Hopf, „Statistical hydromechanics and functional calculus", J. Rat. Mech. and Analysis, vol. 1, No. 1, 87—123 (1951). Siehe auch die sich an diese Abhandlung anschließende Untersuchung von E. Hopf and E. W. Titt, Journal Rat. Mech. and Anal., vol. 2, No. 3, 587—591 (1953), und die Abhandlung von J. Bass, C. R. Acad. Sci., Paris, *237*, No. 13, 645—647 (1953). — Anmerkung zur deutschen Übersetzung.

[2]) In der Praxis sind die Fälle $n = 3$ (ein Feld im Raum) und $n = 2$ (ein Feld auf einer Ebene oder Kugelfläche) von größtem Interesse. Im Falle eines gewöhnlichen dreidimensionalen Raumes oder einer Ebene kann man natürlich die Basisvektoren $\mathfrak{e}$ als konstant im ganzen Bereich D ansehen; man wird z. B. die Einheitsvektoren nehmen, die zu dem zugrunde gelegten kartesischen Achsensystem parallel sind. Bei der Untersuchung eines Vektorfeldes auf einer Kugelfläche ist es jedoch unmöglich, ein solches konstantes Vektorfeld $\mathfrak{e}$ auf invariante Art und Weise zu bestimmen, und wir sind genötigt, auf lokale Koordinatensysteme, wie sie im Text angegeben sind, zurückzugreifen.

— dies sind die Komponenten des Vektorfeldes in den Beobachtungspunkten. Die Verteilungsfunktionen der Größen u_i^α müssen selbstverständlich gewissen Verträglichkeitsbedingungen genügen, die der Bedingung (2) analog sind.

Das charakteristische Funktional eines zufälligen Vektorfeldes im dreidimensionalen Raum wird auf der Gesamtheit der Vektorfunktionen $\Theta(x, y, z)$ definiert:

$$\varphi_{u(M)}[\Theta(M)] = M\left\{\exp i \iiint_D \Theta(x, y, z)\, \mathfrak{u}(x, y, z)\, dx\, dy\, dz\right\}. \tag{11}$$

Im Exponenten steht unter dem Integralzeichen ein skalares Produkt, das in kartesischen Koordinaten folgendermaßen geschrieben wird:

$$\Theta(x, y, z)\, \mathfrak{u}(x, y, z) = \sum_{\alpha=1}^{n} \theta_\alpha(M)\, u^\alpha(M). \tag{12}$$

Kennt man das charakteristische Funktional (11) eines Vektorfeldes $\mathfrak{u}(M)$, so kann man die Verteilungsfunktionen für ein jedes der Systeme von Zufallsgrößen (10) berechnen, nachdem man die zugehörigen charakteristischen Funktionen mittels einer zu (8) analogen Limesoperation bestimmt hat.

Wir werden sagen, eine „vollständige statistische Beschreibung eines Feldes" (oder eines Systems von Feldern) liegt vor, wenn für das Feld eine Wahrscheinlichkeitsverteilung im oben angegebenen Sinne erklärt ist.

Insbesondere kann man Felder betrachten, die im ganzen Raum definiert sind.

§ 2. Anwendung der Methode der Momente zur statistischen Beschreibung stetiger Felder

Eine vollständige statistische Beschreibung eines Feldes ist, wie wir uns bereits überzeugen konnten, ein äußerst schwieriges Problem und praktisch schwer durchführbar. Bei der Lösung konkreter Aufgaben in der statistischen Theorie der Turbulenz verwendet man die sogenannte Methode der Momente.

Für ein System endlich vieler Größen $u_1, u_2, \ldots, u_N$, die einem bestimmten Verteilungsgesetz $f(u_1, u_2, \ldots, u_N)$ unterworfen sind, werden bekanntlich die Ausdrücke

$$M^{p_1, p_2, \ldots, p_N} = \overline{u_1^{p_1} u_2^{p_2} \ldots u_N^{p_N}} =$$
$$= \iint_{-\infty}^{+\infty} \ldots \int u_1^{p_1} u_2^{p_2} \ldots u_N^{p_N} f(u_1, u_2, \ldots, u_N)\, du_1\, du_2 \ldots du_N \tag{13}$$

als Momente bezeichnet. Dabei sind $p_1, p_2, \ldots, p_N$ ganze nichtnegative Zahlen und die Summe der Exponenten $P = p_1 + p_2 + \ldots + p_N$ heißt Ordnung des Momentes[1]).

[1]) Zur Bezeichnung der Exponenten verwenden wir nur Buchstaben des lateinischen Alphabets. Das griechische Alphabet behalten wir uns zur Bezeichnung von Indizes bei Vektor- und Tensorgrößen vor.

Die Momente der Differenzen zwischen den Größen $u_1, u_2, \ldots, u_N$ und den entsprechenden mathematischen Erwartungen $\bar{u}_1, u_2, \ldots, \bar{u}_N$ werden zentrale Momente genannt:

$$B^{p_1, p_2, \ldots, p_N} = \overline{(u_1 - \bar{u}_2)^{p_1} (u_2 - u_2)^{p_2} \ldots (u_N - \bar{u}_N)^{p_N}}. \tag{14}$$

Zentrale Momente können in einfacher Weise durch $M^{p_1, p_2, \ldots, p_N}$ und Momente niederer Ordnung ausgedrückt werden.

Man kann die Momente leicht berechnen, wenn die charakteristische Funktion des vorgegebenen Systems von Größen

$$\varphi(\theta_1, \theta_2, \ldots, \theta_N) = \int\int_{-\infty}^{+\infty}\ldots\int \exp\left\{ i \sum_k \theta_k u_k \right\} \cdot f(u_1, u_2, \ldots, u_N)\, du_1 du_2 \ldots du_N \tag{15}$$

bekannt ist. Differenzieren wir (15) entsprechend oft (und zwar $p_1, p_2, \ldots, p_N$-mal) unter dem Integralzeichen nach jedem der Parameter $\theta_1, \theta_2, \ldots, \theta_N$ und setzen danach $\theta_1 = 0, \theta_2 = 0, \ldots, \theta_N = 0$, so erhalten wir

$$(i)^P M^{p_1, p_2, \ldots, p_N} = \left[\frac{\partial^P}{\partial\theta_1^{p_1} \partial\theta_2^{p_2} \ldots \partial\theta_N^{p_N}} \varphi(\theta_1, \theta_2, \ldots, \theta_N)\right]_{\theta_1 = 0,\, \theta_2 = 0, \ldots, \theta_N = 0},$$

d. h.

$$M^{p_1, p_2, \ldots, p_N} = (-i)^P \left[\frac{\partial^P}{\partial\theta_1^{p_1} \partial\theta_2^{p_2} \ldots \partial\theta_N^{p_N}} \varphi(\theta_1, \theta_2, \ldots, \theta_N)\right]_{\theta_1 = 0,\, \theta_2 = 0, \ldots, \theta_N = 0}. \tag{16}$$

Neben den Momenten höherer Ordnung, die durch (16) dargestellt werden, betrachtet man in der Statistik zuweilen auch sogenannte Semiinvarianten. Wir führen dazu eine spezielle Bezeichnung für den Logarithmus der charakteristischen Funktion ein:

$$\psi = \ln \varphi.$$

Als Semiinvarianten einer Verteilung bezeichnet man dann folgende Größen:

$$S^{p_1, p_2, \ldots, p_N} = (-i)^P \left[\frac{\partial^P}{\partial\theta_1^{p_1} \partial\theta_2^{p_2} \ldots \partial\theta_N^{p_N}} \psi(\theta_1, \theta_2, \ldots, \theta_N)\right]_{\theta_1 = 0,\, \theta_2 = 0, \ldots, \theta_N = 0.} \tag{17}$$

Die Semiinvarianten erster Ordnung stimmen mit den Momenten erster Ordnung überein. Die Semiinvarianten zweiter und dritter Ordnung stimmen mit den zentralen Momenten derselben Ordnung überein. Im allgemeinen Falle drücken sich die Semiinvarianten durch Momente der gegebenen Ordnung und durch Momente niederer Ordnung aus. Für eine Zufallsgröße haben diese Ausdrücke (für die ersten fünf Ordnungen) die folgende Gestalt:

$$S_1 = M_1; \quad S_2 = M_2 - M_1^2 = B_2; \quad S_3 = M_3 - 3 M_2 M_1 + 2 M_1^3 = B_3;$$
$$S_4 = B_4 - 3 B_2^2; \qquad S_5 = B_5 - 10 B_3 B_2. \tag{18}$$

Sind die Größen $u_1, u_2, \ldots, u_N$ durch eine Normalkorrelation miteinander verknüpft, d. h. ist die Verteilungsfunktion $f(u_1, u_2, \ldots, u_N)$ eine N-dimensionale

Normalverteilung, dann verschwinden die Semiinvarianten höherer Ordnung, angefangen von der dritten Ordnung, identisch, wie man sich durch direktes Nachrechnen leicht überzeugen kann. Die Umkehrung ist ebenfalls richtig.

Sind die Semiinvarianten aller Ordnungen bekannt, so kann man im allgemeinen die Verteilungsfunktion rekonstruieren. Bei Kenntnis der Semiinvarianten können wir nämlich den Ausdruck für den Logarithmus der charakteristischen Funktion in Form einer Taylorschen Reihe schreiben.

Wir wollen sagen, es liege eine statistische Beschreibung eines Zufallsfeldes bis auf Momente P-ter Ordnung vor, wenn für jedes System von Beobachtungspunkten $M_1, M_2, \ldots, M_N$ die Momente der entsprechenden N-dimensionalen Verteilungsfunktion (1) des Feldes in den Beobachtungspunkten bis zur P-ten Ordnung einschließlich bekannt sind. Die Momente eines Zufallsfeldes sind auf diese Weise Funktionen der veränderlichen Beobachtungspunkte. Analog werden die Semiinvarianten eines Feldes definiert. Die Anzahl der voneinander verschiedenen Beobachtungspunkte eines Feldes, für welche die bei der Definition eines Momentes auftretenden Werte der Exponenten $p_1, p_2, \ldots, p_N$ von Null verschieden sind, bestimmt den „Typ des Momentes". Definitionsgemäß kann der Typ eines Momentes nicht größer sein als seine Ordnung. Als Momente vom Ein-Punkt-Typ der ersten beiden Ordnungen erweisen sich die Größen $\bar{u}(M)$ und $\overline{u^2}(M)$ aber auch

$$B(M) = \overline{u^2}(M) - [\bar{u}(M)]^2,$$

d. h. Funktionen eines veränderlichen Punktes. Ein Beispiel eines Momentes vom Zwei-Punkt-Typ ist das sogenannte Moment des Zusammenhanges der Werte eines Feldes in zwei Punkten

$$B(M, M') = \overline{[u(M) - \bar{u}(M)]\,[u(M') - \bar{u}(M')]}, \tag{19}$$

d. h. das zentrale Moment zweiter Ordnung, das von zwei veränderlichen Punkten M und M' abhängt.

Auf Grund der Eigenart der hydrodynamischen Bewegungsgleichungen ist es in der statistischen Theorie der Turbulenz im allgemeinen möglich, sich auf die Untersuchung der Momente vom Zwei-Punkt-Typ verschiedener Ordnungen zu beschränken.

Nimmt man an, daß das Zufallsfeld $u(M)$ stetig ist (d. h., daß jeder „Repräsentant" der statistischen Gesamtheit der zulässigen Funktionen eine stetige Funktion darstellt), so müssen die Momente des Zufallsfeldes stetige Funktionen der veränderlichen Beobachtungspunkte[1]) sein. Daher kann man die zentralen Momente aller Typen durch einen Grenzübergang aus Momenten

[1]) Die Umkehrung ist im allgemeinen nicht richtig. Aus der Stetigkeit der Momente folgt lediglich die sogenannte stochastische Stetigkeit des Feldes: für jedes $\varepsilon > 0$ strebt die Wahrscheinlichkeit der Ungleichung $|u(M) - u(M')| < \varepsilon$ gegen 1, wenn $M' \to M$ geht. Einige Bedingungen für die Momente einer Zufallsfunktion, unter denen man die Funktion als stetig im gewöhnlichen Sinne ansehen kann, sind von A. N. Kolmogorov (siehe die Arbeit von E. E. Slutsky [3]) angegeben worden.

erhalten, deren Typ mit der Ordnung übereinstimmt (d. h. alle Exponenten p_k sind gleich 1):

$$B(M_1, M_2, \ldots, M_N) = \\ = \overline{[u(M_1) - \bar{u}(M_1)]\,[u(M_2) - \bar{u}(M_2)] \ldots [u(M_N) - \bar{u}(M_N)]}\,.$$

Die Definition der Momente für ein Vektorfeld geht völlig analog vor sich. Dabei haben wir nur zu beachten, daß ein Moment P-ter Ordnung für ein Vektorfeld ein Tensor P-ter Stufe ist:

$$B^{\alpha,\,\beta,\,\ldots,\,\lambda}(M_1, M_2, \ldots, M_N) = \\ = \overline{[u^\alpha(M_1) - \overline{u^\alpha}(M_1)]\,[u^\beta(M_2) - \overline{u^\beta}(M_2)] \ldots [u^\lambda(M_N) - \overline{u^\lambda}(M_N)]}\,. \qquad (20)$$

Falls die Ordnung eines Momentes größer als sein Typ ist, wird der entsprechende Tensor symmetrisch in bezug auf die Gruppe der Indizes, die zu einem Punkt gehören. So sind z. B. die zentralen Momente dritter und vierter Ordnung vom Zwei-Punkt-Typ

$$B^{\alpha,\,\beta,\,\gamma} = \overline{[u^\alpha(M_1) - \overline{u^\alpha}(M_1)]\,[u^\beta(M_2) - \overline{u^\beta}(M_2)]\,[u^\gamma(M_2) - \overline{u^\gamma}(M_2)]}$$

und

$$B^{\alpha,\,\beta,\,\gamma,\,\delta} = \\ = \overline{[u^\alpha(M_1) - \overline{u^\alpha}(M_1)]\,[u^\beta(M_2) - \overline{u^\beta}(M_2)]\,[u^\gamma(M_2) - \overline{u^\gamma}(M_2)]\,[u^\delta(M_2) - \overline{u^\delta}(M_2)]}$$

symmetrisch in bezug auf das Indexpaar β, γ bzw. das Indextripel β, γ, δ[1]). Die Gruppen der Indizes, die zu ein und demselben Beobachtungspunkt gehören, werden wir durch ein Komma voneinander trennen. Die Anzahl der Indizes in jeder Gruppe entspricht den Werten der Exponenten $p_1, p_2, \ldots, p_N$ in der Formel (13) und (14) für ein skalares Feld, und die Zahl der verschiedenen Gruppen bestimmt den Typ des Momentes. Für die Wahrscheinlichkeitsverteilung von Vektorgrößen kann man neben den Momenten auch die Semiinvarianten berechnen. Sind w^α die Komponenten eines Zufallsvektors ($\alpha = 1, 2, \ldots, n$), φ die entsprechende charakteristische Funktion der Wahrscheinlichkeitsverteilung

$$\varphi = M \exp i \sum_{\alpha=1}^{n} \theta_\alpha w^\alpha = \\ = \int\!\!\int_{-\infty}^{+\infty}\!\!\ldots\!\int \exp i \sum_{\alpha=1}^{n} \theta_\alpha w^\alpha\, f(w_1, w_2, \ldots, w_n)\, dw_1\, dw_2 \ldots dw_n$$

und

$$\psi = \ln \varphi,$$

so wird definitionsgemäß der Tensor

$$S^{\alpha,\,\beta,\,\ldots,\,\gamma} = (-i)^P \left[\frac{\partial^P}{\partial\theta_\alpha\,\partial\theta_\beta \ldots \partial\theta_\gamma}\,\psi(\theta_1, \theta_2, \ldots, \theta_n)\right]_{\theta_1 = 0,\, \theta_2 = 0,\, \ldots,\, \theta_N = 0} \qquad (21)$$

[1]) Die griechischen Buchstaben α, β, γ bezeichnen die entsprechenden Indizes, die nicht mit den Exponenten in der Beziehung (16) zu verwechseln sind. Für Felder im Raum durchlaufen α, β, γ die Werte 1, 2, 3. Durch das Symbol B mit den verschiedenen Indizes bezeichnen wir nach wie vor die zentralen Momente einer Vektorgröße.

als Semiinvariante P-ter Ordnung bezeichnet. Die Anzahl der Indizes $\alpha, \beta, \ldots, \gamma$ ist gleich P.

Die Semiinvarianten zweiter und dritter Ordnung stimmen mit den zentralen Momenten derselben Ordnung überein, während sich die Semiinvarianten vierter und fünfter Ordnung durch die zentralen Momente zweiter und dritter Ordnung ausdrücken:

$$S^{\alpha\beta\gamma\delta} = B^{\alpha\beta\gamma\delta} - (B^{\alpha\beta} B^{\gamma\delta} + B^{\alpha\gamma} B^{\beta\delta} + B^{\beta\gamma} B^{\alpha\delta}), \tag{22}$$

$$S^{\alpha\beta\gamma\delta\varepsilon} = B^{\alpha\beta\gamma\delta\varepsilon} - [B^{\alpha\beta} B^{\gamma\delta\varepsilon} + B^{\alpha\gamma} B^{\alpha\delta\varepsilon} + B^{\alpha\delta} B^{\gamma\beta\varepsilon} + B^{\alpha\varepsilon} B^{\gamma\delta\beta} + B^{\beta\gamma} B^{\alpha\delta\varepsilon} + B^{\beta\delta} B^{\alpha\gamma\varepsilon} + B^{\beta\varepsilon} B^{\alpha\gamma\delta} + B^{\gamma\delta} B^{\alpha\beta\varepsilon} + B^{\gamma\varepsilon} B^{\alpha\beta\delta} + B^{\varepsilon\delta} B^{\alpha\beta\gamma}]. \tag{23}$$

Die Herleitung dieser Relationen ergibt sich unmittelbar aus der Definition der Momente als Ableitungen der charakteristischen Funktion und aus der Definition der Semiinvarianten (21). Auf weitergehende Darstellungen verzichten wir. Es sei erwähnt, daß sich die Beziehungen (18) aus (22) und (23) als Spezialfall ergeben. Betrachtet man nur eine der Komponenten des Vektors und setzt man z. B. $u = u'$, dann gewinnt man (18), sobald man $\alpha = \beta = \gamma = \delta = 1$ in (22) und (23) setzt.

Formal können wir jede beliebige Folge von korrelativ zusammenhängenden Größen $\{W^\gamma\}$, $(\gamma = 1, 2, \ldots, n)$, wie Komponenten eines „Vektors" behandeln, wobei die Relationen (21), (22) und (23) selbstverständlich auch in diesem Fall anwendbar sind. Benutzt man diese Methode, so kann man die Semiinvarianten der Wahrscheinlichkeitsverteilung für ein System von Vektoren (den Werten des Vektorfeldes in verschiedenen Punkten des Raumes) berechnen. Als Beispiel berechnen wir die Zwei-Punkt-Semiinvariante vierter Ordnung $S^{\alpha\beta,\gamma\delta}(M_1, M_2)$ für ein Vektorfeld $\mathfrak{u}(M)$.

Wenden wir auf den „Vektor" mit sechs Komponenten

$$w^\gamma \{w^1 = u^1(M_1),\ w^2 = u^2(M_1),\quad w^3 = u^3(M_1),\quad w^4 = u^1(M_2),$$
$$w^5 = u^2(M_2),\quad w^6 = u^3(M_2)\}$$

die Beziehung (22) an, so erhalten wir nach entsprechender Interpretation des Ergebnisses

$$S^{\alpha\beta,\gamma\delta}(M_1, M_2) = B^{\alpha\beta,\gamma\delta}(M_1, M_2) - [B^{\alpha\beta}(M_1) B^{\gamma\delta}(M_2) + B^{\alpha,\gamma}(M_1, M_2) B^{\beta,\delta}(M_1, M_2) + B^{\beta,\gamma}(M_1, M_2) B^{\alpha,\delta}(M_1, M_2)]. \tag{22'}$$

Die Gleichungen (22), (22′) und (23) gestatten es, Momente höherer Ordnung durch Momente niederer Ordnung auszudrücken, falls man die Semiinvarianten höherer Ordnung auf der linken Seite vernachlässigen kann.

Bei der statistischen Beschreibung eines Systems von Feldern (Skalar- und Vektorfeldern) haben wir es nicht nur mit Momenten für jedes einzelne Feld zu tun, sondern auch mit gemischten Momenten — den Mittelwerten von Produkten, deren Faktoren Werte der verschiedenen Felder des betreffenden Systems enthalten.

Die gemischten Momente beschreiben die Korrelation zwischen den Feldern des Systems. In konkreten Aufgaben kann man sich bei der Berechnung der

Momente auf die bekannten Eigenschaften der mathematischen Erwartung stützen:

für beliebige Größen u_1 und u_2 gilt

$$M(u_1 + u_2) = M(u_1) + M(u_2), \tag{A}$$

woraus sich durch Grenzübergang die Differentiationsregel für Größen unter dem Symbol der mathematischen Erwartung ergibt. Ist u eine Funktion mehrerer Veränderlicher und bezeichnet s eine von diesen Veränderlichen, so ist

$$M\left(\frac{\partial u}{\partial s}\right) = \frac{\partial}{\partial s} M(u), \tag{B}$$

$$M[M(u)] = M(u), \tag{C}$$

$$M[f \cdot u] = f M(u), \tag{D}$$

falls

$$f = M(f),$$

d. h. f keine „Zufallsgröße" in unserem Sinne ist. Als Folgerung aus (D) und (C) gewinnen wir

$$M[M(u_1)\, u_2] = M(u_1)\, M(u_2). \tag{E}$$

Durch Grenzübergang kann man aus dem „Additionstheorem für mathematische Erwartungen" (A) eine häufig verwendete Regel für die Integration unter dem Symbol der mathematischen Erwartung erhalten.

Die oben aufgezählten Eigenschaften der „Mittelwertbildung" sind allgemein bekannt [11]. In der Hydromechanik wurden sie zuerst (in der Turbulenztheorie) von O. Reynolds angewandt.

Bei der statistischen Behandlung der Mittelwertbildung gehen die sogenannten „Mittelwertpostulate" (A)—(E) in elementare Sätze für die Eigenschaften der mathematischen Erwartungen über.

§ 3. *Prozesse und Felder mit Normalverteilungsgesetz*

Die Wahrscheinlichkeitsverteilung der Zufallsfunktion $u(M)$ (eines Prozesses oder Feldes bezeichnet) man als Normalverteilung oder Gausssche Verteilung, wenn für jedes endliche System von Beobachtungspunkten $M_1, M_2, \ldots, M_N$ die Verteilungsfunktion für die Funktionswerte der Zufallsfunktion in diesen N-Punkten eine N-dimensionale Normalverteilung ist:

$$f_{M_1, M_2, \ldots, M_N}(u_1, u_2, \ldots, u_N) =$$
$$= C \cdot \exp\left(-\frac{1}{2} \sum_{i,k=1}^{N} g_{ik}(M_1, M_2, \ldots, M_N)(u_i - \bar{u}_i)(u_k - \bar{u}_k)\right). \tag{24}$$

Die Konstante C ergibt sich dabei aus der Normierungsbedingung

$$\int\int_{-\infty}^{+\infty}\cdots\int f_{M_1, M_2, \ldots, M_N}(u_1, u_2, \ldots, u_N)\, du_1\, du_2 \ldots du_N = 1. \tag{25}$$

Die Koeffizienten der quadratischen Form g_{ik} können durch die zweiten Momente des Systems $u_i = u(M_i)$ ausgedrückt werden. Bezeichnet man die Determinante der Matrix $\|B_{ik}\|$ mit B, wobei

$$B_{ik} = \overline{(u_i - \bar{u}_i)(u_k - \bar{u}_k)}$$

ist, so gilt, wie man leicht nachweisen kann, [11],

$$g_{ik} = \frac{1}{B}\frac{\partial B}{\partial B_{ik}}. \qquad (26)^{1)}$$

Die Matrizen $\|g_{ik}\|$ und $\|B_{ik}\|$ sind zueinander invers (ihr Produkt ist gleich der Einheitsmatrix). Zu bemerken ist noch, daß die im Exponenten von (24) stehende quadratische Form positiv definit sein muß:

$$\sum g_{ik} z_i z_k > 0 \quad \text{für} \quad z_i \neq 0.$$

Die Wahrscheinlichkeitsverteilung (24) kann für jedes System von Beobachtungspunkten $M_1, M_2, \ldots, M_N$ konstruiert werden, wenn für die Zufallsfunktion $u(M)$ die Momente der ersten beiden Ordnungen $\bar{u}(M)$ und $B(M, M')$ bekannt sind, weil offenbar

$$B_{ik} = B(M_i, M_k)$$

ist.

Die so konstruierten Verteilungsfunktionen (24) erfüllen die Verträglichkeitsbedingungen (2).

Analog wird ein Vektorfeld mit normaler Wahrscheinlichkeitsverteilung definiert. Ein Vektorfeld $u^\alpha(M)$ hat eine normale Wahrscheinlichkeitsverteilung, wenn die Verteilungsfunktion des Systems der $3N$-Größen $u^\alpha(M_i)$ $(i = 1, 2, \ldots, N)$ eine mehrdimensionale Normalverteilung bei beliebiger Auswahl der Punkte $M_1, M_2, \ldots, M_N$ darstellt. Diese Verteilungsfunktion läßt sich effektiv berechnen, wenn das erste Moment des Vektorfeldes $\overline{u^\alpha}(M)$ (eine Vektorfunktion eines veränderlichen Punktes), und das zentrale Moment zweiter Ordnung

$$B^{\alpha\beta}(M, M') = \overline{[u^\alpha(M) - \overline{u^\alpha}(M)][u^\beta(M') - \overline{u^\beta}(M')]} \qquad (27)$$

(eine Tensorfunktion zweier veränderlicher Punkte M und M' aus dem Definitionsbereich des Feldes) gegeben sind.

Die oben gegebene Definition eines Vektorfeldes mit normaler Wahrscheinlichkeitsverteilung ist invariant, d. h. sie hängt nicht von der speziellen Wahl des Koordinatensystems ab. Dies folgt unmittelbar aus der Tatsache, daß die Wahrscheinlichkeitsverteilung einer Linearkombination von Veränderlichen, die nach dem GAUSSschen Gesetz verteilt sind, ebenfalls eine GAUSSsche Verteilung ist.

1) Die Größe $\frac{\partial B}{\partial B_{ik}}$ stellt offensichtlich die Adjunkte des Elementes B_{ik} der Determinante B dar.

Wir wollen jetzt zeigen, wie man für Funktionen, die dem GAUSSschen Verteilungsgesetz unterworfen sind, das zugehörige charakteristische Funktional bestimmt. Der Einfachheit halber betrachten wir eine Zufallsfunktion von einer Veränderlichen $u(x)$, die auf einem endlichen Intervall definiert ist. Wenn die Funktionswerte von $u(x)$ normal verteilt sind, so besitzt auch das Integral

$$u[\theta] = \int_a^b \theta(x)\, u(x)\, dx$$

eine GAUSSsche Verteilung bei beliebiger Wahl einer stetigen „Parameterfunktion“ $\theta(x)$, weil es der Limes von entsprechenden endlichen, nach dem GAUSSschen Gesetz verteilten Summen ist. Die Parameter dieser Verteilung hängen natürlich von der Funktion $\theta(x)$ ab und können leicht berechnet werden:

$$\begin{aligned} A(\theta) &= \bar{u}(\theta) = \overline{\int_a^b \theta(x)\, u(x)\, dx} = \int_a^b \theta(x)\, \bar{u}(x)\, dx, \\ B[\theta] &= \int_a^b\!\!\int_a^b B(x, x')\, \theta(x)\, \theta(x')\, dx\, dx'. \end{aligned} \tag{28}$$

Unter Benutzung der Definition des charakteristischen Funktionals (6) und der Tatsache, daß $u[\theta]$ ein GAUSSsches Verteilungsgesetz besitzt, erhalten wir

$$\varphi_u[\theta(x)] = \exp\left\{i \int_a^b \theta(x)\, \bar{u}(x) dx - \frac{1}{2} \int_a^b\!\!\int_a^b B(x, x')\, \theta(x)\, \theta(x')\, dx dx'\right\}. \tag{29}$$

Man kann definieren: eine Normalverteilung für eine Zufallsfunktion ist eine Verteilung, bei der das charakteristische Funktional die Gestalt (29) hat.

In den Ausdruck für das charakteristische Funktional (29) gehen als definierende Größen nur die ersten und zweiten Momente $\bar{u}(x)$ und $B(x, x')$ ein. Darum läuft eine vollständige statistische Beschreibung einer Zufallsfunktion mit normaler Wahrscheinlichkeitsverteilung lediglich auf die Vorgabe der Momente der ersten beiden Ordnungen hinaus. Die Momente höherer Ordnung können in diesem Fall effektiv berechnet werden. Als Beispiel wollen wir das zentrale Moment vierter Ordnung vom Zwei-Punkt-Typ $B^{\alpha\beta,\gamma\delta}(M, M')$ für ein Vektorfeld mit normalem Verteilungsgesetz berechnen. Setzen wir in (22′) die Semiinvariante $S^{\alpha\beta,\gamma\delta}$ identisch Null, so gewinnen wir

$$\begin{aligned} B^{\alpha\beta,\gamma\delta}(M, M') &= B^{\varkappa\beta}(M)\, B^{\gamma\delta}(M') + \\ &+ B^{\varkappa,\gamma}(M, M')\, B^{3,\delta}(M, M') + B^{\varkappa,\delta}(M, M')\, B^{3,\gamma}(M, M'). \end{aligned} \tag{30}$$

Bei einer GAUSSschen Verteilung verschwinden alle zentralen Momente ungerader Ordnung identisch. Zur Berechnung der Momente gerader Ordnung für Felder mit GAUSSscher Verteilung kann man eine allgemeine Regel heranziehen, die in einer Arbeit von ISSERLIS [12] angegeben ist. w_1, w_2, $\ldots$, w_{2p} sei ein System von $2p$ charakteristischen Größen eines Feldes, die durch eine Normalkorrelation miteinander verbunden sind (z. B. kann jede der Größen w_i den Wert des Feldes in einem gegebenen Punkt, oder, im Fall eines Vektorfeldes, die Projektion der Werte des Vektorfeldes auf vorgegebene Richtungen in einem gegebenen Punkt, den Wert der Ableitung des Feldes nach einer der Koordinaten in einem bestimmten Punkt oder das Integral der Werte des Feldes über einen vorgegebenen Bereich bedeuten). Einige der w_i können dabei auch untereinander gleich sein. Ohne Beschränkung der Allgemeinheit kann man $\overline{w}_i = 0$ setzen[1]). Wir führen nun die Bezeichnung $\overline{w_i w_j} = B_{ij}$ ein und betrachten eine Aufteilung der Gesamtheit der Indizes $1, 2, 3, \ldots, 2p$ in alle möglichen Paare. Die Anzahl aller möglichen, wesentlich verschiedenen Aufteilungen beträgt, wie man leicht ausrechnet[2]),

$$\frac{2p!}{2^p p!} = 1 \cdot 3 \cdot 5 \cdots (2p-1).$$

Jeder Aufteilung der Gesamtheit der Indizies in Paare (α_1, α_2), (α_3, α_4), ..., $(\alpha_{2p-1}, \alpha_{2p})$ ordnet man das Produkt $B_{\alpha_1\alpha_2} \cdot B_{\alpha_3\alpha_4} \cdots B_{\alpha_{2p-1}\alpha_{2p}}$ zu.

Die über alle voneinander verschiedenen Aufteilungen erstreckte Summe derartiger Produkte ist, wie man nachweisen kann, das gesuchte Moment $2p$-ter Ordnung

$$\overline{w_1 w_2 \ldots w_{2p}} = \sum B_{\alpha_1\alpha_2} \cdot B_{\alpha_3\alpha_4} \cdots B_{\alpha_{2p-1}, \alpha_{2p}}. \tag{31}$$

Die Summe enthält insgesamt $1 \cdot 3 \cdot 5 \ldots (2p-1)$ Glieder.

Für ein System von vier Größen w_1, w_2, w_3, w_4 liefert (31)

$$\overline{w_1 w_2 w_3 w_4} = B_{12} B_{34} + B_{13} B_{24} + B_{14} B_{23}, \tag{31a}$$

woraus man (30) erhält, wenn man $w_1 = u^\alpha(M)$, $w_2 = u^\beta(M)$, $w_3 = u^\gamma(M')$ und $w_4 = u^\delta(M')$ setzt.

Der Ausdruck für das sechste Moment enthält, nach (31) insgesamt 15 Glieder:

$$\begin{aligned}\overline{w_1 w_2 w_3 w_4 w_5 w_6} &= B_{12} B_{34} B_{56} + B_{12} B_{35} B_{46} + B_{12} B_{36} B_{45} + B_{13} B_{24} B_{56} + \\ &+ B_{13} B_{25} B_{46} + B_{13} B_{26} B_{45} + B_{14} B_{23} B_{56} + B_{14} B_{25} B_{36} + B_{14} B_{26} B_{35} + \\ &+ B_{15} B_{23} B_{46} + B_{15} B_{24} B_{36} + B_{15} B_{26} B_{34} + B_{16} B_{23} B_{45} + B_{16} B_{24} B_{35} + B_{16} B_{25} B_{34}.\end{aligned} \tag{32}$$

[1]) Falls die mathematischen Erwartungen der Größen w_i nicht verschwinden, können wir die Abweichungen dieser Größen von den entsprechenden mathematischen Erwartungen $w_i' = w_i - \overline{w}_i$ betrachten. Für sie wird die im Text genannte Bedingung erfüllt.

[2]) Zwei Aufteilungen nennen wir gleich, wenn sich die eine Aufteilung $(\alpha_1, \alpha_2), \ldots, (\alpha_{2p-1}, \alpha_{2p})$ auf die andere $(\beta_1, \beta_2), \ldots, (\beta_{2p-1}, \beta_{2p})$ durch eine Permutation der einzelnen Paare miteinander (die Anzahl derartiger Permutationen ist $p!$) und durch Permutation der Indizes innerhalb eines jeden Paares (die Gesamtzahl der Kombinationen beträgt 2^p zurückführen läßt. Durch Division der Zahl aller Permutationen von $2p$ Indizes durch das Produkt $p!\, 2^p$ (die Anzahl der Permutationen, die zu einer Aufteilung äquivalent sind) erhalten wir den im Text angegebenen Ausdruck.

Für ein Moment $2p$-ter Ordnung kann man eine Rekursionsformel angeben, falls analoge Ausdrücke für die Momente $(2p-2)$-ter Ordnung bekannt sind:

$$\begin{aligned}\overline{w_1 w_2 \cdots w_{2p-2} w_{2p-1} w_{2p}} &= \overline{w_1 w_2 \cdots w_{2p-2}}\, B_{2p-1,2p} + \\ &+ \overline{w_1 w_2 \cdots w_{2p-3} w_{2p-1}}\, B_{2p-2,2p} + \cdots + \overline{w_2 w_3 \cdots w_{2p-1}}\, B_{1,2p}. \qquad (33)\end{aligned}$$

Die Anzahl der Glieder beim Übergang von einem Moment $(2p-2)$-ter Ordnung zu einem Moment $2p$-ter Ordnung vergrößert sich auf das $(2p-1)$-fache.

Die oben angeführten Ausdrücke kann man herleiten, indem man die entsprechenden Momente durch Differentiation der charakteristischen Funktion der mehrdimensionalen GAUSSschen Verteilung berechnet.

Die Wichtigkeit der Untersuchung von Zufallsfunktionen mit GAUSSscher Verteilung bei der Entwicklung einer allgemeinen Theorie über die statistische Beschreibung stetiger Felder ergibt sich aus dem folgenden Satz: die Wahrscheinlichkeitsverteilung einer beliebigen stetigen Zufallsfunktion, welche Momente erster und zweiter Ordnung besitzt, kann man bis auf Momente zweiter Ordnung durch eine Normalverteilung approximieren. Beim Beweis dieses Satzes beschränken wir uns der Einfachheit halber auf die Betrachtung einer Zufallsfunktion $u(x)$ einer Veränderlichen in einem endlichen Intervall $[a, b]$.

Mit

$$A(x) = \bar{u}(x),$$

$$B(x, x') = \overline{[u(x) - \bar{u}(x)]\,[u(x') - \bar{u}(x')]}$$

bezeichnen wir das erste und zweite Moment der Wahrscheinlichkeitsverteilung von $u(x)$. Dabei kann $A(x)$ eine beliebige stetige Funktion von x sein, während $B(x, x')$ eine stetige Funktion der beiden Variablen x, x' ist, für die $B(x, x') = B(x', x)$ gilt und die außerdem „positiv definit" ist, d. h. für jede stetige Funktion $\theta(x) \neq 0$ gilt

$$\int_a^b \int_a^b B(x, x')\, \theta(x)\, \theta(x')\, dx\, dx' \geqq 0; \qquad (33\text{a})$$

denn es ist

$$\int_a^b \int_a^b B(x, x')\, \theta(x)\, \theta(x')\, dx\, dx' = \overline{\left[\int_a^b [u(x) - \bar{u}(x)]\, \theta(x)\, dx\right]^2} \geqq 0.$$

Die linke Seite dieser Ungleichung kann nur dann gleich Null sein, wenn es eine Funktion $\theta_0(x) \neq 0$ gibt, für welche die Gleichung

$$\int_a^b [u(x) - \bar{u}(x)]\, \theta_0(x)\, dx = 0$$

erfüllt ist. In diesem Falle heißt die Wahrscheinlichkeitsverteilung der Funktion $u(x)$ entartet.

Wir bestimmen nun das charakteristische Funktional (29) der gesuchten GAUSSschen Verteilung mit den vorgegebenen Größen $A(x)$ und $B(x, x')$. Für jedes Punktsystem $x_1, x_2, \ldots, x_N$ ist die symmetrische Matrix

$$B_{ij} = B(x_i, x_j) = \overline{[u(x_i) - A(x_i)][u(x_j) - A(x_j)]}$$

die Matrix einer positiv definiten quadratischen Form [andernfalls könnte man eine Funktion $\theta(x)$ finden, die nur in einer Umgebung der Punkte x_i von Null verschieden ist und für welche die Bedingung (33a) verletzt ist] und bestimmt die entsprechende N-dimensionale GAUSSsche Verteilung. Da das Punktsystem $x_1, x_2, \ldots, x_N$ beliebig war, haben wir somit die Normalverteilung für eine gewisse Zufallsfunktion bestimmt.

Nach Konstruktion ist diese Verteilung äquivalent zur Ausgangsverteilung bis auf Momente zweiter Ordnung.

§ 4. Zerlegung einer Zufallsfunktion in nichtkorrelierende Komponenten

Sei $\omega_1(x), \omega_2(x), \ldots, \omega_p(x)$ ein vollständiges System orthonormierter Funktionen auf dem Intervall [a, b]. Mit $u_{(1)}, u_{(2)}, u_{(3)}, \ldots, u_{(p)}$ bezeichnen wir dann die entsprechenden Koeffizienten der Zerlegung einer Zufallsfunktion in eine Reihe nach den Funktionen $\{\omega_p(x)\}$:

$$u(x) = u_{(1)}\omega_1(x) + u_{(2)}\omega_2(x) + \cdots + u_{(p)}\omega_p(x), \tag{34}$$

wobei

$$u_{(1)} = \int_a^b u(x)\,\omega_1(x)\,dx,$$

$$u_{(2)} = \int_a^b u(x)\,\omega_2(x)\,dx, \tag{35}$$

$$\cdots\cdots\cdots\cdots\cdots\cdots$$

$$u_{(p)} = \int_a^b u(x)\,\omega_{(p)}(x)\,dx,$$

$$\cdots\cdots\cdots\cdots\cdots\cdots$$

ist.

Sind die Funktionswerte von $u(x)$ normal verteilt, so weisen auch die Koeffizienten $u_{(1)}, u_{(2)}, \ldots, u_{(p)}$ eine Normalverteilung auf und sind durch eine Normalkorrelation miteinander verknüpft. Wir beweisen den folgenden Satz: wenn das Moment $B(x, x')$ gegeben ist, dann kann man eine Folge $\{\omega_p(x)\}$ derart auswählen, daß die Koeffizienten $u_{(1)}, u_{(2)}, \ldots, u_{(p)}, \ldots$ nichtkorrelierende Größen sind; folglich sind sie unabhängig, falls die Funktion $u(x)$ eine GAUSSsche Verteilung besitzt[1]). Dabei konvergiert die Reihe, die aus den Dispersionen der Koeffizienten besteht:

[1]) Ein analoger, jedoch etwas allgemeinerer Satz befindet sich in einer Arbeit von KARHUNEN, in der ein Beweis mit Hilfe der Theorie der Operatoren im Hilbertraum geliefert wurde (siehe [28]).

$$\sum_{(p)} b_{(p)} = \sum_{(p)} \overline{(u_{(p)} - \bar{u}_{(p)})^2} < \infty. \tag{36}$$

Ohne Beschränkung der Allgemeinheit werden wir der Einfachheit halber annehmen, daß $\bar{u}(x) = 0$ ist.

Wir betrachten dann die homogene FREDHOLMsche Integralgleichung

$$\int_a^b B(x, x')\, \omega(x')\, dx' = \lambda \omega(x) \tag{37}$$

und setzen zunächst voraus, daß die Wahrscheinlichkeitsverteilung für $u(x)$ nicht entartet ist, d. h., daß die Ungleichung

$$\int_a^b \int_a^b B(x, x')\, \omega(x)\, \omega(x')\, dx\, dx' > 0.$$

gilt.

Die letzte Bedingung drückt die Abgeschlossenheit des Kerns der Integralgleichung (37) aus. Aus der Theorie der Integralgleichungen [13] ist bekannt, daß die FREDHOLMsche Integralgleichung (37) mit stetigem Kern als Lösungen ein vollständiges System orthogonaler Funktionen auf dem Intervall $[a, b]$ besitzt, die man noch normieren kann. Dieses Funktionensystem wählen wir als System $\{\omega_p(x)\}$ und haben dann:

$$\begin{gathered} \int_a^b B(x, x')\, \omega_p(x')\, dx' = \lambda_p \omega_p(x), \\ \int_a^b \omega_p(x)\, \omega_q(x)\, dx = \begin{cases} 0 & \text{für } q \neq p \\ 1 & \text{für } q = p \end{cases}. \end{gathered} \tag{38}$$

Dabei sind alle

$$\lambda_p > 0,$$

und für die Reihe gilt

$$\sum_{p=1}^{\infty} \lambda_p = \int_a^b B(x, x)\, dx < +\infty. \tag{39}$$

Wir berechnen nun die mathematische Erwartung der Produkte der Koeffizienten $u_{(p)}$ und $u_{(q)}$, indem wir (37) verwenden:

$$\begin{aligned} \overline{u_{(p)} u_{(q)}} &= \overline{\int_a^b \omega_p(x)\, u(x)\, dx \int_a^b \omega_q(x')\, u(x')\, dx'} = \\ &= \int_a^b \int_a^b B(x, x')\, \omega_p(x)\, \omega_q(x')\, dx\, dx' = \\ &= \lambda_p \int_a^b \omega_p(x)\, \omega_q(x)\, dx = \begin{cases} 0 & \text{für } q \neq p \\ \lambda_p & \text{für } q = p. \end{cases} \end{aligned}$$

Hieraus folgt, daß die verschiedenen Koeffizienten der Zerlegung (34) nichtkorrelierende Größen sind, bzw. bei normaler Wahrscheinlichkeitsverteilung voneinander unabhängig sind.

Gleichzeitig haben wir die Bedeutung der charakteristischen Zahlen in der Gleichung (37) aufgeklärt.

Nach einem Satz von Mercer [13] kann der positiv definite Kern der Integralgleichung (37) als Summe einer konvergenten Reihe der folgenden Form dargestellt werden:

$$B(x, x') = \sum_{p=1}^{\infty} b_p \omega_p(x)\, \omega_p(x'). \tag{40}$$

Die Relation (40) gestattet die Konstruktion von $B(x, x')$, wenn ein orthogonales Funktionensystem $\{\omega_p(x)\}$ gegeben ist und wenn die Werte der Dispersionen $b_{(p)}$ der Koeffizienten $u_{(1)}, u_{(2)}, \ldots, u_{(p)}$ bekannt sind.

Ist die Wahrscheinlichkeitsverteilung für $u(x)$ entartet, so existieren Funktionen $\theta_1(x), \theta_2(x), \ldots, \theta_r(x)$ (ohne Beschränkung der Allgemeinheit kann man sie zueinander orthonormal annehmen), für die

$$\int_a^b u(x)\, \theta_i(x)\, dx = 0, \qquad i = 1, 2, \ldots, r \tag{41}$$

und demgemäß

$$\int_a^b\int_a^b B(x, x')\, \theta_i(x)\, \theta_i(x')\, dx\, dx' = 0$$

ist.

Die Zahl r der unabhängigen Bedingungen (41) heißt Grad der Entartung. Der Entartungsgrad kann endlich oder unendlich sein. Bezeichnet man mit $\{\omega_p(x)\}$ das System von Lösungen der Gleichung (37) mit $\lambda \neq 0$, so wird es ebenfalls eine Zerlegung (34) der Zufallsfunktion geben, denn die Funktionen $\{\omega_p(x)\}$ zusammen mit $\{\theta_i(x)\}$ bilden ein vollständiges System, jedoch werden die Koeffizienten der Zerlegung von $u(x)$ in bezug auf $\{\theta_i(x)\}$ gemäß (41) mit Sicherheit gleich Null.

Der Einfachheit halber haben wir uns mit der Zerlegung einer Zufallsfunktion einer Variablen befaßt. Der Satz über die Zerlegung von Feldern, die in einem endlichen Bereich definiert sind, läßt sich vollkommen analog formulieren. Als Beispiel eines Feldes, das eine entartete Verteilung besitzt, kann in der Geophysik das sich über die ganze Erdkugel ausbreitende Druckfeld dienen. Wegen der Konstanz der Masse der ganzen Atmosphäre ist das über die ganze Erdkugel erstreckte Integral des atmosphärischen Drucks gleich einer Konstanten,

$$\iint_{(S)} p(\varphi, \theta)\, ds = \text{const}^{1)},$$

[1]) In der Meteorologie definiert man den Druck durch eine statische Formel, wobei die Änderung der Erdbeschleunigung innerhalb der Atmosphäre gewöhnlich vernachlässigt wird. Dann ist die Masse der ganzen Atmosphäre

$$M = \frac{1}{g}\iint_{(S)} p(\varphi, \theta)\, ds = \text{const}.$$

woraus

$$\iint\limits_{(S)} [p(\varphi, \theta) - \bar{p}(\varphi, \theta)]\, ds = 0$$

folgt.

Die Zerlegung (34) einer Zufallsfunktion in eine Summe von (im allgemeinen) nichtkorrelierenden Komponenten läßt sich physikalisch interpretieren.

Das Quadrat der charakteristischen Größen eines Feldes ist in der Mehrzahl der physikalischen Anwendungen (beispielsweise beim Geschwindigkeitsfeld in der Hydromechanik) proportional der Energiedichte des Feldes im vorgegebenen Punkt. Da die Koeffizienten der Zerlegung (34) nicht miteinander korrelieren, gilt

$$\overline{u^2}(x) = b_{(1)}\,\omega_1^2(x) + b_{(2)}\,\omega_2^2(x) + \cdots + b_{(p)}\,\omega_p^2(x) + \cdots,$$

mit anderen Worten, die mittlere Energiedichte eines Feldes in einem bestimmten Punkt ist gleich der Summe der mittleren Energiedichten der verschiedenen Komponenten des Feldes in diesem Punkt. Diese „Additivität im Mittel" als eine lokale Eigenschaft der Energiedichte bei der Zerlegung eines Feldes in die entsprechenden Komponenten darf man nicht mit der Darstellung der Energie des ganzen Feldes als Summe der Energien der einzelnen Komponenten verwechseln. Letztere Eigenschaft hat Integralcharakter; sie gilt für jede Zerlegung in orthogonale Komponenten und folgt unmittelbar aus dem PARSEVALschen Satz.

Die Begründer der modernen statistischen Theorie der Turbulenz A. A. FRIEDMANN und L. W. KELLER [1, 2] hielten es für möglich, die Wahrscheinlichkeitsverteilung der charakteristischen Größen (Geschwindigkeit, Dichte, Druck) einer turbulenten Strömung durch eine Normalverteilung, für welche die dritten Momente identisch Null sind, zu approximieren. Unter Benutzung dieser Hypothese (Verschwinden der dritten Momente) und der Bewegungsgleichungen der Hydrodynamik gaben sie ein Verfahren zur Aufstellung eines abgeschlossenen Systems von Differentialgleichungen an, mit deren Hilfe man die zweiten Momente der charakteristischen Größen einer turbulenten Strömung bestimmen kann. Darauffolgende Arbeiten von T. KÁRMÁN [15] und A. N. KOLMOGOROV [16] zeigten, daß die dritten Momente vom Zwei-Punkt-Typ für das Geschwindigkeitsfeld in einer turbulenten Strömung im allgemeinen von Null verschieden sind, so daß die zugehörige Wahrscheinlichkeitsverteilung von der GAUSSschen Verteilung abweichen muß.

Bis zur heutigen Zeit bleiben jedoch die Felder mit GAUSSscher Verteilung ein „Modell", dem großes Interesse entgegengebracht wird; denn für dieses „Modell" kann man eine vollständige statistische Beschreibung des Feldes praktisch realisieren.

§ 5. Statistisch homogene und isotrope Felder

Die Struktur der Momente

Ein Zufallsfeld im Raum $\Pi(M) = \Pi(x, y, z)$ heißt statistisch homogen, wenn die Wahrscheinlichkeitsverteilung für die Werte des Feldes in jedem

System von Beobachtungspunkten $M_1, M_2, \ldots, M_N$ invariant gegenüber einer Verschiebung des Systems der Beobachtungspunkte ist:

$$f[\Pi(x_1, y_1, z_1), \Pi(x_2, y_2, z_2), \ldots, \Pi(x_N, y_N, z_N)] = \\ = f(\Pi(x'_1, y'_1, z'_1), \Pi(x'_2, y'_2, z'_2), \ldots, \Pi(x'_N, y'_N, z'_N)], \tag{42}$$

falls

$$\begin{aligned} x'_i &= x_i + X, \\ y'_i &= y_i + Y, \\ z'_i &= z_i + Z \end{aligned} \tag{43}$$

ist, wobei $(X, Y, Z) = \mathfrak{p}$ ein Vektor ist, der die Größe und Richtung der Verschiebung festlegt, und f die Dichte der Wahrscheinlichkeitsverteilung bedeutet.

Ein Zufallsfeld heißt homogen in Richtung einer bestimmten Achse oder homogen in Richtung einer bestimmten Ebene, wenn die Invarianzbedingung (42) für die Wahrscheinlichkeitsverteilung nur bei solchen Vektoren $\mathfrak{p}$ erfüllt wird, die zur vorgegebenen Achse bzw. zur vorgegebenen Ebene parallel sind.

Für Vektorfelder kann man die Bedingung der statistischen Homogenität vollkommen analog formulieren.

Der Begriff des statistisch homogenen Feldes stellt eine Verallgemeinerung des Begriffes eines stationären Prozesses (für eine Funktion einer Veränderlichen) dar. Dieser Begriff wurde von A. J. CHINTSCHIN [4] eingeführt.

Momente vom Zwei-Punkt-Typ eines statistisch homogenen Feldes im Raum hängen lediglich von der Differenz der Koordinaten der Beobachtungspunkte ab. Das Moment erster Ordnung ist in diesem Falle eine Konstante, die man ohne Beschränkung der Allgemeinheit gleich Null annehmen kann. Auf diese Weise lassen sich die Momente der ersten beiden Ordnungen folgendermaßen ausdrücken:

$$\overline{\Pi(x, y, z)} = 0, \tag{44}$$

$$\overline{\Pi(x_1, y_1, z_1)\,\Pi(x_2, y_2, z_2)} = B(\xi, \eta, \zeta),$$

wobei

$$\begin{aligned} \xi &= x_2 - x_1, \\ \eta &= y_2 - y_1, \\ \zeta &= z_2 - z_1 \end{aligned}$$

ist.

Das Moment zweiter Ordnung B eines statistisch homogenen Feldes faßt man als Funktion der Koordinatendifferenzen (ξ, η, ζ) der Beobachtungspunkte auf und bezeichnet es als Korrelationsfunktion des Feldes.

Ein zufälliges Skalarfeld $\Pi(x, y, z)$ heißt statistisch homogen und isotrop, wenn die Invarianzbedingung (42) für die Wahrscheinlichkeitsverteilung nicht nur bei Verschiebungen, sondern auch bei beliebigen Drehungen der Beobachtungspunkte als eines starren Systems und auch bei einer Spiegelung des Systems der Beobachtungspunkte an einer beliebigen Ebene erfüllt wird.

In diesem Falle haben wir

$$\begin{aligned} x_i' &= X + a_{11} x_i + a_{12} y_i + a_{13} z_i, \\ y_i' &= Y + a_{21} x_i + a_{22} y_i + a_{23} z_i, \\ z_i' &= Z + a_{31} x_i + a_{32} y_i + a_{33} z_i, \end{aligned} \tag{45}$$

wobei die „Drehungskoeffizienten" a_{ik} den bekannten Orthogonalitätsbedingungen genügen:

$$\sum_k a_{ik} a_{jk} = \begin{cases} 0 & \text{für } i \neq j \\ 1 & \text{für } i = j. \end{cases}$$

Die Zweipunktmomente eines statistisch homogenen und isotropen Feldes sind nur von dem Abstand der Beobachtungspunkte abhängig. So ist beispielsweise

$$\overline{\Pi(x_1, y_1, z_1)\, \Pi(x_2, y_2, z_2)} = B(\varrho) \tag{46}$$

mit

$$\varrho = \sqrt{\xi^2 + \eta^2 + \zeta^2}.$$

Ein Vektorfeld $\mathfrak{u}(x, y, z)$ heißt statistisch homogen und isotrop, wenn die Wahrscheinlichkeitsverteilung der Komponenten des Vektorfeldes in einem bestimmten Koordinatensystem, das durch die Vektoren $\mathfrak{e}^\alpha$ in einem beliebigen System von Beobachtungspunkten $M_1, M_2, \ldots, M_N$ festgelegt wird, unverändert bleibt bei einer Transformation (45) des Systems der Beobachtungspunkte und gleichzeitiger Transformation der Basisvektoren:

$$\mathfrak{e}^{\alpha\prime} = \sum_\beta a_{\alpha\beta}\, \mathfrak{e}^\beta. \tag{47}$$

Die Bedingung der Isotropie kann man geometrisch folgendermaßen formulieren: ist das Koordinatensystem mit dem System der Punkte $M_1, M_2, \ldots, M_N$ starr verbunden, so bleibt die Wahrscheinlichkeitsverteilung der Komponenten eines statistisch homogenen und isotropen Feldes in einem derartigen Koordinatensystem bei allen möglichen Verschiebungen, Drehungen und Spiegelungen dieses Systems unverändert. Analog erklärt man ein statistisch homogenes und isotropes Tensorfeld von beliebiger Stufe.

Momente vom Zwei-Punkt-Typ eines statistisch homogenen und isotropen Vektorfeldes (Tensorfeldes) sind invariante Tensorfunktionen des Vektors mit den Komponenten ξ^α, der den ersten und den zweiten Beobachtungspunkt miteinander verbindet. In der Darstellung dieser Funktion können nur Produkte des Einheitstensors δ^{ik} mit sich selbst und den Komponenten ξ^α sowie mit skalaren Koeffizienten, die vom Abstand ϱ abhängig sind, auftreten[1]). Zieht man außerdem die Symmetriebedingung für das Moment bezüglich der

[1]) Dieser in der Geometrie recht gut bekannte Sachverhalt folgt unmittelbar aus der Tatsache, daß die Produkte des Einheitstensors δ_{ik} mit sich selbst die einzigen Tensoren sind, die in bezug auf die volle Bewegungsgruppe (Drehungen und Spiegelungen) invariant sind. Der Abstand ϱ ist die einzige Invariante eines Systems zweier Punkte M_1, M_2.

Gruppe von Indizes heran, die zu einem Beobachtungspunkt gehören, so kann man einen Ausdruck für die Momente verschiedener Ordnung eines statistisch homogenen und isotropen Vektorfeldes gewinnen.

Wir schreiben die entsprechenden Ausdrücke für ein Moment zweiter, dritter und vierter Ordnung auf[1]):

$$\text{II.}\quad \overline{u^\alpha(M_1)\, u^\beta(M_2)} = B^{\alpha,\beta}(M_1, M_2) = a_1(\varrho)\,\delta^{\alpha\beta} + a_2(\varrho)\,\xi^\alpha\xi^\beta. \tag{48}$$

$$\begin{aligned}\text{III.}\quad & \overline{u^\alpha(M_1)\, u^\beta(M_1)\, u^\gamma(M_2)} = B^{\alpha\beta,\gamma}(M_1, M_2) = \\ & = c_1(\varrho)\,\xi^\gamma\,\delta^{\alpha\beta} + c_2(\varrho)\,(\delta^{\alpha\gamma}\,\xi^\beta + \delta^{\beta\gamma}\,\xi^\alpha) + c_3(\varrho)\,\xi^\alpha\,\xi^\beta\,\xi^\gamma.\end{aligned} \tag{49}$$

$$\begin{aligned}\text{IV(a).}\quad & \overline{u^\alpha(M_1)\, u^\beta(M_1)\, u^\gamma(M_2)\, u^\delta(M_2)} = B^{\alpha\beta,\gamma\delta}(M_1, M_2) = \\ & = d_1(\varrho)\,\delta^{\alpha\beta}\,\delta^{\gamma\delta} + d_2(\varrho)\,(\delta^{\alpha\gamma}\,\delta^{\beta\delta} + \delta^{\alpha\delta}\,\delta^{\beta\gamma}) + \\ & + d_3(\varrho)\,(\delta^{\alpha\beta}\,\xi^\gamma\,\xi^\delta + \delta^{\gamma\delta}\,\xi^\alpha\,\xi^\beta) + d_4(\varrho)\,(\delta^{\alpha\gamma}\,\xi^\beta\,\xi^\delta + \delta^{\alpha\delta}\,\xi^\beta\,\xi^\gamma + \\ & + \delta^{\beta\gamma}\,\xi^\alpha\,\xi^\delta + \delta^{\beta\delta}\,\xi^\alpha\,\xi^\gamma) + d_5(\varrho)\,\xi^\alpha\,\xi^\beta\,\xi^\gamma\,\xi^\delta.\end{aligned} \tag{50}$$

$$\begin{aligned}\text{IV(b).}\quad & \overline{u^\alpha(M_1)\, u^\beta(M_1)\, u^\gamma(M_1)\, u^\delta(M_2)} = B^{\alpha\beta\gamma,\delta}(M_1, M_2) = \\ & = f_1(\varrho)\,(\delta^{\alpha\beta}\,\delta^{\gamma\delta} + \delta^{\beta\gamma}\,\delta^{\alpha\delta} + \delta^{\alpha\gamma}\,\delta^{\beta\delta}) + f_2(\varrho)(\xi^\alpha\,\delta^{\beta\gamma} + \\ & + \xi^\beta\,\delta^{\alpha\gamma} + \xi^\gamma\,\delta^{\alpha\beta})\,\xi^\delta + f_3(\varrho)\,(\xi^\alpha\,\xi^\beta\,\delta^{\gamma\delta} + \xi^\beta\,\xi^\gamma\,\delta^{\alpha\delta} + \\ & + \xi^\alpha\,\xi^\gamma\,\delta^{\beta\delta}) + f_4(\varrho)\,\xi^\alpha\,\xi^\beta\,\xi^\gamma\,\xi^\delta.\end{aligned} \tag{51}$$

Das Moment zweiter Ordnung wird durch zwei skalare Abstandsfunktionen, das Moment dritter Ordnung durch drei skalare Funktionen, die Momente vierter Ordnung durch fünf bzw. vier Funktionen bestimmt. Diese Funktionen kann man mit den sogenannten Längs- und Querkomponenten der Momente in Zusammenhang bringen. Wir wählen dazu ein spezielles Koordinatensystem mit dem Ursprung im Punkt M_1 und der Achse $x_1 = x$, die durch M_2 geht. Die Achsen $x_2 = y$ und $x_3 = z$ liegen in der Ebene, die senkrecht auf der Achse $M_1 M_2$ steht (als eine der Achsen kann man z. B. eine beliebige, durch den Punkt M_1 gehende Gerade der besagten Ebene nehmen). In diesem speziellen Koordinatensystem ist $\xi^1 = \varrho$, $\xi^2 = 0$, $\xi^3 = 0$. Die Komponenten des zweiten Momentes sind

$$\begin{aligned} B_{12} &= B_{21} = 0, \\ B_{11} &\neq 0, \\ B_{22} &= B_{33} \neq 0. \end{aligned}$$

Die Funktion $B_{11}(\varrho)$ heißt Längskomponente des zweiten Momentes und wird im folgenden mit $G(\varrho)$ bezeichnet; $B_{22}(\varrho) = B_{33}(\varrho) = F(\varrho)$ wird Querkomponente genannt. In der Literatur werden $F(\varrho)$ und $G(\varrho)$ auch als Quer- bzw. Längskorrelationsfunktion des gegebenen Vektorfeldes bezeichnet (Abb. 1).

[1]) Der Ausdruck (48) für die zweiten Momente eines isotropen Vektorfeldes wurde zuerst von Taylor [17] und Kármán [18] gefunden. Eine Darstellung der dritten Momente befindet sich in der Arbeit von Kármán und Howarth [15].

Setzen wir nun in (48) $\xi^1 = \varrho$, $\xi^2 = \xi^3 = 0$, so erhalten wir

$$F(\varrho) = a_1(\varrho),$$
$$G(\varrho) = a_1(\varrho) + a_2(\varrho)\varrho^2,$$

woraus sich

$$a_2(\varrho) = \frac{G(\varrho) - F(\varrho)}{\varrho^2}$$

ergibt.

Substituieren wir dann die Koeffizienten $a_1(\varrho)$ und $a_2(\varrho)$ unter Benutzung der Längs- und Querkorrelationsfunktion in den allgemeinen Ausdruck für das zweite Moment, so gewinnen wir die bekannte KÁRMÁNsche Beziehung:

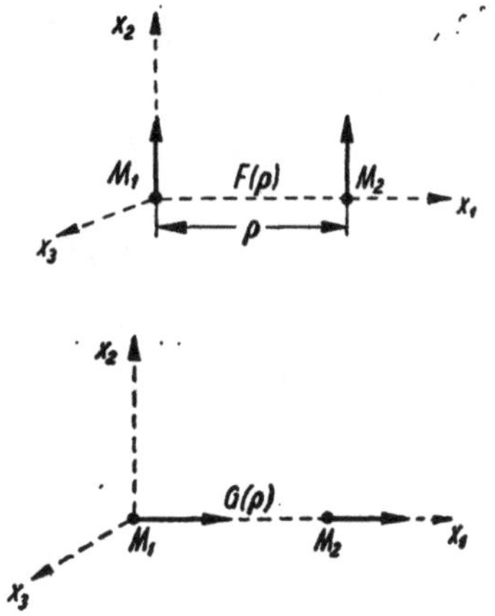

Abb. 1. Die Struktur der Momente zweiter Ordnung.

$$B^{\alpha,\beta}(M_1, M_2) = F(\varrho)\,\delta^{\alpha\beta} + \frac{G-F}{\varrho^2}\,\xi^\alpha\,\xi^\beta = F(\varrho)\,\delta^{\alpha\beta} + (G-F)\,l^\alpha\,l^\beta, \quad (48')$$

wobei

$$l^\alpha = \frac{\xi^\alpha}{\varrho}$$

der Einheitsvektor ist, der die Richtung der Achse $M_1 M_2$ festlegt. Es sei noch vermerkt, daß aus der Isotropiebedingung

$$G(0) = F(0) = \frac{1}{3}\,\overline{u^2} \quad (52)$$

folgt.

Für das Moment dritter Ordnung existieren drei fundamentale (von Null und untereinander verschiedene) Komponenten:

$$K(\varrho) = B^{11,1}, \quad H(\varrho) = B^{22,1} = B^{33,1},$$
$$Q(\varrho) = B^{12,2} = B^{13,3}.$$

Die Indizes beziehen sich auf das spezielle Koordinatensystem der Abb. 2.

Durch Einsetzen von $\xi^1 = \varrho$, $\xi^2 = \xi^3 = 0$ in (49) erhalten wir:

$$K(\varrho) = B^{11,1} = c_1\varrho + 2c_2\varrho + c_3\varrho^3,$$
$$H(\varrho) = B^{22,1} = B^{33,1} = c_1\varrho,$$
$$Q(\varrho) = c_2\varrho,$$

woraus

$$c_3(\varrho) = \frac{K(\varrho) - H(\varrho) - 2\,Q(\varrho)}{\varrho^3}$$

folgt. Substituieren wir nun die durch K, H und Q dargestellten Koeffizienten c_1, c_2, c_3

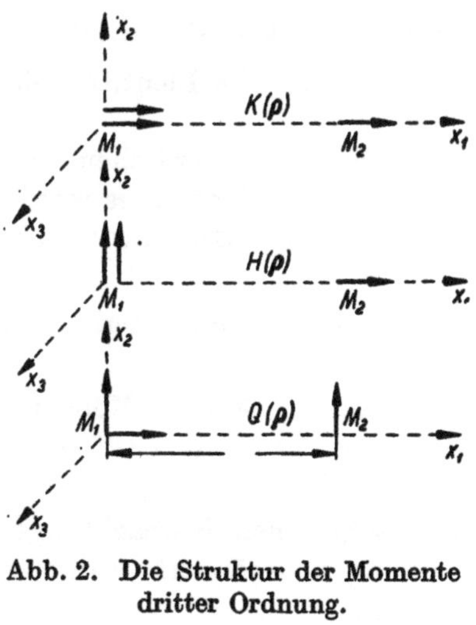

Abb. 2. Die Struktur der Momente dritter Ordnung.

in (49), so gewinnen wir folgenden allgemeinen Tensorausdruck für das dritte Moment:

$$B^{\alpha\beta,\gamma} = H(\varrho)\,\delta^{\alpha\beta}\left(\frac{\xi^\gamma}{\varrho}\right) + Q(\varrho)\left(\delta^{\beta\gamma}\cdot\frac{\xi^\alpha}{\varrho} + \delta^{\alpha\gamma}\frac{\xi^\beta}{\varrho}\right) + $$
$$+ [K(\varrho) - 2\,Q(\varrho) - H(\varrho)]\,\frac{\xi^\alpha\xi^\beta\xi^\gamma}{\varrho^3}. \qquad (49')$$

Das vierte Moment der Form IV (a) für ein statistisch homogenes und isotropes Vektorfeld enthält sechs verschiedene Fundamentalkomponenten, die nicht verschwinden (Abb. 3):

$$B^{11,11};\quad B^{11,22} = B^{11,33};\qquad B^{22,22} = B^{33,33};$$
$$B^{12,12} = B^{13,13};\quad B^{23,23}$$
$$\text{und}\quad B^{22,33} = B^{33,22}$$

(die Indizes beziehen sich auf das spezielle Koordinatensystem); aber nur fünf von ihnen sind voneinander unabhängig, da auf Grund der Isotropiebedingung die Identität

$$B^{22,33} + 2\,B^{23,23} - B^{22,22} = 0 \qquad (53)$$

erfüllt ist.

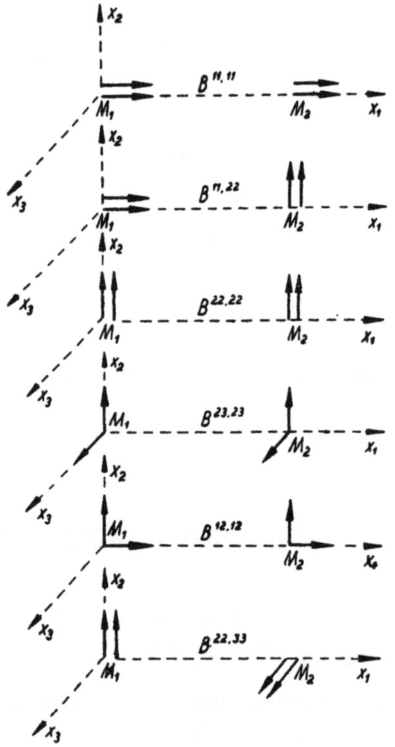

Abb. 3. Die Struktur der Momente vierter Ordnung.

Diese Identität ergibt sich, wenn man die obengenannten Komponenten mit Hilfe von (50) in einem speziellen Koordinatensystem berechnet. In (50) substituieren wir nun $\xi^1 = \varrho$, $\xi^2 = \xi^3 = 0$ und erhalten:

$$B^{22,33} = d_1(\varrho),$$
$$B^{23,23} = d_2(\varrho),$$
$$B^{22,22} = B^{33,33} = d_1(\varrho) + 2\,d_2(\varrho),$$

woraus sich unmittelbar die Identität (53) ergibt.

Der Zusammenhang (53) zwischen den Komponenten des vierten Momentes wurde zuerst von M. D. Millionstschikow [19] aufgedeckt.

Die folgenden wichtigen Eigenschaften von Zwei-Punkt-Momenten eines statistisch isotropen Vektorfeldes seien noch erwähnt:

1. Momente gerader Ordnung sind gerade Funktionen, während Momente ungerader Ordnung entsprechend ungerade Funktionen des Vektors (ξ^α) sind, der die Beobachtungspunkte miteinander verbindet.

2. Bei einer Umstellung der Indizes, die zu verschiedenen Beobachtungspunkten gehören, bleiben Momente gerader Ordnung unverändert, während Momente ungerader Ordnung ihr Vorzeichen wechseln.

So gilt beispielsweise:

$$B^{\alpha\beta,\gamma\delta} = B^{\gamma\delta,\alpha\beta}, \tag{54}$$

$$B^{\gamma,\alpha\beta} = -B^{\alpha\beta,\gamma}. \tag{55}$$

Die erste Eigenschaft besitzt jede invariante Tensorfunktion des Vektors (ξ^α). Eine invariante Tensorfunktion ist eine Summe [mit skalaren Koeffizienten, die vom absoluten Betrag des Vektors (ξ^α) abhängen] von direkten Produkten des Einheitstensors $\delta^{\alpha\beta}$ mit sich selbst und dem sich mehrere Male wiederholenden Vektor (ξ^α). Weil die Anzahl der Indizes, die zu einem Produkt von Einheitstensoren gehören, stets gerade ist, muß die Tensorfunktion von gerader oder ungerader Ordnung sein, je nachdem, ob die Anzahl der Faktoren, die dem Vektor (ξ^α) entsprechen, gerade oder ungerade ist. Daraus entnimmt man unmittelbar die oben genannten Eigenschaften der Momente, wenn man beachtet, daß eine Umstellung der Indexgruppen gleichbedeutend mit einer Vertauschung der Beobachtungspunkte ist; diese Operation ist aber in einem homogenen Feld äquivalent mit der Drehung des Vektors (ξ^α) um 180°, d. h. mit der Substitution von (ξ^α) durch $(-\xi^\alpha)$.

§ 6. Potentialfelder und solenoidale Felder

Ein Beispiel eines statistisch homogenen und isotropen Vektorfeldes ist der Gradient $\mathfrak{u} = \operatorname{grad} \Pi$ eines statistisch isotropen und homogenen Skalarfeldes $\Pi(M)$. Zunächst berechnen wir das zweite Moment des Feldes $\mathfrak{u}(M)$:

$$B^{\alpha,\beta}(M_1, M_2) = \overline{u^\alpha(M_1)\, u^\beta(M_2)} = \frac{\partial^2}{\partial x_1^\alpha\, \partial x_2^\beta} R(M_1, M_2)$$

mit

$$R(M_1, M_2) = \overline{\Pi(M_1)\, \Pi(M_2)}.$$

Wir bemerken, daß

$$\frac{\partial \varrho}{\partial x_1^\alpha} = -\frac{\xi^\alpha}{\varrho} = -l^\alpha \tag{56}$$

und

$$\frac{\partial \varrho}{\partial x_2^\alpha} = \frac{\xi^\alpha}{\varrho} = l^\alpha$$

wegen

$$\varrho\, d\varrho = \sum_\alpha \xi^\alpha\, d\xi^\alpha = \sum_\alpha \xi^\alpha\, (dx_2^\alpha - dx_1^\alpha)$$

ist und finden nach der Kettenregel

$$B^{\alpha,\beta}(M_1, M_2) = \frac{1}{\varrho}\frac{dR}{d\varrho}\delta^{\alpha\beta} + \left(\frac{1}{\varrho}\frac{dR}{d\varrho} - \frac{d^2R}{d\varrho^2}\right) l^\alpha l^\beta. \tag{57}$$

Für ein Potentialfeld gilt somit

$$F(\varrho) = -\frac{1}{\varrho}\frac{dR}{d\varrho}, \qquad G(\varrho) = -\frac{d^2R}{d\varrho^2}. \tag{58}$$

Die Korrelationsfunktion $R(\varrho)$ hat für $\varrho = 0$ ein Maximum. In einer Umgebung des Nullpunktes gilt daher die Darstellung

$$R(\varrho) = R(0) + R''(0)\frac{\varrho^2}{2} + \dots, \quad R''(0) < 0,$$

woraus sich

$$F(0) = G(0) = -R''(0) > 0$$

ergibt. Aus (58) folgt, daß in einem Potentialfeld die Längs- und Querkorrelationsfunktion durch die Gleichung

$$G(\varrho) = (\varrho F)' \tag{59}$$

miteinander verknüpft sind.

Es soll nun nachgewiesen werden, daß die Bedingung (59) nicht nur notwendig, sondern auch hinreichend dafür ist, daß ein statistisch homogenes und isotropes Vektorfeld mit den Korrelationsfunktionen $F(\varrho)$ und $G(\varrho)$ ein Potential besitzt[1]). Eine notwendige und hinreichende Bedingung dafür, daß ein Vektorfeld $\mathfrak{u}(M)$ ein Potential besitzt, ist bekanntlich das identische Verschwinden der Rotation — des schief-symmetrischen Tensors

$$\omega^{\beta\gamma} = \partial_\gamma u^\beta - \partial_\beta u^\gamma.$$

Wir berechnen dann das gemischte Moment des Systems der Felder $u^\alpha(M)$ und $\omega^{\beta\gamma}(M)$:

$$\overline{u^\alpha(M_1)\,\omega^{\beta\gamma}(M_2)} = \frac{\partial B^{\alpha,\beta}}{\partial x_2^\gamma} - \frac{\partial B^{\alpha,\gamma}}{\partial x_2^\beta} =$$

$$= \frac{\partial B^{\alpha,\beta}}{\partial \xi^\gamma} - \frac{\partial B^{\alpha,\gamma}}{\partial \xi^\beta} = \partial_\gamma\left[F(\varrho)\,\delta^{\alpha\beta} + \frac{(G-F)}{\varrho^2}\xi^\alpha\xi^\beta\right] -$$

$$-\partial_\beta\left[F(\varrho)\,\delta^{\alpha\gamma} + \frac{(G-F)}{\varrho^2}\xi^\alpha\xi^\gamma\right] = \frac{1}{\varrho^2}\left[(\varrho F)' - G\right](\delta^{\alpha\beta}\xi^\gamma - \delta^{\alpha\gamma}\xi^\beta).$$

Dieser Ausdruck verschwindet identisch auf Grund der Bedingung (59). Da sich das Rotationsfeld $\omega^{\beta\gamma}$ aus dem gegebenen Vektorfeld mittels einer linearen Operation ergibt und dabei mit ihm nichtkorreliert, verschwindet $\omega^{\beta\gamma}$ ebenfalls. Die Gleichung (59) ist auch für statistisch homogene und isotrope Potentialfelder in der Ebene richtig.

Unter Verwendung einer analogen Methode kann man eine Bedingung dafür erhalten, daß ein statistisch homogenes und isotropes Vektorfeld ein solenoidales Feld ist, d. h. daß

$$\operatorname{div}\mathfrak{u}(M) = \sum_\alpha \frac{\partial u^\alpha}{\partial x^\alpha} = 0 \tag{60}$$

[1]) Hierbei sei erwähnt, daß das Potential eines solchen Feldes kein homogenes und isotropes Skalarfeld (in dem oben angegebenen Sinne) zu sein braucht. Im allgemeinen ist das Potential ein sogenanntes lokalhomogenes und lokalisotropes Feld, in dem eine Wahrscheinlichkeitsverteilung nicht für die Werte des Feldes selbst, sondern nur für die Differenzen der Werte des Feldes in verschiedenen Punkten des Raumes definiert ist.

gilt. Das Summationszeichen lassen wir bei doppelt auftretenden Indizes im folgenden fort, wie es in der Tensorrechnung üblich ist. Die Bedingung (60) schreiben wir dann für einen beliebigen Punkt M_2 hin, multiplizieren die rechte und linke Seite der Gleichung mit den Komponenten des Vektorfeldes im Punkt M_1 und bilden auf beiden Seiten die mathematische Erwartung:

$$\overline{u^\alpha(M_1)\,\frac{\partial u^\beta}{\partial x_2^\beta}(M_2)} = 0$$

oder bei Verwendung der Bedingung für die Homogenität eines Feldes

$$\overline{u^\alpha(M_1)\,\frac{\partial u^\beta}{\partial x_2^\beta}(M_2)} = \frac{\partial B^{\alpha,\beta}}{\partial \xi^\beta} = 0 .$$

Für $\gamma = \beta$ erhalten wir durch Differentiation von (48′) nach ξ^γ und nachfolgender Summation

$$\frac{\partial B^{\alpha,\beta}}{\partial \xi^\gamma} = F'(\varrho)\,\delta^{\alpha\beta}\,\frac{\xi^\gamma}{\varrho} + \frac{G-F}{\varrho^2}\,(\delta^{\alpha\gamma}\xi^\beta + \delta^{\beta\gamma}\xi^\alpha) + \left(\frac{G-F}{\varrho^2}\right)'\,\frac{\xi^\alpha\xi^\beta\xi^\gamma}{\varrho};$$

$$\frac{\partial B^{\alpha,\beta}}{\partial \xi^\beta} = \left[F'(\varrho) + (n+1)\,\frac{G-F}{\varrho} + \left(\frac{G-F}{\varrho^2}\right)'\varrho^2\right]\frac{\xi^\alpha}{\varrho} = 0,$$

woraus

$$F'(\varrho) + (n+1)\,\frac{G-F}{\varrho} + \left(\frac{G-F}{\varrho^2}\right)'\varrho^2 = 0$$

oder

$$G' + (n-1)\,\frac{G-F}{\varrho} = 0$$

folgt mit n als Dimensionszahl des Raumes. Für ein Feld im Raum $n = 3$ ist demzufolge

$$G' + \frac{2(G-F)}{\varrho} = 0, \tag{61}$$

$$F = G + \frac{\varrho}{2}\,G'. \tag{62}$$

Für ein statistisch homogenes und isotropes Feld in der Ebene $n = 2$ gilt entsprechend

$$G' + \frac{G-F}{\varrho} = 0, \tag{61'}$$

$$F = (\varrho G)'. \tag{62'}$$

Die Gleichung (61) wird als KÁRMÁNsche Gleichung[1]) bezeichnet und spielt in der Theorie der Turbulenz eine bedeutende Rolle, weil das Geschwindigkeitsfeld einer inkompressiblen Flüssigkeit der Gleichung (60) (Inkompressibilitätsbedingung) genügt.

Die Herleitung der Bedingung dafür, daß ein statistisch homogenes und isotropes Feld ein Potential besitzt, geht auf den Verfasser zurück.

[1]) Die erste Herleitung dieser Gleichung stammt von TAYLOR.

Multipliziert man beide Seiten der Gleichung (60) im Punkte M_2 mit dem Produkt $u^\alpha u^\beta$ im Punkt M_1 und mittelt die erhaltene Gleichung, so ergibt sich eine Gleichung, welche den Zusammenhang der Komponenten des dritten Momentes eines solenoidalen, statistisch homogenen und isotropen Vektorfeldes ausdrückt.

Ohne die Rechnungen in all ihren Einzelheiten durchzuführen (siehe [14] oder [15]), schreiben wir das Endresultat für ein Feld im dreidimensionalen Raum hin:

$$Q = -H - \frac{\varrho}{2}\frac{dH}{d\varrho}, \tag{63}$$

$$K + 2H = 0. \tag{64}$$

Somit können alle Komponenten des dritten Momentes durch die Komponente H ausgedrückt werden:

$$H = -\frac{K}{2}, \tag{65}$$

$$Q = \frac{K}{2} + \frac{\varrho}{4}\frac{dK}{d\varrho}. \tag{66}$$

Für ein solenoidales, statistisch homogenes und isotropes Vektorfeld in der Ebene gewinnt man leicht die analogen Formeln:

$$K = -H, \tag{65'}$$

$$Q = \frac{K}{2} + \frac{\varrho}{2}\frac{dK}{d\varrho}. \tag{66'}$$

Unter Benutzung der Beziehungen (62), (65) und (66) kann man die Ausdrücke (48') und (49') für das zweite und dritte Moment eines statistisch homogenen und isotropen solenoidalen Vektorfeldes im Raum folgendermaßen umformen:

$$B^{\alpha,\beta}(M_1, M_2) = \left(G + \frac{\varrho}{2} G'\right)\delta^{\alpha\beta} - \frac{1}{2\varrho} G' \xi^\alpha \xi^\beta, \tag{67}$$

$$B^{\alpha\beta,\gamma}(M_1, M_2) = \tag{68}$$

$$= -\frac{K}{2}\delta^{\alpha\beta}\frac{\xi^\gamma}{\varrho} + \left(\frac{K}{2} + \frac{\varrho}{4}\frac{dK}{d\varrho}\right)\left(\frac{\xi^\alpha}{\varrho}\delta^{\beta\gamma} + \frac{\xi^\beta}{\varrho}\delta^{\alpha\gamma}\right) + \left(\frac{K}{2} - \frac{\varrho}{2}\frac{dK}{d\varrho}\right)\frac{\xi^\alpha\xi^\beta\xi^\gamma}{\varrho^3}.$$

Ein Vektorfeld $u^\alpha(M)$ und ein Skalarfeld $\Pi(M)$ bilden (nach Definition) ein statistisch homogenes und isotropes System von Feldern, wenn sich die Wahrscheinlichkeitsverteilung für die Gesamtheit der Werte des Vektorfeldes und der Werte des Skalarfeldes in dem System der Beobachtungspunkte $M_1, M_2, \ldots, M_N$ nicht ändert bei einer Transformation (45) des Systems der Beobachtungspunkte und einer gleichzeitigen Transformation (47) des Koordinatensystems. Die zweiten Momente eines solchen Systems bestehen aus dem Moment des Vektorfeldes $B^{\alpha,\beta}$ [eine Tensorfunktion des Vektors (ξ^α), der die Beobachtungspunkte M_1 und M_2 verbindet], aus dem Moment $B^{00}(\varrho)$ des Feldes $\Pi(M)$ [eine skalare Funktion des Abstandes zwischen den Beobachtungspunkten] und aus dem gemischten Moment — eine Vektorfunktion des Vektors (ξ^α). Wir führen jetzt folgende Bezeichnung zur Kennzeichnung der Komponenten des gemischten Momentes ein:

$$\overline{\Pi(M_1)\,u^\alpha(M_2)} = B^{0,\,\alpha}(M_1, M_2).$$

Da in einem statistisch homogenen und isotropen System von Feldern das gemischte Moment $B^{0,\,\alpha}$ eine invariante Funktion des Vektors ξ^α ist, muß der Vektor $B^{0,\,\alpha}$ kolinear zum Vektor ξ^α sein:

$$B^{0,\,\alpha} = \frac{P(\varrho)}{\varrho}\,\xi^\alpha. \tag{69}$$

Wir zeigen nun, daß das gemischte Moment $B^{0,\,\alpha}$ für ein solenoidales Vektorfeld, das in einem statistisch homogenen und isotropen System von Feldern enthalten ist, identisch verschwindet. Nach Definition eines solenoidalen Feldes ist

$$\frac{\partial u^\alpha(M_2)}{\partial x_2^\alpha} = 0$$

und folglich

$$\overline{\Pi(M_1)\,\frac{\partial v^\alpha}{\partial x_2^\alpha}(M_2)} = \frac{\partial B^{0,\,\alpha}}{\partial \xi^\alpha} = 0.$$

Durch Differentiation von (69) erhalten wir

$$\frac{n\,P(\varrho)}{\varrho} + \left(\frac{P(\varrho)}{\varrho}\right)'\varrho = (n-1)\frac{P(\varrho)}{\varrho} + P'(\varrho) = 0.$$

Hieraus ergibt sich

$$P(\varrho) = \frac{c}{\varrho^{n-1}}$$

($n = 3$ für den Raum, $n = 2$ für die Ebene). Da eine Korrelationsfunktion stetig sein muß und demzufolge für $\varrho \to 0$ beschränkt ist, gilt für die Integrationskonstante

$$c = 0 \quad \text{und} \quad P(\varrho) \equiv 0.$$

Somit findet zwischen einem beliebigen Skalarfeld $\Pi(M)$ und einem Vektorfeld $\mathfrak{u}(M)$, die in einem statistisch homogenen und isotropen System von Feldern enthalten sind, keine Korrelation statt, sobald das Vektorfeld $\mathfrak{u}(M)$ solenoidal ist.

Wir betrachten nun ein statistisch homogenes und isotropes System von Vektorfeldern $\mathfrak{u}_{(p)}$ und $\mathfrak{u}_{(s)}$, von denen $\mathfrak{u}_{(p)}$ ein Potentialfeld und $\mathfrak{u}_{(s)}$ ein solenoidales Feld sei. Es wird dann die naturgemäße Voraussetzung gemacht, daß der Korrelationskoeffizient zwischen den Werten von $\mathfrak{u}_{(p)}$ und $\mathfrak{u}_{(s)}$ mit $\varrho \to \infty$ gegen Null strebt. Wir werden dann zeigen, daß zwischen den Feldern $\mathfrak{u}_{(p)}$ und $\mathfrak{u}_{(s)}$ unter diesen Bedingungen keine Korrelation stattfindet, d. h. das gemischte Moment

$$B_{(p,\,s)}^{\alpha,\,\beta} = \overline{u_{(p)}^{\alpha}(M_1)\,u_{(s)}^{\beta}(M_2)}$$

verschwindet identisch.

Auf Grund der statistischen Homogenität und Isotropie des betrachteten Systems von Vektorfeldern hat das gemischte Moment $B^{\alpha,\beta}_{(p,s)}$ folgende Struktur

$$B^{\alpha,\beta}_{(p,s)} = A(\varrho)\,\delta^{\alpha\beta} + \left(\frac{B-A}{\varrho^2}\right)\xi^\alpha\,\xi^\beta. \tag{70}$$

Da das Vektorfeld $\mathfrak{u}_{(p)}(M)$ ein Potential besitzt, genügt der Tensor $B^{\alpha,\beta}_{(p,s)}(M_1, M_2)$ der Gleichung

$$\frac{\partial B^{\alpha,\beta}}{\partial x_1^\gamma}(M_1, M_2) - \frac{\partial B^{\gamma,\beta}}{\partial x_1^\alpha}(M_1, M_2) = \frac{\partial B^{\gamma,\beta}}{\partial \xi^\alpha} - \frac{\partial B^{\alpha,\beta}}{\partial \xi^\gamma} = 0 \tag{71}$$

und außerdem, weil das Vektorfeld $\mathfrak{u}_{(s)}(M)$ solenoidal ist, der Gleichung

$$\frac{\partial}{\partial x_1^\beta} B^{\alpha,\beta}_{(p,s)}(M_1, M_2) = \frac{\partial B^{\alpha,\beta}}{\partial \xi^\beta} = 0. \tag{72}$$

Aus (71) und (72) folgt, daß die Funktionen $A(\varrho)$ und $B(\varrho)$ gleichzeitig den Gleichungen (59) und (61) genügen, wenn man in diesen Gleichungen F durch A und G durch B ersetzt:

$$B = (\varrho A)',$$

$$B' + \frac{2}{\varrho}(B - A) = 0.$$

Die allgemeine Lösung dieses Gleichungssystems hat die Form

$$A = C_1 + \frac{C_2}{\varrho^3},$$

$$B = C_1 - \frac{2C_2}{\varrho^3},$$

wobei C_1 und C_2 Integrationskonstanten sind. Da die Korrelationsfunktionen im Nullpunkt beschränkt sind und im Unendlichen verschwinden, ergibt sich

$$C_2 = 0 \quad \text{und} \quad C_1 = 0,$$

womit

$$B^{\alpha,\beta}_{(p,s)} \equiv 0 \tag{73}$$

ist, was zu beweisen war.

Wir beweisen nun den Satz über die Zerlegung der Korrelationsfunktionen eines statistisch homogenen und isotropen Vektorfeldes in die Summe einer Potential- und einer Solenoidalkomponente. Dabei nehmen wir an, daß sich das gesuchte Vektorfeld $\mathfrak{u}(M)$ als Summe der Potentialkomponente $\mathfrak{u}_{(p)}(M)$ und der Solenoidalkomponente $\mathfrak{u}_{(s)}(M)$, die ein statistisch homogenes und isotropes System von Feldern bilden, darstellen läßt:

$$\mathfrak{u}(M) = \mathfrak{u}_{(p)}(M) + \mathfrak{u}_{(s)}(M). \tag{74}$$

Die Quer- und Längskorrelationsfunktion für die Felder $\mathfrak{u}$, $\mathfrak{u}_{(p)}$ und $\mathfrak{u}_{(s)}$ bezeichnen wir mit F, G, $F_{(p)}$, $G_{(p)}$, $F_{(s)}$ und $G_{(s)}$. Da nun $\mathfrak{u}_{(p)}(M)$ und $\mathfrak{u}_{(s)}(M)$ nicht miteinander korrelieren, gilt

$$\begin{aligned} F &= F_{(p)} + F_{(s)}, \\ G &= G_{(p)} + G_{(s)}. \end{aligned} \tag{75}$$

Wir zeigen dann, daß die Darstellung (75) eindeutig durch die Funktionen F und G bestimmt wird, so daß es zur Bestimmung von $F_{(p)}$, $G_{(p)}$, $F_{(s)}$ und $G_{(s)}$ nicht notwendig ist, das Vektorfeld selbst in seine Potential- und Solenoidalkomponente aufzuspalten. Dabei nehmen wir an, daß alle Korrelationsfunktionen für $\varrho \to \infty$ gegen Null streben.

Zur Bestimmung der vier unbekannten Funktionen $F_{(p)}$, $G_{(p)}$, $F_{(s)}$ und $G_{(s)}$ haben wir vier Gleichungen (darunter zwei Differentialgleichungen)

$$\begin{aligned} F_{(p)} + F_{(s)} &= F, \\ G_{(p)} + G_{(s)} &= G, \\ (\varrho F_{(p)})' - G_{(p)} &= 0 \end{aligned}$$

(die Bedingung dafür, daß $\mathfrak{u}_{(p)}(M)$ Potentialkomponente ist),

$$\varrho\, G'_{(s)}(\varrho) + 2\,(G_{(s)} - F_{(s)}) = 0$$

(die Bedingung dafür, daß $\mathfrak{u}_{(s)}(M)$ Solenoidalkomponente ist) unter der zusätzlichen Voraussetzung, daß die Korrelationsfunktionen beschränkt sind und im Unendlichen verschwinden. Wir zeigen nun die Eindeutigkeit der Lösung unseres Problems. Angenommen, es gäbe zwei Lösungssysteme $F_{(p)}$, $G_{(p)}$, $F_{(s)}$, $G_{(s)}$ und $\tilde{F}_{(p)}$, $\tilde{G}_{(p)}$, $\tilde{F}_{(s)}$, $\tilde{G}_{(s)}$.

Dann setzen wir

$$\begin{aligned} f_{(p)} &= F_{(p)} - \tilde{F}_{(p)}, & f_{(s)} &= F_{(s)} - \tilde{F}_{(s)}, \\ g_{(p)} &= G_{(p)} - \tilde{G}_{(p)}, & g_{(s)} &= G_{(s)} - \tilde{G}_{(s)}. \end{aligned}$$

Die Funktionen $f_{(p)}$, $g_{(p)}$, $f_{(s)}$ und $g_{(s)}$ genügen dem Gleichungssystem

$$\begin{aligned} f_{(p)} + f_{(s)} &= 0, & g_{(p)} + g_{(s)} &= 0, \\ (\varrho f_{(p)})' - g_{(p)} &= 0, & 2\,(g_{(s)} - f_{(s)}) + \varrho g'_{(s)} &= 0, \end{aligned} \tag{76}$$

sie sind auch beschränkt und verschwinden im Unendlichen. Die allgemeine Lösung des Systems (76) ist

$$\begin{aligned} f_p &= C_1 + \frac{C_2}{\varrho^3}, & f_s &= -f_p, \\ g_p &= C_1 - \frac{2C_2}{\varrho^3}, & g_s &= -g_p. \end{aligned} \tag{77}$$

Auf Grund der Beschränktheit und wegen des Verschwindens im Unendlichen sind $C_1 = C_2 = 0$ und demzufolge $f_p \equiv 0$, $g_p \equiv 0$, $f_s \equiv 0$, $g_s \equiv 0$. Damit haben wir nachgewiesen, daß die Zerlegung der Korrelationsfunktionen in Komponenten, die der Potential- und Solenoidalkomponente des Vektorfeldes entsprechen, eindeutig ist.

Dieser Satz ist beim Aufstellen einer statistischen Theorie der Turbulenz in einer kompressiblen Flüssigkeit von Interesse. Wenn man das Geschwindigkeitsfeld durch ein statistisch homogenes und isotropes Feldes beschreibt und sich dabei nur auf zweite Momente beschränkt, so kann man, nach dem bewiesenen Satz, die Korrelationsfunktionen in Komponenten zerlegen, von denen die eine der Wirbelkomponente des Geschwindigkeitsfeldes, d. h. eigentlich der Turbulenz, die andere (Potentialkomponente) dem akustischen Feld entspricht (vgl. [10]).

§ 7. Die Strukturfunktion eines Feldes

Als Strukturfunktion eines statistisch homogenen Zufallsfeldes bezeichnen wir die mathematische Erwartung der quadrierten Differenz zwischen den Werten des Feldes in zwei veränderlichen Punkten. Die mathematische Erwartung wird als Funktion des Radiusvektors, der diese Punkte miteinander verbindet, angesehen. Zum erstenmal wurde der Begriff der Strukturfunktion von A. N. Kolmogorov [20] bei einer Untersuchung der „lokalisotropen" Turbulenz eingeführt. Die Strukturfunktion ist durch folgende einfache Relation mit der Korrelationsfunktion verknüpft:

$$D(\xi^\alpha) = \overline{[\Pi(M_2) - \Pi(M_1)]^2} = 2\,[B\,(0) - B(\xi^\alpha)] \tag{78}$$

mit

$$B(\xi^\alpha) = \overline{\Pi(M_1)\,\Pi(M_2)}.$$

Ein analoger Zusammenhang liegt bei einem Vektorfeld vor,

$$D^{\alpha\beta}\,(\xi^\gamma) = \tag{79}$$

$$= \overline{[u^\alpha(M_2) - u^\alpha(M_1)]\,[u^\beta(M_2) - u^\beta(M_1)]} = 2\,B^{\alpha\beta}\,(0) - B^{\alpha\beta}\,(\xi^\gamma) - B^{\alpha\beta}\,(-\,\xi^\gamma),$$

da in einem statistisch homogenen Vektorfeld

$$B^{\beta\alpha}(\xi^\gamma) = B^{\alpha\beta}\,(-\,\xi^\gamma)$$

ist.

Für statistisch homogene und isotrope Felder haben (78) und (79) die einfache Gestalt

$$D(\varrho) = 2[B(0) - B(\varrho)] \tag{78'}$$

bzw.

$$D^{\alpha\beta}\,(\xi^\gamma) = 2\left\{[F(0) - F(\varrho)]\,\delta^{\alpha\beta} + [F(\varrho) - G(\varrho)]\,\frac{\xi^\alpha\xi^\beta}{\varrho^2}\right\}. \tag{79'}$$

Für die Längs- und Querkomponente der Strukturfunktion eines Vektorfeldes soll nun eine spezielle Bezeichnung eingeführt werden. Das quadratische Mittel der Differenz zwischen den Projektionen der Feldvektoren in den Punkten M_1 und M_2 auf die Achse, die diese beiden Punkte verbindet (die Richtung der

Achse wird von M_1 nach M_2 positiv gerechnet) heißt Längskomponente der Strukturfunktion:

$$D_{ll} = \overline{[u_l(M_2) - u_l(M_1)]^2}. \tag{80}$$

Das quadratische Mittel der Differenz zwischen den Projektionen der Feldvektoren in den Punkten M_1, M_2 auf diejenige Ebene, die senkrecht zur Achse $M_1 M_2$ liegt, nennt man Querkomponente der Strukturfunktion:

$$D_{nn} = \overline{[u_n(M_2) - u_n(M_1)]^2}. \tag{81}$$

Offenbar ist

$$D^{\alpha\beta}(\xi^\gamma) = D_{nn}(\varrho)\,\delta^{\alpha\beta} + [D_{ll}(\varrho) - D_{nn}(\varrho)]\,l^\alpha l^\beta \tag{82}$$

mit $l^\alpha = \dfrac{\xi^\alpha}{\varrho}$.

Die Strukturfunktionen verschwinden für $\varrho = 0$.

Bei Feldern mit einer im Unendlichen verschwindenden Korrelation (solche Felder werden wir regulär nennen) nähert sich der Wert der Strukturfunktion für $\varrho \to \infty$ einem endlichen positiven Grenzwert,

$$\lim_{\varrho \to \infty} D(\varrho) = D(\infty) = 2\,B(0) \tag{83}$$

und analog

$$D_{ll}(\infty) = D_{nn}(\infty) = 2\,F(0) = \frac{2}{3}\,\overline{u^2},$$

da

$$F(0) = G(0) = \frac{1}{3}\,\overline{u^2} \tag{84}$$

ist.

Die Komponenten der Strukturfunktion eines solenoidalen statistisch homogenen und isotropen Vektorfeldes sind durch eine Gleichung miteinander verknüpft, die der KÁRMÁNschen Gleichung (61) für Korrelationsfunktionen vollkommen analog ist:

$$D'_{ll} = 2\left(\frac{D_{ll} - D_{nn}}{\varrho}\right) \tag{85}$$

oder

$$D_{nn} = D_{ll} + \frac{\varrho}{2}\,D'_{ll}. \tag{86}$$

Die Strukturfunktionen für ein Vektorfeld lassen sich eindeutig in Komponenten zerlegen, die der Solenoidal- und Potentialkomponente des Vektorfeldes entsprechen. Diese Zerlegung ist der Zerlegung der Korrelationsfunktionen analog.

Ist die Strukturfunktion $D(\varrho)$ eines statistisch homogenen regulären Feldes für alle Werte von ϱ bekannt, so kann man die Korrelationsfunktion durch den Grenzübergang $\varrho \to \infty$ gewinnen. Mit Hilfe von (83) ermittelt man den Dispersionswert $B(0)$ und bestimmt anschließend auf Grund von (78) die Korrelationsfunktion. Wenn die Strukturfunktion jedoch nur für ein beschränktes Intervall, in dem ϱ variiert, bekannt ist, dann ist die Korrelationsfunktion in diesem Intervall nicht eindeutig bestimmt, sondern nur bis auf eine additive Konstante.

Eine statistische Beschreibung von Feldern mit Hilfe der Strukturfunktionen ist dann zweckmäßig, wenn nicht die Werte des Feldes selbst, sondern nur ihre Differenzen in verschiedenen Punkten des Raumes interessieren. So haben beispielsweise nicht die Werte des Potentials selbst, sondern nur ihre Differenzen eine physikalische Bedeutung; beim Studium der relativen Bewegung der Flüssigkeitsteilchen sind nicht die Strömungsgeschwindigkeiten, sondern nur die Differenzwerte der Strömungsgeschwindigkeiten in verschiedenen Punkten von Interesse.

Nach einem Vorschlag von A. N. Kolmogorov kann man statistische Schemata betrachten, in denen eine Wahrscheinlichkeitsverteilung nicht für die Werte des Feldes selbst, sondern nur für die Differenzen der Werte des Feldes in verschiedenen Punkten definiert ist. Dabei kann man an die Wahrscheinlichkeitsverteilung der Differenzen zwischen den Werten des Feldes die Homogenitäts- und Isotropiebedingung stellen.

Für solche Schemata hat der Begriff der Korrelationsfunktion keinen Sinn mehr, während der Begriff der Strukturfunktion erhalten bleibt. Die Strukturfunktion braucht in diesem Falle für $\varrho \to \infty$ nicht gegen einen bestimmten Grenzwert zu streben, jedoch genügt sie, wie man für hinreichend große Werte von ϱ zeigen kann, der allgemeineren Ungleichung[1])

$$D(\varrho) < C\varrho^2.$$

Durch die Strukturfunktion kann man die zweiten Momente des Systems der Differenzwerte eines Feldes in einem beliebigen Punktsystem und auch die zweiten Momente der Ableitung eines Feldes ausdrücken. Als Beispiel berechnen wir das zweite Moment der Ableitung $\frac{\partial u^\alpha}{\partial x^\gamma}$ eines statistisch homogenen und isotropen Vektorfeldes:

$$B^{\alpha,\beta}_{\gamma,\delta}(M_1 M_2) = \overline{\frac{\partial u^\alpha(M_1)\,\partial u^\beta(M_2)}{\partial x_1^\gamma\,\partial x_2^\delta}} = \frac{\partial^2}{\partial x_1^\gamma\,\partial x_2^\delta} B^{\alpha,\beta}(\xi^\gamma) =$$

$$= -\frac{\partial^2}{\partial \xi^\gamma\,\partial \xi^\delta} B^{\alpha,\beta}(\xi^\gamma) = \frac{1}{2}\frac{\partial^2}{\partial \xi^\gamma\,\partial \xi^\delta} D^{\alpha,\beta}(\xi^\gamma).$$

[1]) Diese Ungleichung beweist man mit Hilfe der Identität $D(x) = 2\left[1 + \varrho\left(\frac{x}{2}\right)\right] \times D\left(\frac{x}{2}\right)$, wobei $\varrho\left(\frac{x}{2}\right)$ der Korrelationskoeffizient zwischen den Zuwächsen $u(x) - u\left(\frac{x}{2}\right)$ und $u\left(\frac{x}{2}\right) - u(0)$ ist. Wenn für eine unendliche Folge x_i die Ungleichungen $D(x_i) > Cx_i^2$ bestehen, so läßt sich ein Punkt x_1 finden, für den $\left|\varrho\left(\frac{x_1}{2}\right)\right| > 1$ gilt, was unmöglich ist. [Einen strengen Beweis findet man in der Arbeit von A. M. Jaglom „Einige Klassen von Zufallsfeldern im n-dimensionalen Raum", Теория вероятностей и ее применения (Wahrscheinlichkeitsrechnung und ihre Anwendungen), 1957, Bd. 2, Nr. 3, S. 292 bis 338. — Anmerkung zur deutschen Übersetzung].

Setzen wir in der rechten Seite

$$D^{\alpha,\beta}(\xi^\gamma) = D_{nn}(\varrho)\,\delta^{\alpha\beta} + \left(\frac{D_{ll} - D_{nn}}{\varrho^2}\right)\xi^\alpha \xi^\beta$$

ein, so erhalten wir:

$$B^{\alpha,\beta}_{\gamma,\delta}(\xi^\gamma) = \frac{1}{2}\left\{\frac{D'_{nn}(\varrho)}{\varrho}\,\delta^{\alpha\beta}\,\delta^{\gamma\delta} + \frac{D_{ll} - D_{nn}}{\varrho^2}\,(\delta^{\alpha\gamma}\,\delta^{\beta\delta} + \delta^{\alpha\delta}\,\delta^{\beta\gamma}) + \right. \tag{87}$$

$$+ \left(D''_{nn} - \frac{D'_{nn}}{\varrho}\right)\delta^{\alpha\beta}\,l^\gamma\,l^\delta + \left[\frac{(D_{ll} - D_{nn})'}{\varrho} - \frac{2(D_{ll} - D_{nn})}{\varrho^2}\right](\delta^{\alpha\gamma}\,l^\beta\,l^\delta + \delta^{\alpha\delta}\,l^\beta\,l^\gamma +$$

$$\left. + \delta^{\beta\gamma} l^\alpha l^\delta + \delta^{\gamma\delta}\,l^\alpha\,l^\beta + \left[(D_{ll} - D_{nn})'' - \frac{5(D_{ll} - D_{nn})'}{\varrho} + \frac{8(D_{ll} - D_{nn})}{\varrho^2}\right] l^\alpha\,l^\beta\,l^\gamma\,l^\delta\right\}.$$

Man kann nun die Strukturfunktion dritter Ordnung einführen:

$$D_{(3)} = D_{lll} = \overline{[\mathfrak{u}(M_2)\cdot\mathfrak{e} - \mathfrak{u}(M_1)\cdot\mathfrak{e}]^3}, \tag{88}$$

wobei

$$\mathfrak{e}^\alpha = \frac{\xi^\alpha}{\varrho}$$

der Einheitsvektor ist, der von M_1 nach M_2 gerichtet ist. Wir zeigen dann, daß das dritte Moment eines statistisch homogenen und isotropen, solenoidalen Vektorfeldes durch die Strukturfunktion $D_{(3)}$ dargestellt werden kann. Hierzu berechnen wir unter Benutzung der Regel (55) für das Vertauschen von Indexgruppen das dritte Moment der Differenz $\mathfrak{u}(M_2) - \mathfrak{u}(M_1)$:

$$\begin{aligned} D^{\alpha\beta\gamma} &= \overline{[u^\alpha(M_2) - u^\alpha(M_1)]\,[u^\beta(M_2) - (u^\beta(M_1)]\,[u^\gamma(M_2) - u^\gamma(M_1)]} = \\ &= B^{\beta\gamma,\alpha} + B^{\gamma\alpha,\beta} + B^{\alpha\beta,\gamma} - B^{\alpha,\beta\gamma} - B^{\beta,\gamma\alpha} - B^{\gamma,\alpha\beta} = \\ &= 2\,(B^{\alpha\beta,\gamma} + B^{\beta\gamma,\alpha} + B^{\gamma\alpha,\beta}). \end{aligned} \tag{89}$$

Setzt man in die rechte Seite von (89) die Darstellung des dritten Momentes (68) für ein solenoidales Vektorfeld ein, so ergibt sich

$$D^{\alpha\beta\gamma}(\xi) = (\delta^{\alpha\beta}\,l^\gamma + \delta^{\beta\gamma}\,l^\alpha + \delta^{\gamma\alpha}\,l^\beta)\cdot\left(K + \varrho\,\frac{dK}{d\varrho}\right) + 3\left(K - \varrho\,\frac{dK}{d\varrho}\right) l^\alpha\,l^\beta\,l^\gamma,$$

woraus

$$D_{lll} = D^{\alpha\beta\gamma}\,l^\alpha\,l^\beta\,l^\gamma = 6K(\varrho) \tag{90}$$

folgt.

Durch Substitution von $K = \frac{1}{6}\,D_{lll}$ in (68) erhalten wir dann die gesuchte Darstellung des dritten Momentes durch das dritte Moment der Längskomponente der Differenz zwischen den Werten des Vektorfeldes in zwei Punkten. Der Tensor $D^{\alpha\beta\gamma}$ läßt sich auch durch die Fundamentalkomponente D_{lll} darstellen:

$$\begin{aligned} D^{\alpha\beta\gamma} = \frac{1}{6}\left(D_{lll} + \varrho\,\frac{dD_{lll}}{d\varrho}\right)(l^\alpha\,\delta^{\beta\gamma} + l^\beta\,\delta^{\alpha\gamma} + l^\gamma\,\delta^{\alpha\beta}) + \\ + \frac{1}{2}\left(D_{lll} - \varrho\,\frac{dD_{lll}}{d\varrho}\right) l^\alpha\,l^\beta\,l^\gamma. \end{aligned} \tag{91}$$

Die gewonnene Darstellung des dritten Momentes bezieht sich auf ein statistisch homogenes und isotropes Feld im Raum. Für ein Feld in der Ebene kann man einen in seiner Struktur analogen Ausdruck erhalten.

Strukturfunktionen werden gegenwärtig in der Theorie der Turbulenz viel verwendet. Zum erstenmal wurden Strukturfunktionen zweiter und dritter Ordnung für das Geschwindigkeitsfeld einer turbulenten Strömung von A. N. KOLMOGOROV [16, 20] theoretisch berechnet.

Eine theoretische Untersuchung der Strukturfunktionen des Temperatur- und Druckfeldes einer turbulenten Strömung ist in den Arbeiten von A. M. OBUCHOW und A. M. JAGLOM [21—23] durchgeführt.

Für die experimentelle Untersuchung einer Strömung bietet die Verwendung von Strukturfunktionen im Vergleich zu den Korrelationsfunktionen eine Reihe von Vorzügen. Einige Ergebnisse über die experimentelle Bestimmung der Strukturfunktionen des Windgeschwindigkeits- und Temperaturfeldes in der Atmosphäre findet man in den Arbeiten [24, 25].

In einer Arbeit von M. I. JUDIN [9] wird auf die Möglichkeit hingewiesen, in der Klimatologie bei der Beschreibung der räumlich-zeitlichen Änderung meteorologischer Felder Strukturfunktionen zu verwenden, und es werden Beispiele entsprechender Strukturfunktionen angeführt, die nach empirischen Daten konstruiert wurden.

§ 8. Das Gesetz der großen Zahlen für kontinuierliche Prozesse

Bei der Auswertung der oben behandelten statistischen Theorie für die Praxis erhebt sich die wichtige prinzipielle Frage nach dem Vergleich der Schlußfolgerungen aus der statistischen Theorie mit dem Experiment. Bekanntlich lassen sich die mathematischen Erwartungen physikalischer Größen in der statistischen Physik als Mittelwerte über ein hinreichend großes Zeitintervall auffassen, und zwar auf Grund der sogenannten „Ergodenhypothese“, die eine Verallgemeinerung des Gesetzes der großen Zahlen auf kontinuierliche Prozesse darstellt. Für Zufallsfelder und stochastische Prozesse, die den Bedingungen der statistischen Homogenität (in bezug auf einen oder mehrere Parameter) genügen, kann man unter bestimmten hinreichend allgemeinen Voraussetzungen einen Satz beweisen, der eine Begründung der „Ergodenhypothese“ darstellt. Er liefert eine Abschätzung für die Größe des Intervalls der Mittelwertbildung, die notwendig ist, um mit einem gegebenen Grad von Gewißheit sagen zu können, daß sich die „empirischen Mittelwerte“ der betreffenden physikalischen Größen von den entsprechenden „theoretischen“ Mittelwerten (der mathematischen Erwartung) höchstens um eine vorgegebene kleine Größe unterscheiden. Einen Beweis des betreffenden „Ergodensatzes“ kann man beispielsweise bei BUNIMOWITSCH [8] finden. Im vorliegenden Paragraphen führen wir einen der Beweise dieses Satzes an.

Sei $u(t)$ eine Zufallsfunktion, die bezüglich der Zeit (der Veränderlichen t) homogen ist. Die Größe u kann auch noch von anderen Veränderlichen (x, y, z

usw.) abhängen, jedoch werden wir diese Veränderlichen bei unseren Untersuchungen als feste Parameter ansehen.

Mit $B(\tau)$ bezeichnen wir das zweite Moment der Funktion $u(t)$:

$$B(\tau) = \overline{[u(t+\tau) - a]\,[u(t) - a]}$$

mit

$$a = \bar{u}(t) = \text{const.}$$

In die Betrachtung führen wir nun den „empirischen Mittelwert" der Funktion $u(t)$ über das Zeitintervall $[0, T]$ ein:

$$[\tilde{u}(t)]_T = \frac{1}{T}\int_0^T u(t+\tau)\,d\tau. \tag{92}$$

Für $u(t)$ beweisen wir dann einen Satz, der eine Verallgemeinerung des klassischen Gesetzes der großen Zahlen für nicht kontinuierlich veränderliche Größen darstellt: wenn der Mittelwert der Korrelationsfunktion $B(\tau)$ auf dem Intervall $(0, \infty)$ verschwindet, d. h.

$$\lim_{T\to\infty}\frac{1}{T}\int_0^T B(\tau)\,d\tau = 0 \tag{93}$$

ist, so strebt für beliebiges $\varepsilon > 0$ und beliebiges festes t die Wahrscheinlichkeit der Ungleichung

$$|[\tilde{u}]_T - a| < \varepsilon \tag{94}$$

gegen Eins, sobald T unbegrenzt wächst.

Zum Beweis dieses elementaren Satzes genügt es zu zeigen, daß

$$\lim_{T\to\infty}\overline{([\tilde{u}]_T - a)^2} = 0 \tag{95}$$

ist. Ohne Beschränkung der Allgemeinheit kann man wegen der statistischen Homogenität des Prozesses $t = 0$ annehmen. Dann ist

$$\overline{([\tilde{u}]_T - a)^2} = \frac{1}{T^2}\int_0^T\!\!\int_0^T B(|t_2 - t_1|)\,dt_1\,dt_2 = \frac{2}{T^2}\int_0^T\!\!\int_0^{\tau_1} B(\tau)\,d\tau\,d\tau_1 \tag{96}$$

mit

$$\tau = |t_2 - t_1|.$$

Aus der Bedingung (93) folgt, daß es für jedes $\frac{\delta}{2} > 0$ ein T_0 gibt, für das

$$\left|\int_0^{\tau_1} B(\tau)\,d\tau\right| < \frac{\delta}{2}\tau_1 \quad \text{für} \quad \tau_1 > T_0$$

ist. Andererseits besteht offenbar für beliebiges τ_1 die Ungleichung

$$\left|\int_0^{\tau_1} B(\tau)\,d\tau\right| < B(0)\,\tau_1,$$

da der Korrelationskoeffizient $R(\tau) = \frac{B(\tau)}{B(0)} \leqq 1$ ist. Somit kann man für die Funktion

$$J(\tau_1) = \int_0^{\tau_1} B(\tau)\, d\tau$$

folgende Ungleichungen angeben:

$$\begin{aligned} |J(\tau_1)| &< B(0)\,\tau_1 \quad \text{für} \quad \tau_1 \leqq T_0, \\ |J(\tau_1)| &< \frac{\delta}{2}\,\tau_1 \quad \text{für} \quad \tau_1 > T_0. \end{aligned} \tag{97}$$

Durch Integration der Ungleichung (97) über $(0, T)$ für $T > T_0$ erhalten wir

$$\int_0^T \int_0^{\tau_1} B(\tau)\, d\tau\, d\tau_1 \leqq \int_0^T |J(\tau_1)|\, d\tau_1 < \frac{B(0)\, T_0^2}{2} +$$

$$+ \frac{\delta}{4}(T^2 - T_0^2) < \frac{\delta}{2} T^2 \quad \text{für} \quad T > T_1 = T_0 \sqrt{\frac{2\,B(0)}{\delta}},$$

woraus sich

$$\overline{([\tilde{u}]_T - a)^2} = \frac{2}{T^2} \int_0^T \int_0^{\tau_1} B(\tau)\, d\tau\, d\tau_1 < \delta \tag{98}$$

ergibt. Nach der bekannten TSCHEBYSCHEWschen Ungleichung folgt aus dieser Abschätzung, daß die Wahrscheinlichkeit

$$P\left\{|[\tilde{u}]_T - a| \leqq \varepsilon\right\} > 1 - \frac{\overline{([\tilde{u}_T - a]^2)}}{\varepsilon^2} > 1 - \frac{\delta}{\varepsilon^2} \tag{99}$$

für $T > T_1$ ist; da δ im Vergleich zu ε beliebig klein gewählt werden kann, ist der Satz damit bewiesen.

Die Bedingung (93) ist insbesondere dann erfüllt, wenn

$$B(\tau) \to 0 \quad \text{für} \quad \tau \to \infty$$

geht, und ebenfalls, wenn das folgende Integral konvergiert:

$$\int_0^\infty B(\tau)\, d\tau < \infty. \tag{100}$$

Im letzten Falle kann man die Dispersion der Abweichung des empirischen Mittelwertes von der entsprechenden mathematischen Erwartung bequem abschätzen. Aus (96) erhalten wir, falls die Bedingung (100) erfüllt und T hinreichend groß ist, die asymptotische Abschätzung

$$\overline{([\tilde{u}]_T - a)^2} \approx \frac{2\,B(0)}{T}\,\tau_1 \tag{101}$$

mit

$$\tau_1 = \int_0^\infty R(\tau)\, d\tau = \frac{1}{B(0)} \int_0^\infty B(\tau)\, d\tau, \tag{102}$$

Diese Abschätzung wurde von TAYLOR beim Aufbau einer Theorie der turbulenten Diffusion [26] und ebenfalls von KELLER [27] hergeleitet. Sie ist dem bekannten Ausdruck für den mittleren quadratischen Fehler des arithmetischen Mittels von N unabhängigen Messungen vollkommen analog, wenn man

$$N = \frac{T}{2\tau_1} \tag{103}$$

setzt. Die durch (103) definierte Zahl N kann man als die einem kontinuierlichen Beobachtungsintervall $[0, T]$ äquivalente Zahl von unabhängigen Beobachtungen eines kontinuierlichen Prozesses (einer Zufallsfunktion) mit dem „Korrelationsintervall" τ_1 bezeichnen.

Für den Fall, daß die statistisch homogene Funktion $u(t)$ eine Normalverteilung besitzt, kann man durch direkte Berechnung leicht eine Abschätzung für die Abweichungen der empirischen Momente von den entsprechenden theoretischen Werten erhalten. Als Beispiel betrachten wir den Ausdruck für ein empirisches Moment zweiter Ordnung:

$$[\tilde{B}]_T = \frac{1}{T}\int_0^T u^2(t)\,dt. \tag{104}$$

Der Einfachheit halber nehmen wir an, daß die mathematische Erwartung von $u(t)$ verschwindet.

Die Korrelationsfunktion für $u^2(t)$ berechnen wir dann unter Benutzung des Ausdruckes der vierten Momente (31a) eines Systems von Größen, die nach dem GAUSSschen Gesetz verteilt sind:

$$\overline{[u^2(t+\tau) - \overline{u^2}(t)]\,[u^2(t) - \overline{u^2}(t)]} = 2B^2(\tau). \tag{105}$$

Unter der Annahme, daß das Integral über das Quadrat des Korrelationskoeffizienten konvergiert,

$$\tau_2 = \int_0^\infty R^2(\tau)\,d\tau < \infty,$$

erhalten wir dann

$$\overline{\{[\tilde{B}]_T - B(0)\}^2} = \frac{4B^2(0)\,\tau_2}{T}. \tag{106}$$

Der bewiesene Satz berechtigt uns dazu (bei der statistischen Beschreibung von Feldern) die mathematischen Erwartungen der uns interessierenden Größen durch die entsprechenden Mittelwerte zu ersetzen, die über die Koordinaten, in denen das Feld statistisch homogen ist, genommen sind.

In praktisch wichtigen Fällen wird gewöhnlich die Zeitmittelung verwendet. Die Abschätzung der „Korrelationsintervalle" τ_1 und τ_2 gestattet es, das erforderliche Intervall der Mittelwertbildung zu wählen, indem man von den zusätzlichen Forderungen ausgeht, die an die Genauigkeit gestellt werden, mit der die entsprechenden statistischen charakteristischen Größen aus den empirischen Daten zu bestimmen sind.

LITERATURVERZEICHNIS

[1] Friedmann, A. A., und Keller, L. W., Differentialgleichungen für die turbulente Bewegung einer kompressiblen Flüssigkeit. Proc. 1-st. Intern. Congr. Appl. Mech., Delft 1924.

[2] Keller, L. W., Über die Aufstellung eines Systems der Charakteristiken der atmosphärischen Turbulenz. Изв. ГГО. (Nachr. d. geophysikalischen Haupt-Observatoriums), 1925.

[3] Слуцкий, Е. Е., Несколько приложений к теории случайных функций. Труды Среднеаз. ун-та. (Slutsky, E. E., Einige Anwendungen zur Theorie der Zufallsfunktionen. Arbeiten d. Mittelasiatischen Univ.), Ser. 5, Heft 31, Taschkent 1939; Slutsky, E. E., Qualche proposizione relativa alla teoria delle funzioni aleatorie. Giorn. Ist. Ital. Attuari, Bd. 8, Nr. 2, S. 183—199 (1937).

[4] Chintschin, A. J. (Khintchine A.), Korrelationstheorie stationärer stochastischer Prozesse. Math. Ann., Bd. 109, S. 604—615 (1934).

[5] Kolmogorov, A. N., Grundbegriffe der Wahrscheinlichkeitsrechnung. Erg. Math., Bd. 2, Nr. 3 (1933).

[6] Колмогоров, А. Н., Статистическая теория колебаний с непрерывным спектром. Юбилейный сборник АН СССР. (Kolmogorov, A. N., Statistische Theorie der Schwingungen mit kontinuierlichem Spektrum. Jubiläums-Sammelband d. Akad. Wiss. UdSSR), Teil 1 (1947).

[7] Яглом, А. М., Введение в теорию стационарных случайных функций. Усп. матем. наук. (Jaglom, A. M., Einführung in die Theorie stationärer Zufallsfunktionen. Fortschr. mathem. Wiss.), Bd. 7, Heft 5 (1952). [Siehe auch deutsche Übersetzung vom Akademie-Verlag Berlin.]

[8] Бунимович, В. И., Флюктуационные процессы в радиоприемных устройствах. (Bunimowitsch, W. I., Fluktuationsprozesse in radiotechnischen Anlagen), Советское радио, Moskau 1951.

[9] Юдин, М. И., Некоторые вопросы теории метеорологических полей. Труды ГГО. (Judin, M. I., Einige Fragen der Theorie meteorologischer Felder. Arbeiten d. geophysikalischen Haupt-Observatoriums), Heft 19 (81), Leningrad 1950.

[10] Яглом, А. М., Однородная и изотопная турбулентность в сжимаемой жидкости. Изв. АН СССР. сер. геогр. и геофиз. (Jaglom, A. M., Homogene und isotrope Turbulenz in einer kompressiblen Flüssigkeit. Nachr. Akad. Wiss. UdSSR, Ser. Geograph. u. Geophys.), Bd. 12, Nr. 6 (1948). [Siehe auch die S. 43—69 dieses Sammelbandes.]

[11] Обухов, А. М., Теория корреляции векторов. Уч. зап. МГУ, сер. матем. (Obuchow, A. M., Korrelationstheorie für Vektoren. Wiss. Ber. Moskauer staatl. Univ. Ser. Math.), Bd. 15, Heft 45 (1940).

[12] ISSERLIS, On a formula for the product-moment coefficient in any number of variables. Biometrika, Bd. 12, Nr. 138 (1918).

[13] Привалов, И. И., Интегральные уравнения. (PRIWALOW, I. I., Integralgleichungen), ОНТИ, 1937.

[14] Лойцянский, Л. Г., Некоторые основые закономерности изотропного турбулентного потока. Труды ЦАГИ. (LOIZIANSKI, L. G., Einige fundamentale Gesetzmäßigkeiten einer isotropen turbulenten Strömung. Arbeiten d. zentr. Aero-Hydrodyn. Inst.), Nr. 440 (1939).

[15] KÁRMÁN, T., und HOWARTH, L., On the statistical theory of isotropic turbulence. Proc. Roy. Soc., A., Bd. 164, Nr. 917 (1938).

[16] Колмогоров, А. Н., Рассеяние энергии при локально-изотропной турбулентности. ДАН СССР. (KOLMOGOROV, A. N., Die Energiedissipation für lokalisotrope Turbulenz. Ber. Akad. Wiss. UdSSR), Bd. 32, Nr. 1 (1941). [Siehe auch die Seiten 77—81 dieses Sammelbandes].

[17] TAYLOR, G. I., Statistical theory of turbulence. Proc. Roy. Soc., A, Bd. 151 (1935).

[18] KÁRMÁN, T., On the statistical theory of turbulence. Proc. Nat. Acad. Sci., Bd. 23 (1937).

[19] Миллионщиков, М. Д., К теории однородной изотропной турбулентности. Изв. АН СССР, сер. геогр. и геофиз. (MILLIONSTSCHIKOW, M. D., Zur Theorie der homogenen isotropen Turbulenz. Nachr. Akad. Wiss. UdSSR, Ser. Geograph. u. Geophys.) Nr. 4—5 (1941).

[20] Колмогоров, А. Н., Локальная структура турбулентности в несжимаемой вязкой жидкости. ДАН СССР. (KOLMOGOROV, A. N., Die lokale Struktur der Turbulenz in einer inkompressiblen zähen Flüssigkeit. Ber. Akad. Wiss. UdSSR), Bd. 30, Nr. 4 (1941). [Siehe auch die S. 71—76 dieses Sammelbandes].

[21] Обухов, А. М., Структура температурного поля в турбулентном потоке. Изв. АН СССР, сер. геогр. и геофиз. (OBUCHOW, A. M., Die Struktur des Temperaturfeldes in einer turbulenten Strömung, Nachr. Akad. Wiss. UdSSR, Ser. Geograph. u. Geophys.), Bd. 13, Nr. 1 (1949). [Siehe auch die S. 127—140 dieses Sammelbandes].

[22] Яглом, А. М., О локальной структуре поля температур в турбулентном потоке. ДАН СССР. (JAGLOM, A. M., Über die lokale Struktur des Temperaturfeldes in einer turbulenten Strömung. Ber. Akad. Wiss. UdSSR), Bd. 69, Nr. 6 (1949). [Siehe auch die S. 141—146 dieses Sammelbandes].

[23] Обухов, А. М. и Яглом, А. М., Микроструктура турбулентного потока. Прикладная математика и механика. (OBUCHOW, A. M., und JAGLOM, A. M., Die Mikrostruktur einer turbulenten Strömung. Angew. Math. u. Mech.), Bd. 15, Heft 1 (1951). [Siehe auch die S. 97—125 dieses Sammelbandes].

[24] Обухов, А. М., Характеристика микроструктуры ветра в приземном слое атмосферы. Изв. АН СССР, сер. геофиз. (OBUCHOW, A. M., Untersuchung der Mikrostruktur des Windes in der bodennahen Schicht der Atmosphäre. Nachr. Akad. Wiss. UdSSR, Ser. Geophys.), Nr. 3 (1951). [Siehe auch die S. 173—198 dieses Sammelbandes].

[25] Кречмер, С. И., Исследование микропульсаций температурного поля в атмосфере. ДАН СССР. (KRETSCHMER, S. I., Untersuchung der Mikroschwankungen eines Temperaturfeldes in der Atmosphäre. Ber. Akad. Wiss. UdSSR), Bd. 84, Nr. 1 (1952).

[26] TAYLOR, G. I., Diffusion by condinious movement. Proc. London Math. Soc., Bd. 20 (2) (1922).

[27] Келлер, Л. В., Распространение предельных теорем теории вероятностей на функции сплошного аргумента. Труды ГГО. Теоретическая метеорология. (KELLER, L. W., Übertragung der Grenzwertsätze der Wahrscheinlichkeitsrechnung auf Funktionen mit kontinuierlichen Argument. Arbeiten d. geophysikalischen Haupt-Observatoriums. Theoretische Meteorologie), Heft 4 (1935).

[28] KARHUNEN, K., Über lineare Methoden in der Wahrscheinlichkeitsrechnung. Ann. Acad. Sci. Fennicae., A, Bd. 1, Nr. 37, Helsinki 1947.

A. M. JAGLOM

Homogene und isotrope Turbulenz in einer zähen kompressiblen Flüssigkeit[1])

In einer kompressiblen Flüssigkeit mit einer von Null verschiedenen Zähigkeit und Wärmeleitfähigkeit wird die homogene und isotrope Turbulenz unter der Annahme untersucht, daß man die Korrelationsmomente dritter Ordnung im Vergleich zu denen zweiter Ordnung vernachlässigen kann. Dabei werden systematisch Ergebnisse der Spektraltheorie homogener Zufallsfelder benutzt und die den Korrelationsfunktionen (d. h. den Korrelationsmomenten zweiter Ordnung) entsprechenden Spektraldichten als charakteristische Grundgrößen der turbulenten Strömung aufgefaßt. Gleichzeitig wird eine spektrale Deutung der Hauptergebnisse des inkompressiblen Falles gegeben.

1

In der vorliegenden Arbeit werden wir die homogene und isotrope Turbulenz in einer zähen kompressiblen Flüssigkeit untersuchen. Obgleich der Fall einer homogenen und isotropen Bewegung sehr speziell ist, zeigen die in den Arbeiten von KOLMOGOROV und OBUCHOW [1, 2, 3] dargelegten Überlegungen, daß die sehr nahe zur gewöhnlichen Homogenität und Isotropie liegenden Begriffe der lokalen Homogenität und der lokalen Isotropie mit guter Näherung auf eine sehr umfangreiche Klasse turbulenter Bewegungen anwendbar sein müssen. Von diesem Standpunkt aus kann das Studium der homogenen und isotropen Turbulenz in einem kompressiblen Medium für eine Reihe von Problemen von Interesse sein, die zum Beispiel mit der Untersuchung realer turbulenter Bewegungen in der Erdatmosphäre zusammenhängen.

Die im folgenden verwendete Methode zur Untersuchung turbulenter Strömungen wurde bereits 1924 in den für die statistische Theorie der Turbulenz grundlegenden Arbeiten von FRIEDMANN und KELLER [4, 5] vorgeschlagen. Diese Methode besteht in der Herleitung von Differentialgleichungen für die sogenannten „Korrelationsmomente" — das sind die Mittelwerte der Produkte der Schwankungen hydrodynamischer Grundgrößen (Geschwindigkeit, Druck, Temperatur usw.) in zwei verschiedenen Punkten — aus den Grundgleichungen der Hydrodynamik. Zu diesem Zweck werden die für einen beliebigen Punkt der Strömung aufgeschriebenen Grundgleichungen der Hydrodynamik mit den Werten der Schwankungen der hydrodynamischen Grundgrößen in einem

[1]) Übersetzt aus: Известия АН СССР, сер. географ. и геофиз., Bd. 12 (1948), Nr. 6, S. 501.

anderen Punkt multipliziert und anschließend gemittelt. Die hydrodynamischen Grundgrößen selbst werden hier als Zufallsfunktionen von drei räumlichen und einer zeitlichen Veränderlichen aufgefaßt. Wir folgen dem von FRIEDMANN und KELLER eingeschlagenen Weg und werden überall in den sich ergebenden Gleichungen die Korrelationsmomente dritter Ordnung (d. h. die Glieder dritter Ordnung in bezug auf die Schwankungen der hydrodynamischen Grundgrößen) vernachlässigen, wobei wir annehmen, daß sie klein gegenüber den Korrelationsmomenten zweiter Ordnung sind. Auf Grund dieser Annahme erhalten wir für die Korrelationsfunktionen ein abgeschlossenes Gleichungssystem, welches diese Größen gemäß ihren Anfangsbedingungen eindeutig bestimmt. Gleichzeitig kann man annehmen, daß die Vernachlässigung der Korrelationsmomente dritter Ordnung zumindest im letzten Stadium der Entartung der Turbulenz zulässig ist, so daß die Lösungen der FRIEDMANN-KELLERschen Gleichungen in diesem Falle das Verhalten der Korrelationsfunktionen in einer turbulenten Strömung verhältnismäßig gut beschreiben werden [4, 5, 6].

In den Arbeiten von FRIEDMANN und KELLER wurde ein allgemeines Gleichungssystem hergeleitet, das unter der erwähnten Annahme das Problem der Beschreibung einer beliebigen turbulenten Strömung prinzipiell löst. Aber die Kompliziertheit des erhaltenen Systems, das 25 unbekannte Funktionen von acht Veränderlichen und 5 Funktionen von vier Veränderlichen enthält, machte es sehr schwer, irgendwelche konkreten Resultate auf diesem Wege zu erzielen. Zuerst wurde 1938—1939 in den Arbeiten von KÁRMÁN und HOWARTH [7], LOIZJANSKI [8] und MILLIONSTSCHIKOW [6] das FRIEDMANN-KELLERsche Gleichungssystem lediglich für den einfachsten Fall — für die homogene und isotrope Turbulenz in einer inkompressiblen Flüssigkeit — vollständig integriert. Eine spezielle Lösung dieses Systems für den Fall homogener und isotroper Turbulenz in einer zähen kompressiblen Flüssigkeit mit der Wärmeleitfähigkeit Null ist in der Arbeit [9] angegeben. Schließlich fand KIBEL [10] vor einiger Zeit eine exakte Lösung des FRIEDMANN-KELLERschen Systems für den speziellen Fall einer homogenen und isotropen, nur in einer bestimmten Ebene turbulenten, kompressiblen Flüssigkeitsströmung. Mit diesen Arbeiten sind anscheinend alle bis heute bekannten Lösungen dieser Gleichungen erschöpft.

Die vorliegende Arbeit unterscheidet sich in methodischer Hinsicht von den vorhergehenden Arbeiten, in denen die turbulenten Strömungen mit Hilfe des FRIEDMANN-KELLERschen Gleichungssystems behandelt wurden, durch die Verwendung von Ergebnissen der Spektraltheorie homogener Zufallsfelder. An Stelle der Korrelationsmomente zweiter Ordnung — der Korrelationsfunktionen — nehmen wir als charakteristische Grundgrößen einer turbulenten Strömung die diesen Funktionen entsprechenden Spektraldichten. Die Einführung dieser Größen als Unbekannte in die FRIEDMANN-KELLERschen Gleichungen vereinfacht diese Gleichungen sehr und gestattet es, den gewaltigen Rechenaufwand zu vermeiden, der bei einer direkten Integration des sich ergebenden Systems unvermeidlich ist. Diese Vereinfachungen ermöglichen es, für diese Behandlung die FOURIERsche Methode zur Integration von Differentialgleichungen systematisch anzuwenden; gewöhnlich macht man jedoch von der FOURIERschen Methode nur in der letzten Etappe der Lösung des Problems Gebrauch.

Die für uns notwendigen Kenntnisse aus der Spektraltheorie werden im folgenden Abschnitt angeführt. Unmittelbar danach geben wir eine Lösung des Problems der homogenen und isotropen Turbulenz in einer inkompressiblen Flüssigkeit an, wobei wir die Spektraldarstellungen der entsprechenden Zufallsfelder heranziehen, und erst dann beginnen wir die Untersuchung der homogenen und isotropen Turbulenz in einer kompressiblen Flüssigkeit.

2

Im weiteren werden wir alle hydrodynamischen Grundgrößen einer Strömung als zeitabhängige, homogene und isotrope Zufallsfelder im dreidimensionalen Raum $\mathfrak{R}$ ansehen, die homogen und isotrop miteinander verknüpft sind. Mit anderen Worten, wir werden annehmen, daß für jedes endliche System dieser Größen bei beliebiger Wahl endlich vieler Punkte $M_1, M_2, \ldots, M_n$ des Raumes $\mathfrak{R}$ eine zeitabhängige endlichdimensionale Wahrscheinlichkeitsverteilung für die Werte der betreffenden Größen in diesen Punkten existiert, die invariant gegenüber Parallelverschiebungen unseres Punktsystems in seiner Gesamtheit (Homogenität) und gegenüber beliebigen Drehungen und Spiegelungen dieses Punktsystems (Isotropie) ist. Zur vollständigen Beschreibung einer Strömung in einer kompressiblen Flüssigkeit müssen wir neben dem Geschwindigkeitsfeld $\mathfrak{v}(M, t)$ noch zwei skalare Felder — die Werte zweier beliebiger unabhängiger Funktionen $\pi(M, t)$ und $\vartheta(M, t)$ des Drucks und der Dichte der Flüssigkeit — bestimmen (eine solche Funktion ist beispielsweise die Temperatur, die mittels Druck und Dichte aus der Zustandsgleichung bestimmt wird). Das Studium der homogenen und isotropen Turbulenz in einer kompressiblen Flüssigkeit ist also mit der Untersuchung eines vektoriellen und zweier skalarer homogener und isotroper Zufallsfelder im dreidimensionalen Raum verknüpft. Eine eingehende Darlegung der mathematischen Probleme, die mit dem Studium solcher Felder zusammenhängen, findet man bei OBUCHOW [2][1]); wir erwähnen hier nur in Kürze einige Tatsachen, die für das Verständnis des Folgenden notwendig sind.

Charakteristische statistische Grundgrößen von Zufallsfeldern sind die Mittelwerte der entsprechenden Größen und die Korrelationsmomente verschiedener Ordnung; von diesen werden uns lediglich die Korrelationsfunktionen, d. h. die Momente zweiter Ordnung, interessieren. Bei unserem Problem werden wir es also mit folgenden Größen zu tun haben:

[1]) Siehe auch den Artikel von A. M. OBUCHOW, „Statistische Beschreibung stetiger Felder" auf d. S. 1—42 dieses Sammelbandes. — Anmerkung zur deutschen Übersetzung.

(a) die Mittelwerte

$$\overline{v_i(M,t)} = V_i(M,t) \ (i = 1, 2, 3); \qquad \overline{\pi(M,t)} = \Pi(M,t);$$
$$\overline{\vartheta(M,t)} = \Theta(M,t)$$

(wie gewöhnlich bedeutet der obere Querstrich bei uns überall die Bildung der mathematischen Erwartung [„Mittelwertbildung“]);

(b) die Korrelationsfunktionen:

$$\left.\begin{aligned} \overline{v_i(M,t)\, v_j(M',t)} &= b_{ij}(M,M',t), \\ \overline{v_i(M,t)\, \pi(M',t)} &= b_{i\pi}(M,M',t), \\ \overline{v_i(M,t)\, \vartheta(M',t)} &= b_{i\vartheta}(M,M',t), \quad (i,j = 1,2,3) \\ \overline{\pi(M,t)\, \pi(M',t)} &= b_{\pi\pi}(M,M',t), \\ \overline{\pi(M,t)\, \vartheta(M',t)} &= b_{\pi\vartheta}(M,M',t), \\ \overline{\vartheta(M,t)\, \vartheta(M',t)} &= b_{\vartheta\vartheta}(M,M',t); \end{aligned}\right\}$$

die übrigen Korrelationsfunktionen werden wir nicht hinschreiben, denn es ist

$$b_{\beta\alpha}(M,M',t) = b_{\alpha\beta}(M',M,t).$$

Ein Hauptverdienst FRIEDMANNs und KELLERs ist es, einen Weg aufgezeigt zu haben, der es unter den von uns gemachten Annahmen gestattet, aus den Bewegungsgleichungen der Hydrodynamik für die 30 unbekannten Funktionen (5 Mittelwerte und 25 Korrelationsfunktionen) ein abgeschlossenes Gleichungssystem herzuleiten.

Die Voraussetzung der Homogenität und Isotropie der Strömung verringert die Zahl der unbekannten Funktionen (und die Zahl der Argumente, von denen diese Funktionen abhängig sind) beträchtlich. In diesem Falle hat man

$$V_i(M,t) = 0, \quad \Pi(M,t) = \Pi(t), \quad \Theta(M,t) = \Theta(t) \tag{1}$$

und

$$\left.\begin{aligned} & b_{ij}(M,M',t) = [b_{dd}(r,t) - b_{nn}(r,t)]\,\frac{\xi_i \xi_j}{r^2} - b_{nn}(r,t)\,\delta_{ij}, \\ & b_{i\pi}(M,M',t) = b_{d\pi}(r,t)\,\frac{\xi_i}{r}, \quad b_{i\vartheta}(M,M',t) = b_{d\vartheta}(r,t)\,\frac{\xi_i}{r}, \\ & b_{\pi\pi}(M,M',t) = b_{\pi\pi}(r,t), \quad b_{\pi\vartheta}(M,M',t) = b_{\pi\vartheta}(r,t), \\ & b_{\vartheta\vartheta}(M,M',t) = b_{\vartheta\vartheta}(r,t), \end{aligned}\right\} \tag{2}$$

wobei r den Abstand der Punkte M und M' bezeichnet und ξ_i die Projektionen des Vektors $\mathfrak{r} = \overrightarrow{MM'}$ auf die Koordinatenachsen sind. Es bleiben also nur zwei unbekannte Funktionen von einer Veränderlichen und sieben Funktionen von zwei Veränderlichen übrig.

Das Gleichungssystem, welches die übriggebliebenen unbekannten Funktionen miteinander verknüpft, kann man mühelos hinschreiben, jedoch würde seine Integration immer noch große Mühe erfordern. Eine weitere erhebliche Vereinfachung dieses Systems kann man erreichen, wenn man die Spektraltheorie homogener Zufallsfelder heranzieht.

Die Grundlagen dieser Theorie (für Zufallsgrößen, die von einer kontinuierlichen Veränderlichen abhängen, d. h. für homogene Zufallsfelder auf einer Geraden oder, mit anderen Worten, für stationäre stochastische Prozesse, wie man derartige Felder häufig bezeichnet, wobei man als einzige Veränderliche die Zeit ansieht) wurden vor einiger Zeit in einer von A. N. KOLMOGOROV gegebenen Übersicht [11] dargelegt, die auch eine vollständige Bibliographie enthält[1]). In dem uns interessierenden Falle kann der Hauptsatz der Spektraltheorie, der Satz von CHINTSCHIN (Khintchine)-KRAMER, folgendermaßen formuliert werden:

Die Funktionen $b_{\alpha\beta}(\mathfrak{r}, t)$[2]) lassen sich für jedes $\alpha, \beta = i$ (d. h. 1, 2 oder 3) π, ϑ als FOURIER-STIELTJESsche Integrale darstellen:

$$b_{\alpha\beta}(\mathfrak{r}, t) = \iiint\limits_{\mathfrak{P}} e^{i(\mathfrak{p}\,\mathfrak{r})} F_{\alpha\beta}(dV_{\mathfrak{p}}, t), \tag{3}$$

wobei $dV_{\mathfrak{p}}$ das Volumenelement des Frequenzraumes $\mathfrak{P}$ (der Werte des Vektors $\mathfrak{p}$) ist, während die additiven Funktionen $F_{\alpha\beta}(g, t)$ des Gebietes g dieses Raumes die Eigenschaft haben, daß

$$\|F_{\alpha\beta}(g, t)\|$$

für beliebige g und t eine hermitesche nichtnegative Matrix ist [11, 13].

Die Möglichkeit der Darstellung (3) ist unmittelbar verbunden mit der Möglichkeit der Darstellung eines homogenen Zufallsfeldes $\alpha(M, t)$ ($\alpha = v_i, \pi, \vartheta$) als ein FOURIER-STIELTJESsches Integral mit einer Zufallsfunktion unter dem Integralzeichen, deren Zuwächse nicht miteinander korrelieren:

$$\alpha(M, t) = \iiint\limits_{\mathfrak{P}} e^{i(\mathfrak{p}\,\mathfrak{x})} F_{\alpha}(dV_{\mathfrak{p}}, t), \tag{3'}$$

dabei bedeutet $\mathfrak{x}$ den Ortsvektor des Punktes M; die $F_\alpha(g, t)$ sind additive Zufallsfunktionen des Bereiches g des Frequenzraumes derart, daß (das Sternchen bezeichnet die konjugiert-komplexe Größe)

$$\overline{F_\alpha(g, t)\, F^*_\beta(g, t)} = F_{\alpha\beta}(g, t) \tag{4}$$

und

$$\overline{F_\alpha(g, t)\, F_\beta(g', t)} = 0$$

[1]) Außer den in [11] erwähnten Arbeiten kann man nur noch die neuesten, mit diesem Problem in Zusammenhang stehenden Untersuchungen [12] nennen. [In den letzten Jahren ist eine Reihe ausführlicher Beschreibungen der Spektraltheorie von stochastischen Prozessen und Zufallsfeldern erschienen. Siehe z. B. A. M. JAGLOM, „Einführung in die Theorie stationärer Zufallsfunktionen“, Usp. Mat. Nauk, B. 7, Nr. 5 (51), 3 — 168, 1952; J. L. DOOB, „Stochastic processes“, N. J., 1953; A. BLANC-LAPIERRE, R. FORTET, „Theorie des foctions aleatoires“, Paris, 1953. — Anmerkung zur deutschen Übersetzung.]

[2]) Für homogene Zufallsfelder gilt offenbar stets

$$b_{\alpha\beta}(M, M', t) = b_{\alpha\beta}(\mathfrak{r}, t).$$

für beliebige durchschnittsfremde Bereiche g und g' gilt [11, 12, 13]. Überdies werden wir voraussetzen, daß die Korrelationsfunktionen für $|\mathfrak{r}| \to \infty$ hinreichend schnell abnehmen, so daß

$$\iiint_{\mathfrak{R}} |b_{\alpha\beta}(\mathfrak{r}, t)|\, dV_{\mathfrak{r}} < \infty$$

für alle α, β, t gilt. In diesem Falle können die Spektralfunktionen $F_{\alpha\beta}(g, t)$ als Integrale von *Spektraldichten* $f_{\alpha\beta}(\mathfrak{p}, t)$ über denBereich g dargestellt werden, und das FOURIER-STIELTJESsche Integral (3) geht in das gewöhnliche FOURIERsche Integral

$$b_{\alpha\beta}(r, t) = \iiint_{\mathfrak{P}} e^{i(\mathfrak{p}\,\mathfrak{r})}\, f_{\alpha\beta}(\mathfrak{p}, t)\, dV_{\mathfrak{p}} \tag{5}$$

über [das Integral (3′) läßt sich dabei allerdings nicht als gewöhnliches FOURIERsches Integral darstellen[1])]. Auf Grund des Hauptsatzes muß die Matrix der Spektraldichten $\|f_{\alpha\beta}(\mathfrak{p}, t)\|$ für beliebige $\mathfrak{p}, t$ hermitesch und nichtnegativ sein. Außerdem muß die Relation

$$f_{\alpha\beta}(\mathfrak{p}, t) = f^*_{\alpha\beta}(-\mathfrak{p}, t)$$

erfüllt sein (diese Relation ergibt sich unmittelbar, da alle Korrelationsfunktionen reel sind).

Die Darstellung (5) stimmt mit der gewöhnlichen FOURIER-Transformation überein und gestattet infolgedessen die Umkehrung

$$f_{\alpha\beta}(\mathfrak{p}, t) = \frac{1}{8\pi^3} \iiint_{\mathfrak{R}} e^{-i(\mathfrak{p}\,\mathfrak{r})}\, b_{\alpha\beta}(\mathfrak{r}, t)\, dV_{\mathfrak{r}}. \tag{5'}$$

Besonders einfach lassen sich durch die Spektraldichten die Momente der Funktionen $b_{\alpha\beta}(\mathfrak{r}, t)$ bestimmen:

$$\iiint_{\mathfrak{R}} \xi_1^j \xi_2^k \xi_3^l\, b_{\alpha\beta}(\mathfrak{r}, t)\, dV_{\mathfrak{r}} = (8\pi^3)\cdot(i)^{j+k+l}\, \frac{\partial^{j+k+l} f_{\alpha\beta}(0, t)}{\partial p_1^j\, \partial p_2^k\, \partial p_3^l} \tag{6}$$

(p_1, p_2, p_3 sind die Komponenten des Vektors $\mathfrak{p}$).

1) In diesem Falle ist

$$f_{\alpha\beta}(\mathfrak{p}, t) = \lim_{g \to \mathfrak{p}} \frac{\overline{F_\alpha(g, t)\, F^*_\beta(g, t)}}{V(g)}; \tag{4'}$$

dabei bezeichnet $V(g)$ das Volumen des Raumgebietes g und $g \to \mathfrak{p}$ deutet an, daß der Limes bezüglich einer Folge von Gebieten g genommen wird, die den Punkt, deren Koordinaten gleich den Komponenten des Vektors $\mathfrak{p}$ sind, enthalten und sich auf diesen Punkt zusammenziehen. Es ist klar, daß bei endlicher Dichte $f_{\alpha\beta}(\mathfrak{p}, t)$ nicht

$$F_\alpha(g, t) = \iiint_g f_\alpha(\mathfrak{p}, t)\, dV_{\mathfrak{p}}; \quad F_\beta(g, t) = \iiint_g f_\beta(\mathfrak{p}, t)\, dV_{\mathfrak{p}}$$

sein kann.

Mit Hilfe der Korrelationsfunktionen können wir also mühelos die Spektraldichten und umgekehrt mit Hilfe der Spektraldichten die Korrelationsfunktionen bestimmen, so daß die Spektraldichten und Korrelationsfunktionen als charakteristische Grundgrößen homogener Zufallsfelder völlig gleichberechtigt sind. In der Hydrodynamik wurden schon von OBUCHOW [13] die Spektraldichten als charakteristische Grundgrößen einer turbulenten Strömung (in einer inkompressiblen Flüssigkeit) genommen. In dieser Arbeit werden diese Größen auch physikalisch gedeutet.

Die Möglichkeit des Überganges zu den Spektraldichten $f_{\alpha\beta}(\mathfrak{p}, t)$ ergibt sich allein aus der Homogenität der Zufallsfelder. Wegen der Isotropie der betrachteten Felder gelten in unserem Falle für die Funktionen $f_{\alpha\beta}(\mathfrak{p}, t)$ die Relationen

$$\left.\begin{aligned}
&f_{ij}(\mathfrak{p}, t) = [f_{dd}(p, t) - f_{nn}(p, t)] \frac{p_i p_j}{p^2} + f_{nn}(p, t)\,\delta_{ij},\\
&f_{j\pi}(\mathfrak{p}, t) = i f_{d\pi}(p, t) \frac{p_j}{p}, \qquad f_{j\vartheta}(\mathfrak{p}, t) = i f_{d\vartheta}(p, t) \frac{p_j}{p},\\
&f_{\pi j}(\mathfrak{p}, t) = -i f_{\pi d}(p, t) \frac{p_j}{p}, \quad f_{\vartheta j}(\mathfrak{p}, t) = -i f_{\vartheta d}(p, t) \frac{p_j}{p},\\
&f_{\pi\pi}(\mathfrak{p}, t) = f_{\pi\pi}(p, t), \qquad f_{\pi\vartheta}(\mathfrak{p}, t) = f_{\pi\vartheta}(p, t),\\
&f_{\vartheta\pi}(\mathfrak{p}, t) = f_{\vartheta\pi}(p, t), \qquad f_{\vartheta\vartheta}(\mathfrak{p}, t) = f_{\vartheta\vartheta}(p, t)
\end{aligned}\right\} \tag{7}$$

mit

$$p = |\mathfrak{p}| = \sqrt{p_1^2 + p_2^2 + p_3^2},$$

die zu (2) analog sind.

Da die Matrix $\|f_{\alpha\beta}(\mathfrak{p}, t)\|$ hermetisch ist, gilt hier

$$f_{d\pi}(p, t) = f_{\pi d}(p, t), \quad f_{d\vartheta}(p, t) = f_{\vartheta d}(p, t), \quad f_{\pi\vartheta}(p, t) = f_{\vartheta\pi}(p, t).$$

Außerdem müssen wegen $f_{\alpha\beta}(\mathfrak{p}, t) = f^*_{\alpha\beta}(-\mathfrak{p}, t)$ alle Funktionen von p und t, die auf den rechten Seiten der Gleichungen (7) stehen, reell sein und weil $\|f_{\alpha\beta}(\mathfrak{p}, t)\|$ eine nichtnegative Matrix ist, müssen die Ungleichungen

$$\left.\begin{aligned}
&f_{dd}(p, t) \geqslant 0, \quad f_{nn}(p, t) \geqslant 0, \quad f_{\pi\pi}(p, t) \geqslant 0, \quad f_{\vartheta\vartheta}(p, t) \geqslant 0,\\
&f_{dd}(p, t)\, f_{\pi\pi}(p, t) - [f_{d\pi}(p, t)]^2 \geqslant 0, \quad f_{dd}(p, t)\, f_{\vartheta\vartheta}(p, t) - [f_{d\vartheta}(p, t)]^2 \geqslant 0,\\
&f_{\pi\pi}(p, t)\, f_{\vartheta\vartheta}(p, t) - [f_{\pi\vartheta}(p, t)]^2 \geqslant 0,\\
&f_{dd}(p, t)\,[f_{\pi\pi}(p, t)\, f_{\vartheta\vartheta}(p, t) - (f_{\pi\vartheta}(p, t))^2] - [f_{d\pi}(p, t)]^2 f_{\vartheta\vartheta}(p, t) -\\
&\quad - [f_{d\vartheta}(p, t)]^2 f_{\pi\pi}(p, t) + 2 f_{d\pi}(p, t)\, f_{d\vartheta}(p, t)\, f_{\pi\vartheta}(p, t) \geqslant 0
\end{aligned}\right\} \tag{8}$$

gelten.

Die Formeln für den direkten Übergang von den Funktionen (2) zu den Funktionen (7) und umgekehrt kann man leicht erhalten, wenn man die Relationen (2) und (7) in (5) und (5′) einsetzt. Dabei ergeben sich die folgenden beiden Reihen von Relationen:

$$\left.\begin{aligned}
f_{nn}(p,t) &= \frac{1}{2\pi^2}\int_0^\infty \left\{-\frac{\cos pr}{(pr)^2}+\frac{\sin pr}{(pr)^3}\right\} b_{dd}(r,t)\,r^2dr + \\
&\quad + \frac{1}{2\pi^2}\int_0^\infty \left\{\frac{\sin pr}{pr}+\frac{\cos pr}{(pr)^2}-\frac{\sin pr}{(pr)^3}\right\} b_{nn}(r,t)\,r^2dr, \\
f_{dd}(p,t) &= \frac{1}{2\pi^2}\int_0^\infty \left\{\frac{\sin pr}{pr}+2\frac{\cos pr}{(pr)^2}-2\frac{\sin pr}{(pr)^3}\right\} b_{dd}(r,t)\,r^2dr + \\
&\quad + \frac{1}{2\pi^2}\int_0^\infty \left\{-2\frac{\cos pr}{(pr)^2}+2\frac{\sin pr}{(pr)^3}\right\} b_{nn}(r,t)\,r^2dr, \\
f_{d\pi}(p,t) &= \frac{1}{2\pi^2}\int_0^\infty \left\{\frac{\cos pr}{pr}-\frac{\sin pr}{(pr)^2}\right\} b_{d\pi}(r,t)\,r^2dr, \\
f_{d\vartheta}(p,t) &= \frac{1}{2\pi^2}\int_0^\infty \left\{\frac{\cos pr}{pr}-\frac{\sin pr}{(pr)^2}\right\} b_{d\vartheta}(r,t)\,r^2dr, \\
f_{\pi\pi}(p,t) &= \frac{1}{2\pi^2}\int_0^\infty \frac{\sin pr}{pr}\, b_{x\pi}(r,t)\,r^2dr, \\
f_{\pi\vartheta}(p,t) &= \frac{1}{2\pi^2}\int_0^\infty \frac{\sin pr}{pr}\, b_{\pi\vartheta}(r,t)\,r^2dr, \\
f_{\vartheta\vartheta}(p,t) &= \frac{1}{2\pi^2}\int_0^\infty \frac{\mathrm{sind}\, pr}{pr}\, b_{\vartheta\vartheta}(r,t)\,r^2\,dr,
\end{aligned}\right\} \quad (9)$$

und

$$\left.\begin{aligned}
b_{nn}(r,t) &= 4\pi\int_0^\infty \left\{-\frac{\cos pr}{(pr)^2}+\frac{\sin pr}{(pr)^3}\right\} f_{dd}(p,t)\,p^2\,dp + \\
&\quad + 4\pi\int_0^\infty \left\{\frac{\sin pr}{pr}+\frac{\cos pr}{(pr)^2}-\frac{\sin pr}{(pr)^3}\right\} f_{nn}(p,t)\,p^2\,dp, \\
b_{dd}(r,t) &= 4\pi\int_0^\infty \left\{\frac{\sin pr}{pr}+2\frac{\cos pr}{(pr)^2}-2\frac{\sin pr}{(pr)^3}\right\} f_{dd}(p,t)\,p^2\,dp + \\
&\quad + 4\pi\int_0^\infty \left\{-2\frac{\cos pr}{(pr)^2}+2\frac{\sin pr}{(pr)^3}\right\} f_{nn}(p.\,t)\,p^2\,dp, \\
b_{d\pi}(r,t) &= -4\pi\int_0^\infty \left\{\frac{\cos pr}{pr}-\frac{\sin pr}{(pr)^2}\right\} f_{d\pi}(p,t)\,p^2\,dp, \\
b_{d\vartheta}(r,t) &= -4\pi\int_0^\infty \left\{\frac{\cos pr}{pr}-\frac{\sin pr}{(pr)^2}\right\} f_{d\vartheta}(p,t)\,p^2\,dp,
\end{aligned}\right\} \quad (10)$$

$$\left.\begin{aligned} b_{\pi\pi}(r,t) &= 4\pi \int\limits_0^\infty \frac{\sin pr}{pr} f_{\pi\pi}(p,t)\, p^2\, dp, \\ b_{\pi\vartheta}(r,t) &= 4\pi \int\limits_0^\infty \frac{\sin pr}{pr} f_{\pi\vartheta}(p,t)\, p^2\, dp, \\ b_{\vartheta\vartheta}(r,t) &= 4\pi \int\limits_0^\infty \frac{\sin pr}{pr} f_{\vartheta\vartheta}(p,t)\, p^2\, dp. \end{aligned}\right\} \quad (10)$$

Diese Relationen bestimmen die Spektraldarstellung der Korrelationsfunktionen für beliebige homogene und isotrope Felder (eines Vektorfeldes und zweier skalarer Felder) im dreidimensionalen Raum[1]) (für den Fall eines inkompressiblen Vektorfeldes sind in der Dissertation von OBUCHOW [2] entsprechende Formeln angeführt). Die Spektralfunktionen müssen hier reell sein und den Ungleichungen (8) genügen. Auch die Umkehrung ist richtig: Setzt man in den Formeln (10) beliebige reelle Funktionen f ein, die den Ungleichungen (8) genügen, so erhalten wir die Korrelationsfunktionen gewisser homogener und isotroper reeller Zufallsfelder[2]).

3

Bevor wir nun dazu übergehen, das Problem der homogenen und isotropen Turbulenz in einer kompressiblen Flüssigkeit zu lösen, wollen wir zunächst sehen, wie sich unter Benutzung der Spektraldarstellung von Zufallsfeldern das einfachere Problem der isotropen Turbulenz in einer inkompressiblen Flüssigkeit lösen läßt; die gewonnenen Resultate werden uns im folgenden von Nutzen sein.

[1]) Bei homogenen und isotropen Zufallsfeldern in der Ebene werden in den zu (9) und (10) analogen Formeln an Stelle der trigonometrischen Funktionen BESSELsche Funktionen nullter und erster Ordnung auftreten (vgl. die Schlußformeln der Arbeit von KIBEL [10]).

Es ist noch zu bemerken, daß die Funktionenklasse der Korrelationsfunktionen eines bestimmten homogenen und isotropen, skalaren Zufallsfeldes im Raum $\mathfrak{R}$ zusammenfällt mit der Klasse der positiv definiten Funktionen in bezug auf den Abstand der Punkte dieses Raumes. Diese Klasse wurde für verschiedene metrische Räume in den Arbeiten von BOCHNER, SCHÖNBERG, NEUMANN und anderen eingehend untersucht. In der Arbeit [14] findet man insbesondere eine Spektraldarstellung solcher Funktionen für den Fall eines n-dimensionalen euklidischen Raumes (und auch für den unendlich-dimensionalen Hilbert-Raum), die als Spezialfall die zu skalaren Größen gehörenden Formeln der Arbeit von KIBEL und der vorliegenden Arbeit enthält. Weitere Darlegungen der diesbezüglichen Probleme sowie Hinweise auf Literatur, die nach dem Jahre 1938 erschienen ist, befinden sich in den Arbeiten von I. J. SCHÖNBERG und J. NEUMANN, Trans. Amer. Math. Soc., Bd. 50, Nr. 2, S. 226 (1941) und von S. BOCHNER, Ann. of Math., Bd. 42, Nr. 3, S. 647 (1941).

[2]) Siehe die Literatur über die Spektraltheorie zufälliger Prozesse, die in [11] angegeben ist.

Die Bewegungsgleichungen der Hydrodynamik für eine inkompressible Flüssigkeit haben die Gestalt

$$\frac{\partial v_i}{\partial t} + \sum_{j=1}^{3} v_j \frac{\partial v_i}{\partial x_j} = -\frac{1}{\varrho}\frac{\partial p}{\partial x_i} + \nu \sum_{j=1}^{3} \frac{\partial^2 v_i}{\partial x_j^2} \quad (i = 1, 2, 3) \quad . \tag{11}$$

(NAVIER-STOKESsche Differentialgleichungen)

$$\sum_{i=1}^{3} \frac{\partial v_i}{\partial x_i} = 0 \tag{12}$$

(Kontinuitätsbedingung).

Diese Gleichungen enthalten die vier unbekannten Funktionen v_i ($i = 1, 2, 3$) und p. Wir multiplizieren sie mit den Werten der Unbekannten in einem beliebigen Punkt, bilden den Mittelwert und lassen alsdann die dritten Korrelationsmomente unberücksichtigt. Für den Fall der homogenen Turbulenz erhalten wir dann mühelos die folgenden Gleichungen für die Korrelationsfunktionen:

$$\left.\begin{aligned} &\frac{\partial b_{ij}}{\partial t} = \frac{1}{\varrho}\frac{\partial b_{pj}}{\partial \xi_j} - \frac{1}{\varrho}\frac{\partial b_{ip}}{\partial \xi_j} + 2\nu \sum_{k=1}^{3} \frac{\partial^2 b_{ij}}{\partial \xi_k^2}, \quad (i, j = 1, 2, 3) \\ &\sum_{i=1}^{3} \frac{\partial b_{ij}}{\partial \xi_i} = 0, \quad j = 1, 2, 3) \\ &\sum_{i=1}^{3} \frac{\partial p}{\partial \xi_i} = 0\,; \end{aligned}\right\} \tag{13}$$

dabei haben wir von der Voraussetzung $\overline{v_i} = 0$ Gebrauch gemacht [6, 8].

In diesen Gleichungen ersetzen wir nun die Funktionen $b_{\alpha\beta}(\mathfrak{r}, t)$ durch die Spektraldichten $f_{\alpha\beta}(\mathfrak{p}, t)$ mit Hilfe der Darstellung (5) und erhalten

$$\left.\begin{aligned} &\frac{\partial f_{ij}}{\partial t} = \frac{i}{\varrho}(p_i f_{pj} - p_j f_{ip}) - 2\nu\, p^2 f_{ij}, \quad (i, j = 1, 2, 3) \\ &\sum_{i=1}^{3} p_i f_{ij} = 0, \qquad \sum_{i=1}^{3} p_i f_{ip} = 0. \quad (j = 1, 2, 3) \end{aligned}\right\} \tag{14}$$

Verwenden wir dann die Beziehungen (7) (d. h. machen wir uns die Isotropie der Strömung zunutze), so erhalten wir zunächst aus den letzten beiden Gleichungen von (14), die aus der Inkompressibilität des Vektorfeldes $\mathfrak{v}$ folgen,

$$\sum_{i=1}^{3} p_i \left\{(f_{dd} - f_{nn})\frac{p_i p_j}{p^2} + f_{nn}\delta_{ij}\right\} = f_{dd}\, p_j = 0, \quad (j = 1, 2, 3)$$

$$\sum_{i=1}^{3} p_i f_{dp} \frac{p_i}{p} = p f_{dp} = 0.$$

Für die homogene isotrope Turbulenz in einer inkompressiblen Flüssigkeit gilt somit

$$f_{dd}(p, t) = 0 \tag{15}$$

und

$$f_{dp}(p, t) = 0 .[1]). \tag{16}$$

Ferner ergibt sich aus der ersten Gleichung von (14)

$$\frac{\partial f_{nn}}{\partial t} = -2\nu p^2 f_{nn} \tag{17}$$

und demzufolge

$$f_{nn}(p, t) = f_{nn}(p, 0)\, e^{-2\nu p^2 t}. \tag{18}$$

Damit ist das Problem der homogenen und isotropen Turbulenz in einer inkompressiblen Flüssigkeit vollständig gelöst. Bei gegebenen Anfangswerten für die Spektraldichte $f_{nn}(p, t)$ läßt sich die Spektraldichte in jedem späteren Zeitpunkt eindeutig durch die Beziehung (18) bestimmen.

Unter Verwendung der Relationen (10) kann man zu den Korrelationsfunktionen übergehen:

$$b_{dd}(r,t) = 4\pi \int_0^\infty \left\{ -2\frac{\cos pr}{(pr)^2} + 2\frac{\sin pr}{(pr)^3} \right\} f_{nn}(p, 0)\, e^{-2\nu p^2 t}\, p^2\, dp, \tag{19}$$

$$b_{nn}(r, t) = 4\pi \int_0^\infty \left\{ \frac{\sin pr}{pr} + \frac{\cos pr}{(pr)^2} - \frac{\sin pr}{(pr)^3} \right\} f_{nn}(p, 0) e^{-2\nu p^2 t}\, p^2\, dp, \tag{20}$$

$$b_{dp}(r, t) = 0. \tag{22}$$

Die Gleichung (15) ist dabei der bekannten KÁRMÁNschen Relation [7]

$$b_{nn}(r, t) = b_{dd}(r, t) + \frac{r}{2}\frac{\partial b_{dd}(r, t)}{\partial r} \tag{22}$$

äquivalent.

Nachdem man auf der rechten Seite von (19) die Anfangswerte der Spektraldichte durch die Anfangswerte der Korrelationsfunktionen gemäß den Beziehungen (9) ausgedrückt hat und wenn man (22) heranzieht, kann man daraus nach Integration über p die allgemeine Lösung von MILLIONSTSCHIKOW [6] gewinnen:

$$b_{dd}(r, t) = \frac{e^{-\frac{r^2}{8\nu t}}}{4\nu t r^{3/2}} \int_0^\infty b_{dd}(\varrho, 0)\, \varrho^{5/2}\, I_{3/2}\left(\frac{r\varrho}{4\nu t}\right) e^{-\frac{\varrho^2}{8\nu t}}\, d\varrho. \tag{23}$$

Ein Vergleich von (23) und (18) zeigt die Zweckmäßigkeit der Verwendung von Spektraldichten als charakteristische Grundgrößen einer turbulenten Strömung.

[1]) Wir weisen darauf hin, daß die Gleichung (16) auf Grund der Ungleichungen (8) (in denen man für die inkompressible Flüssigkeit $\pi(M, t) = p(M, t)$ und $\vartheta(M, t) = 0$ zu setzen hat) gelten muß, wenn die Gleichung (15) erfüllt ist.

Setzen wir nun in (18) an Stelle von $f_{nn}(p, 0)$ eine beliebige nichtnegative Funktion von p ein, so bekommen wir ein Beispiel homogener und isotroper Turbulenz in einer inkompressiblen Flüssigkeit. Insbesondere erhalten wir eine Reihe interessanter Beispiele, sobald wir für $f_{nn}(p, 0)$ eine Potenzfunktion von p wählen. Damit $f_{ij}(\mathfrak{p}, 0) = f_{nn}(p, 0)\left(\delta_{ij} - \frac{p_i p_j}{p^2}\right)$ eine rationale Funktion der Komponenten des Vektors $\mathfrak{p}$ wird, die nur endliche Ableitungen im Punkt $\mathfrak{p} = 0$ hat, muß man $f_{nn}(p, 0) = p^{2k}$, $k \geqslant 1$ setzen [für $f_{nn}(p) = \text{const}$ und $f_{nn}(0) \neq 0$ wird die Spektraldichte $f_{ij}(p)$ im allgemeinen nicht einmal stetig sein]. Man erkennt leicht, daß alle sich dabei ergebenden Lösungen Korrelationsfunktionen bestimmen werden, die im Koordinatenursprung für $t = 0$ eine Singularität haben. Auf Grund von (5) gilt

$$b_{ij}(0, t) = \iiint\limits_{\mathfrak{P}} f_{ij}(\mathfrak{p}, t)\, dV_{\mathfrak{p}},$$

jedoch sind die Funktionen $f_{ij}(\mathfrak{p}, 0)$ bei uns nicht integrierbar. Andererseits werden alle Momente hinreichend hoher Ordnung der Funktionen $b_{ij}(\mathfrak{r}, 0)$ nach (6) in unserem Falle gleich Null; das deutet darauf hin, daß die Anfangswerte der Momentfunktionen vom „Quelltyp" sein werden.

Die Lösung

$$f_{nn}(p, t) = C p^2 e^{-2\nu p^2 t} \tag{24}$$

kann, in Einklang mit der Beziehung (19), in der Form

$$b_{dd}(r, t) = C_1 \cdot \frac{e^{-\frac{r^2}{8\nu t}}}{(4\nu t)^{5/2}} \tag{24'}$$

geschrieben werden. Dies ist eine von MILLIONSTSCHIKOW [6] und LOIZJANSKI [8] gegebene „Quell-Lösung".

Andere Lösungen von demselben Typ erhalten wir, wenn wir

$$f_{nn}(p, 0) = C p^{2k+2} \quad (k = 1, 2, \ldots).$$

setzen; es folgt dann

$$f_{nn}(p, t) = C p^{2k+2}\, e^{-2\nu p^2 t}, \quad (k = 1, 2, \ldots). \tag{25}$$

Die diesen Werten der Spektraldichten entsprechenden Momentfunktionen erhalten wir, wenn wir auf den durch die Funktion (24') bestimmten Tensor $b_{ij}(\mathfrak{r}, t)$ den LAPLACEschen Operator k-mal anwenden. Mit Hilfe dieser Bemerkung oder unmittelbar aus (19) kann man sich leicht davon überzeugen, daß

$$b_{dd}(r, t) = C_1 \cdot \frac{e^{-\frac{r^2}{8\nu t}}}{t^{5/2+k}} \left\{1 - \frac{k\Gamma\left(\frac{5}{2}\right)}{\Gamma\left(\frac{7}{2}\right)} \frac{r^2}{8\nu t} + \frac{k(k-1)\Gamma\left(\frac{5}{2}\right)}{2!\,\Gamma\left(\frac{9}{2}\right)} \frac{r^4}{(8\nu t)^2} - \cdots\right\} \tag{25'}$$

der Lösung (25) entspricht. Diese Klasse der Quell-Lösungen wurde von SEDOW [15][1]) gefunden.

[1]) Die Spektraldichten für die übrigen in [15] angeführten Lösungen können ebenfalls ohne jede Mühe gefunden werden. Wie man leicht erkennt, ist das in dieser Arbeit formu-

Wir erwähnen noch: Aus der Gleichung (17) folgt, daß für alle Lösungen, die eine zweimal stetig differenzierbare Spektraldichte haben [für die demzufolge $f_{nn}(0, t) = 0$ ist], die Größe

$$\frac{1}{2} \sum_{i=1}^{3} \frac{\partial^2}{\partial p_i^2} \left(\sum_{j=1}^{3} f_{jj}(0, t) \right) = \nabla_{(p)}^2 f_{nn}(0, t) \tag{26}$$

zeitlich konstant ist[1]). Beim Übergang zu den Korrelationsfunktionen nimmt die Größe (26) die Form der bekannten Invariante von LOIZJANSKI [8] an[2]):

$$\Lambda = \int_0^\infty r^4 b_{dd}(r, t)\, dr. \tag{27}$$

lierte Ähnlichkeitsgesetz für Korrelationsfunktionen der Forderung äquivalent, daß die Spektraldichte $f_{nn}(p, t)$ in der Form

$$f_{nn}(p, t) = A p^{20\alpha - 3} \varphi(\nu p^2 t)$$

darstellbar ist; dabei ist A eine gewisse Konstante, welche die Dimension $\mathsf{L}^{20\alpha + 2}\, \mathsf{T}^{-2}$ besitzt, während α eine beliebige dimensionslose Konstante bedeutet. Auf Grund der Gleichung (17) folgt hieraus sofort

$$f_{nn}(p, t) = A\, p^{20\alpha - 3}\, e^{-2\nu p^2 t};$$

dies ist die allgemeine Lösung von SEDOW. Offenbar werden für $t = 0$ alle Spektraldichten mit $\alpha > 0$ nicht integrierbar sein, so daß die zugehörigen Korrelationsfunktionen für jedes $\alpha > 0$ bei $t = 0$ eine Singularität im Nullpunkt haben werden; für $\alpha \neq \frac{1}{4} + k \cdot 0{,}1$ $(k = 1, 2, 3, \ldots)$ werden die Ableitungen von $f_{ij}(\mathfrak{p}, t)$ nach den Komponenten des Vektors $\mathfrak{p}$, wenn ihre Ordnung größer als $20\alpha - 2$ ist, für $t \to 0$ Unendlich, was wegen (6) damit zusammenhängt, daß die Anfangswerte der Korrelationsfunktionen für $\alpha \neq \frac{1}{4} + k \cdot 0{,}1$ überall, mit Ausnahme des Koordinatenursprungs, nicht verschwinden, sondern eine Funktion von r werden, die für $r \to \infty$ wie $r^{-20\alpha}$ abnimmt [15]. Im Falle $\alpha = 1/4 + k \cdot 0{,}1$ geht dagegen $b_{dd}(r, t) \to 0$ für $t \to 0$ mit $r \neq 0$, und wir erhalten eine der Quell-Lösungen (25).

[1]) Stellt man die Korrelationsmomente dritter Ordnung analog zu (5) dar und behält sie in allen Rechnungen bei, so kann man leicht bestätigen, daß diese Aussage auch in der exakten Theorie bestehen bleibt, welche die dritten Korrelationsmomente berücksichtigt, wenn nur die diesen Momenten entsprechende Spektraldichte differenzierbar ist (d. h. wenn die dritten Momente gegen Unendlich hinreichend schnell abnehmen).

[2]) Der spektrale Sinn der LOIZJANSKIschen Invariante wurde durch A. N. KOLMOGOROV geklärt und in einem Seminar über statistische Turbulenztheorie im Institut für theoretische Geophysik der Akademie der UdSSR mitgeteilt. [Wir wollen noch bemerken, daß aus (26) und (27) unter Berücksichtigung aller Zahlenfaktoren folgt, daß die Spektraldichte $f_{nn}(p, t)$ für kleine p folgende Gestalt haben muß:

$$f_{nn}(p, t) = \frac{\Lambda}{12\pi^2} p^2 + \cdots,$$

wobei die Punkte die Glieder höherer Ordnung in p andeuten. Unabhängig von A. N. KOLMOGOROV und voneinander erhielten dasselbe Ergebnis C. C. LIN in seiner Arbeit „Remarks on the spectrum of turbulence“, Proc. Symp. Appl. Math., vol. 1 („Non-Linear problems in mechanics of continua“), 81—86. 1949, und G. K. BATCHELOR in seiner Arbeit „The role of big eddies in homogeneous turbulence“, Proc. Roy. Soc., London, Ser. A, vol. 195, Nr. 1043, S. 513—532, 1949. — Anmerkung zur deutschen Übersetzung].

Hieraus ergibt sich sofort, daß unter all unseren Quell-Lösungen lediglich die Lösung von LOIZJANSKI-MILLIONSTSCHIKOW einen von Null verschiedenen Wert der LOIZJANSKIschen Invariante besitzt (vgl. [15]). Für Lösungen, deren LOIZJANSKIsche Invariante verschwindet, wird die Größe

$$\nabla^2_{(p)} (\nabla^2_{(p)} (f_{nn}(0, t)) = \nabla^{(4)}_{(p)} f_{nn}(0, t)$$

zeitlich konstant; im allgemeinen, falls die Größen

$$\nabla^2_{(p)} f_{nn}(0, t), \nabla^4_{(p)} f_{nn}(0, t), \ldots, \nabla^{2k}_{(p)} f_{nn}(0, t)$$

verschwinden, wird

$$\nabla^{2k+2}_{(p)} f_{nn}(0, t). \tag{26'}$$

eine zeitliche Konstante. Die k-te der SEDOWschen Lösungen (25) besitzt gerade die Eigenschaft, daß für sie (26′) eine endliche Invariante wird, während die Größen $\nabla^{2l}_{(p)} f_{nn}(0, t)$ $(l = 1, 2, \ldots, k)$ verschwinden.

Die Invariante (26) oder (26′) einer homogenen und isotropen turbulenten Strömung spielt eine wesentliche Rolle, da sie das asymptotische Verhalten der Korrelationsfunktionen und demzufolge auch das quadratische Mittel der Geschwindigkeit $v = \sqrt{b_{dd}(0, t)}$ für $t \to \infty$ bestimmt. Der einzige von t abhängige Faktor unter dem Integral in (19), nämlich $e^{-2\nu p^2 t}$, wird für $p = 0$ gleich Eins, für große t nimmt er mit wachsendem p sehr schnell ab und konvergiert für beliebiges $p \neq 0$ und $t \to \infty$ gegen Null. Daraus folgt, daß der Wert dieses Integrals für hinreichend große t im wesentlichen durch das Verhalten des Integranden in einer kleinen Umgebung des Punktes $p = 0$ bestimmt wird. Setzt man nämlich die Funktion $b_{ij}(\mathfrak{r}, 0)$ im Koordinatenursprung als stetig voraus (oder nimmt man an, daß sie in diesem Punkt eine Singularität von nicht höherer als einer bestimmten Ordnung besitzt), so ist leicht zu beweisen, daß das Integral in (19) von ε bis ∞ bei einem beliebigen $\varepsilon > 0$ für $t \to \infty$ exponentiell abnimmt, so daß für große t der von 0 bis ε erstreckte Teil des Integrals in (19), der mit wachsendem t langsamer abklingt, die Hauptrolle spielen wird. Was diesen Teil des Integrals anbelangt, so ist klar, daß er bei kleinem ε lediglich vom Verhalten der Funktion $f_{nn}(p, 0)$ in der Nähe des Nullpunktes abhängen wird. Das Verhalten von $f_{nn}(p, 0)$ in der Nähe des Nullpunktes wird jedoch durch die erste, im Koordinatenursprung nicht verschwindende Ableitung dieser Funktion, d. h. durch die erste von Null verschiedene Größe der $\nabla^{2l}_{(p)} f_{nn}(0, 0)$ bestimmt (es ist klar, daß bei den $b_{ij}(\mathfrak{r}, 0)$, die gegen Unendlich hinreichend schnell abnehmen, so daß das erste von Null verschiedene Moment dieser Funktion endlich ist, die erste im Koordinatenursprung nicht verschwindende Ableitung der Funktion $f_{nn}(p, 0)$ von gerader Ordnung sein wird). Damit ist die von uns ausgesprochene Behauptung über die Rolle der Invariante (26) [oder (26′)] bewiesen.

Strömungen, bei denen (26′) die erste von Null verschiedene Größe der $\nabla^{2l}_{(p)} f_{nn}(0, t)$, d. h. (26′) eine endliche Invariante der Bewegung wird, ist das Glied $a p^{2k+2}$ der TAYLOR-Reihe der Hauptteil der Funktion $f_{nn}(p, 0)$, wobei die Konstante a dem Wert der Invariante (26′) proportional ist. Das

Integral in (19) von 0 bis ε klingt dabei für große t asymptotisch wie $t^{-\frac{5}{2}-k}$ ab. Für derartige Strömungen stimmt also das asymptotische Verhalten der Korrelationsfunktionen im letzten Stadium des Abklingens der Turbulenz mit dem asymptotischen Verhalten der Lösung (25′) überein, die demselben Wert der Invariante (26′) entspricht. In diesem Falle ist

$$b_{dd} \sim \frac{\text{const}}{t^{5/2+k}}$$

und

$$v \sim \frac{\text{const}}{t^{5/4+k/2}}\,.$$

Insbesondere hat man für Strömungen mit nicht verschwindender LOIZJANSKIscher Invariante in diesen Formeln $k = 0$ zu setzen [6, 3]. Auf das Anfangsstadium des Abklingens der Turbulenz, wenn die Geschwindigkeitsschwankungen noch groß sind, sind unsere Überlegungen selbstverständlich nicht anwendbar; hier darf man eine Vernachlässigung der Momente dritter Ordnung nicht als gerechtfertigt ansehen, und ihre Berücksichtigung liefert ganz andere Gesetze für das Abklingen der Geschwindigkeiten und der Korrelationsfunktionen [16, 15, 3].

4

Jetzt betrachten wir eine kompressible Flüssigkeit. Die Ausgangsgleichungen sind für uns die folgenden:

$$\frac{\partial v_i}{\partial t} + \sum_{j=1}^{3} v_j \frac{\partial v_i}{\partial x_j} = -\frac{1}{\varrho}\frac{\partial p}{\partial x_i} + \left(\frac{\nu}{3} + \zeta\right) \sum_{j=1}^{3} \frac{\partial^2 v_j}{\partial x_i \partial x_j} + \nu \sum_{j=1}^{3} \frac{\partial^2 v_i}{\partial x_j^2} \; (i = 1, 2, 3) \tag{28}$$

(Bewegungsgleichungen),

$$\frac{\partial \varrho}{\partial t} + \sum_{j=1}^{3} v_j \frac{\partial \varrho}{\partial x_j} = -\varrho \sum_{i=1}^{3} \frac{\partial v_j}{\partial x}, \tag{29}$$

(Kontinuitätsbedingung),

$$\frac{\partial (c_v T)}{\partial t} + \sum_{j=1}^{3} v_j \frac{\partial (c_v T)}{\partial x_j} = -\frac{p}{\varrho} \sum_{j=1}^{3} \frac{\partial v_j}{\partial x_j} + \frac{1}{\varrho} \sum_{j=1}^{3} \frac{\partial}{\partial x_j} \cdot k \cdot \frac{\partial T}{\partial x_j} + S \tag{30}$$

(Wärmeleitungsgleichung).

In den Bewegungsgleichungen berücksichtigen wir hier die Möglichkeit des Vorhandenseins einer von Null verschiedenen „zweiten Zähigkeit“ ζ; in der Wärmeleitungsgleichung bezeichnet k die Wärmeleitfähigkeit, während S die Gesamtheit der in den Ableitungen der Geschwindigkeiten quadratischen Glieder bedeutet, welche die durch die Zähigkeit hervorgerufene Energiedissipation beschreiben (in der die Korrelationsmomente dritter Ordnung nicht berücksichtigenden Theorie ist die Gestalt dieser Glieder natürlich unwesentlich); die Möglichkeit einer Wärmeübertragung durch Strahlung vernachlässigen wir.

Drei der sechs unbekannten Funktionen v_i $(i = 1, 2, 3)$, ϱ, p, T, die in diesen Gleichungen vorkommen, und zwar ϱ, p und T, sind durch eine algebraische Gleichung verknüpft, nämlich durch die Zustandsgleichung des Mediums, dessen Bewegung von uns untersucht wird. Nehmen wir an, wie dies beim Studium von Bewegungsvorgängen in der Atmosphäre üblich ist, daß dieses Medium ein ideales Gas ist, so können wir die Zustandsgleichung in der Form

$$p = RT\varrho \tag{31}$$

schreiben.

Unter Benutzung der Gleichung (31) kann man die Zahl der Unbekannten in den Gleichungen (28)—(30) um eine verringern und erhält am Ende ein System von fünf Gleichungen mit fünf unbekannten Funktionen. Eine passende Auswahl dieser unbekannten Funktionen kann unser Problem sehr vereinfachen.

FRIEDMANN und KELLER [4, 5] haben vorgeschlagen, v_i $(i = 1, 2, 3)$, p und $\omega = \frac{1}{\varrho}$ als Unbekannte zu nehmen. KIBEL führt in seiner Arbeit [10] an Stelle von p und ω die potentielle Temperatur $\vartheta = \frac{1}{\varrho} p^{\frac{1}{\varkappa}}$ mit $\varkappa = \frac{c_p}{c_v}$ und die Größe $\pi = \frac{\varkappa}{\varkappa - 1} p^{\frac{\varkappa - 1}{\varkappa}}$ ein. Auch wir nehmen hier als unbekannte Größen[1])

$$v_i (i = 1, 2, 3), \quad \pi = \frac{\varkappa}{\varkappa - 1} p^{\frac{\varkappa - 1}{\varkappa}}, \quad \vartheta = \frac{1}{\varrho} p^{\frac{1}{\varkappa}}.$$

Die Gleichungen, welche die Bewegung beschreiben, nehmen dann folgende Gestalt an:

$$\left.\begin{aligned}
&\frac{\partial v_i}{\partial t} + \sum_{j=1}^{3} v_j \frac{\partial v_i}{\partial x_j} = -\vartheta \frac{\partial \pi}{\partial x_i} + \left(\frac{\nu}{3} + \zeta\right) \sum_{j=1}^{3} \frac{\partial^2 v_j}{\partial x_i \partial x_j} + \nu \sum_{j=1}^{3} \frac{\partial^2 v_i}{\partial x_j^2} \quad (i = 1, 2, 3),\\
&\frac{\partial \pi}{\partial t} + \sum_{j=1}^{3} v_j \frac{\partial \pi}{\partial x_j} = -(\varkappa - 1)\pi \sum_{j=1}^{3} \frac{\partial v_j}{\partial x_j} + (\varkappa - 1)\lambda \frac{1}{\vartheta} \sum_{j=1}^{3} \frac{\partial^2 (\vartheta\pi)}{\partial x_j^2},\\
&\frac{\partial \vartheta}{\partial t} + \sum_{j=1}^{3} v_j \frac{\partial \vartheta}{\partial x_j} = \lambda \frac{1}{\pi} \sum_{j=1}^{3} \frac{\partial^2 (\vartheta\pi)}{\partial x_j^2},
\end{aligned}\right\} \tag{32}$$

wobei $\lambda = \frac{k}{c_p \varrho}$ die Temperaturleitfähigkeit bezeichnet.

Durch Mittelwertbildung erhalten wir aus den letzten beiden dieser Gleichungen die Größen $\frac{\partial \Theta(t)}{\partial t}$ und $\frac{\partial \Pi(t)}{\partial t}$ mit $\Theta(t) = \bar{\vartheta}$ und $\Pi(t) = \bar{\pi}$ [siehe (1)]. Wesentlich ist dabei, daß sich diese Größen als quadratisch in den Schwankungen der hydrodynamischen Elemente erweisen. Hieraus folgt, daß man bei einer Vernachlässigung der Korrelationsmomente dritter Ordnung auch die

[1]) Von dieser Stelle an werden wir überall unter π und ϑ diese Funktionen des Drucks und der Dichte verstehen.

Änderung der Größen Θ und Π mit der Zeit vernachlässigen kann: Die Glieder in den Gleichungen für die Korrelationsfunktionen, welche die Abweichungen dieser Größen von ihren Anfangswerten enthalten, sind von derselben Ordnung wie die Korrelationsmomente dritter Ordnung. Im folgenden können wir also nicht die allgemeine Erwärmung des Mediums, die durch die Energiedissipation der turbulenten Bewegung hervorgerufen wird, berücksichtigen und nehmen die Größen Θ und Π als konstant an. Man erkennt auch leicht, daß wir die Gleichungen (32) in unserer Theorie durch die folgenden linearisierten Gleichungen ersetzen können:

$$\left.\begin{aligned}
\frac{\partial v_i}{\partial t} &= -\Theta\frac{\partial \pi}{\partial x_i} + \left(\frac{\nu}{3}+\zeta\right)\sum_{j=1}^{3}\frac{\partial^2 v_j}{\partial x_i \partial x_j} + \nu\sum_{j=1}^{3}\frac{\partial^2 v_i}{\partial x_j^2}, \quad (i = 1, 2, 3),\\
\frac{\partial \pi}{\partial t} &= -(\varkappa-1)\,\Pi\sum_{j=1}^{3}\frac{\partial v_j}{\partial x_j} + (\varkappa-1)\lambda\sum_{j=1}^{3}\frac{\partial^2 \pi}{\partial x_j^2} + (\varkappa-1)\frac{\Pi}{\Theta}\lambda\sum_{j=1}^{3}\frac{\partial^2 \vartheta}{\partial x_j^2},\\
\frac{\partial \vartheta}{\partial t} &= \frac{\Theta}{\Pi}\lambda\sum_{j=1}^{3}\frac{\partial^2 \pi}{\partial x_j^2} + \lambda\sum_{j=1}^{3}\frac{\partial^2 \vartheta}{\partial x_j^2}.
\end{aligned}\right\} \quad (33)$$

Um hieraus ein Gleichungssystem zu gewinnen, das die Korrelationsfunktionen der Größen v_i, π und ϑ festlegt (das Gleichungssystem von FRIEDMANN-KELLER), brauchen wir nur eine jede unserer linearisierten Gleichungen (33) mit den Schwankungen der hydrodynamischen Elemente im Punkt M' (mit den Koordinaten x_1', x_2', x_3') zu multiplizieren, die erhaltenen Gleichungen zu mitteln und zu jeder von ihnen die analoge Gleichung für den Punkt M zu addieren; dabei wird diese Gleichung so gewählt, daß man auf der rechten Seite

$$\frac{\partial b_{\alpha\beta}(M, M', t)}{\partial t} = \overline{\frac{\partial \alpha(M,t)}{\partial t}\beta(M',t)} + \overline{\alpha(M,t)\frac{\partial \beta(M',t)}{\partial t}},$$

$$(\alpha, \beta \doteq v_1, v_2, v_3, \pi, \vartheta)$$

erhält.

Im Falle homogener Turbulenz können wir davon Gebrauch machen, daß alle Korrelationsfunktionen lediglich von den Komponenten ξ_1, ξ_2, ξ_3 des Vektors $\mathfrak{r} = \overrightarrow{M'M}$ abhängen, und überall $\frac{\partial}{\partial x_i}$ durch $\frac{\partial}{\partial \xi_i}$ und $\frac{\partial}{\partial x_i'}$ durch $-\frac{\partial}{\partial \xi_i}$ ersetzen. Nach dieser Substitution nimmt unser Gleichungssystem folgende Form an:

$$\begin{aligned}
\frac{\partial b_{ik}}{\partial t} &= -\Theta\left(\frac{\partial b_{\pi k}}{\partial \xi_i} - \frac{\partial b_{i\pi}}{\partial \xi_k}\right) + \left(\frac{\nu}{3}+\zeta\right)\sum_{j=1}^{3}\left(\frac{\partial^2 b_{jk}}{\partial \xi_i \partial \xi_j} + \frac{\partial^2 b_{ij}}{\partial \xi_k \partial \xi_j}\right) +\\
&\quad + 2\nu\sum_{j=1}^{3}\frac{\partial^2 b_{ik}}{\partial \xi_j^2} \quad (i, k = 1, 2, 3),
\end{aligned}$$

$$
\left.
\begin{aligned}
\frac{\partial b_{i\pi}}{\partial t} &= -\Theta \frac{\partial b_{\pi\pi}}{\partial \xi_i} + \left(\frac{\nu}{3} + \zeta\right) \sum_{j=1}^{3} \frac{\partial^2 b_{j\pi}}{\partial \xi_i \partial \xi_j} + \nu \sum_{j=1}^{3} \frac{\partial^2 b_{i\pi}}{\partial \xi_j^2} + \\
&\quad + (\varkappa - 1)\, \Pi \sum_{j=1}^{3} \frac{\partial b_{ij}}{\partial \xi_j} + (\varkappa - 1)\, \lambda \sum_{j=1}^{3} \frac{\partial^2 b_{i\pi}}{\partial \xi_j^2} + \\
&\quad + (\varkappa - 1)\, \frac{\Pi}{\Theta} \lambda \sum_{j=1}^{3} \frac{\partial^2 b_{i\vartheta}}{\partial \xi_j^2} \quad (i = 1, 2, 3), \\
\frac{\partial b_{i\vartheta}}{\partial t} &= -\Theta \frac{\partial b_{\pi\vartheta}}{\partial \xi_i} + \left(\frac{\nu}{3} + \zeta\right) \sum_{j=1}^{3} \frac{\partial^2 b_{j\vartheta}}{\partial \xi_i \partial \xi_j} + \nu \sum_{j=1}^{3} \frac{\partial^2 b_{i\vartheta}}{\partial \xi_j^2} + \\
&\quad + \lambda \frac{\Theta}{\Pi} \sum_{j=1}^{3} \frac{\partial^2 b_{i\pi}}{\partial \xi_j^2} + \lambda \sum_{j=1}^{3} \frac{\partial^2 b_{i\vartheta}}{\partial \xi_j^2} \quad (i = 1, 2, 3), \\
\frac{\partial b_{\pi\pi}}{\partial t} &= -(\varkappa - 1)\, \Pi \sum_{j=1}^{3} \left(\frac{\partial b_{j\pi}}{\partial \xi_j} - \frac{\partial b_{\pi j}}{\partial \xi_j}\right) + 2(\varkappa - 1)\, \lambda \sum_{j=1}^{3} \frac{\partial^2 b_{\pi\pi}}{\partial \xi_j^2} + \\
&\quad + (\varkappa - 1)\, \frac{\Pi}{\Theta} \lambda \sum_{j=1}^{3} \left(\frac{\partial^2 b_{\pi\vartheta}}{\partial \xi_j^2} + \frac{\partial^2 b_{\vartheta\pi}}{\partial \xi_j^2}\right), \\
\frac{\partial b_{\pi\vartheta}}{\partial t} &= -(\varkappa - 1)\, \Pi \sum_{j=1}^{3} \frac{\partial b_{j\vartheta}}{\partial \xi_j} + (\varkappa - 1)\, \lambda \sum_{j=1}^{3} \frac{\partial^2 b_{\pi\vartheta}}{\partial^2 \xi_j^2} + \\
&\quad + (\varkappa - 1)\, \frac{\Theta}{\Pi} \lambda \sum_{j=1}^{3} \frac{\partial^2 b_{\vartheta\vartheta}}{\partial \xi_j^2} + \frac{\Theta}{\Pi} \lambda \sum_{j=1}^{3} \frac{\partial^2 b_{\pi\pi}}{\partial \xi_j^2} + \lambda \sum_{j=1}^{3} \frac{\partial^2 b_{\pi\vartheta}}{\partial \xi_j^2}, \\
\frac{\partial b_{\vartheta\vartheta}}{\partial t} &= \frac{\Theta}{\Pi} \lambda \sum_{j=1}^{3} \left(\frac{\partial^2 b_{\pi\vartheta}}{\partial \xi_j^2} + \frac{\partial^2 b_{\vartheta\pi}}{\partial \xi_j^2}\right) + 2\lambda \sum_{j=1}^{3} \frac{\partial^2 b_{\pi\pi}}{\partial \xi_j^2}.
\end{aligned}
\right\} \quad (34)
$$

Gehen wir hier mit Hilfe der Beziehungen (5) von den Korrelationsfunktionen zu den Spektraldichten über, so erhalten wir:

$$
\left.
\begin{aligned}
\frac{\partial f_{lk}}{\partial t} &= -i\Theta p_l f_{\pi k} + i\Theta p_k f_{l\pi} - \left(\frac{\nu}{3} + \zeta\right) \sum_{j=1}^{3} (p_l p_j f_{jk} + p_k p_l f_{lj}) - \\
&\qquad - 2\nu p^2 f_{lk} \quad (l, k = 1, 2, 3), \\
\frac{\partial f_{l\pi}}{\partial t} &= -i\Theta p_l f_{\pi\pi} - \left(\frac{\nu}{3} + \zeta\right) \sum_{j=1}^{3} p_l p_j f_{j\pi} - \nu p^2 f_{i\pi} + i(\varkappa - 1)\, \Pi \sum_{j=1}^{3} p_j f_{lj} - \\
&\qquad - (\varkappa - 1)\, \lambda p^2 f_{lp} + (\varkappa - 1)\, \frac{\Theta}{\Pi} \lambda p^2 f_{l\vartheta} \quad (i = 1, 2, 3), \\
\frac{\partial f_{l\vartheta}}{\partial t} &= -i\Theta p_i f_{\pi\vartheta} - \left(\frac{\nu}{3} + \zeta\right) \sum_{j=1}^{3} p_l p_j f_{j\vartheta} - \nu p^2 f_{l\vartheta} - \frac{\Theta}{\Pi} \lambda p^2 f_{l\pi} - \lambda p^2 f_{l\vartheta} \\
&\qquad (i = 1, 2, 3),
\end{aligned}
\right\} \quad (35)
$$

$$
\begin{aligned}
\frac{\partial f_{\pi\pi}}{\partial t} &= - i(\varkappa - 1)\,\Pi \sum_{j=1}^{3} (p_j f_{j\pi} - p_l f_{\pi j}) - 2(\varkappa - 1)\,\lambda p^2 f_{\pi\pi} - \\
&\quad - (\varkappa - 1)\,\frac{\Pi}{\Theta}\,\lambda p^2 (f_{\pi\vartheta} + f_{\vartheta\pi}), \\
\frac{\partial f_{\pi\vartheta}}{\partial t} &= - i(\varkappa - 1)\,\Pi \sum_{j=1}^{3} p_j f_{j\vartheta} - (\varkappa - 1)\,\lambda p^2 f_{\pi\vartheta} - (\varkappa - 1)\,\frac{\Pi}{\Theta}\,\lambda p^2 f_{\vartheta\vartheta} - \\
&\quad - \frac{\Theta}{\Pi}\,\lambda p^2 f_{\pi\pi} - \lambda p^2 f_{\pi\vartheta}, \\
\frac{\partial f_{\vartheta\vartheta}}{\partial t} &= - \frac{\Theta}{\Pi}\,\lambda p^2 (f_{\pi\vartheta} + f_{\vartheta\pi}) - 2\lambda p^2 f_{\vartheta\vartheta}.
\end{aligned}
$$

Wir gewinnen hieraus durch Einsetzen der Relationen (7) das endgültige Gleichungssystem, welches das Verhalten der Spektraldichten der homogenen und isotropen Turbulenz in einer kompressiblen Flüssigkeit beschreibt. Auf beiden Seiten der Gleichung, die sich aus der ersten der Gleichungen von (35) ergibt, wird ein Tensor stehen, der die Summe eines zu $p_l\, p_k$ proportionalen Tensors und eines zu δ_{lk} proportionalen Tensors ist. Vergleichen wir hier die Koeffizienten bei $p_l\, p_k$ und bei δ_{lk} auf beiden Seiten, so erhalten wir zwei Gleichungen, die es gestatten, $\frac{\partial f_{dd}(p,t)}{\partial t}$ und $\frac{\partial f_{nn}(p,t)}{\partial t}$ leicht als eine Summe von Gliedern darzustellen, die keine Ableitungen enthalten. Die übrigen der Gleichungen (35) liefern uns die zeitlichen Ableitungen der Funktionen $f_{d\pi}(p,t)$, $f_{d\vartheta}(p,t)$, $f_{\pi\pi}(p,t)$, $f_{\pi\vartheta}(p,t)$ und $f_{\vartheta\vartheta}(p,t)$. Auf diese Weise gelangen wir zu folgendem System linearer Gleichungen:

$$
\left.
\begin{aligned}
\frac{\partial f_{nn}}{\partial t} &= - 2\nu p^2 f_{nn}, \\
\frac{\partial f_{dd}}{\partial t} &= - 2\left(\frac{4\nu}{3} + \zeta\right) p^2 f_{dd} - 2\Theta p f_{d\pi}, \\
\frac{\partial f_{d\pi}}{\partial t} &= (\varkappa - 1)\,\Pi p f_{dd} - \left(\frac{4\nu}{3} + \zeta + (\varkappa - 1)\,\lambda\right) p^2 f_{d\pi} - \\
&\quad - \frac{(\varkappa - 1)\,\Pi}{\Theta}\,\lambda p^2 f_{d\vartheta} - \Theta p f_{\pi\pi}, \\
\frac{\partial f_{d\vartheta}}{\partial t} &= - \frac{\Theta}{\Pi}\,\lambda p^2 f_{d\pi} - \left(\frac{4\nu}{3} + \zeta + \lambda\right) p^2 f_{d\vartheta} - \Theta p f_{\pi\vartheta}, \\
\frac{\partial f_{\pi\pi}}{\partial t} &= 2(\varkappa - 1)\,\Pi p f_{d\pi} - 2(\varkappa - 1)\,\lambda p^2 f_{\pi\pi} - 2(\varkappa - 1)\,\frac{\Pi}{\Theta}\,\lambda p^2 f_{\pi\vartheta}, \\
\frac{\partial f_{\pi\vartheta}}{\partial t} &= (\varkappa - 1)\,\Pi p f_{d\vartheta} - \frac{\Theta}{\Pi}\,\lambda p^2 f_{\pi\pi} - \varkappa\lambda p^2 f_{\pi\vartheta} - \frac{(\varkappa - 1)\,\Pi}{\Theta}\,\lambda p^2 f_{\vartheta\vartheta}, \\
\frac{\partial f_{\vartheta\vartheta}}{\partial t} &= - 2\,\frac{\Theta}{\Pi}\,\lambda p^2 f_{\pi\vartheta} - 2\lambda p^2 f_{\vartheta\vartheta}.
\end{aligned}
\right\} \qquad (36)
$$

Das erhaltene System zerfällt in ein System von sechs Gleichungen mit den sechs unbekannten Funktionen $f_{dd}, f_{d\pi}, f_{d\vartheta}, f_{\pi\pi}, f_{\pi\vartheta}$ und $f_{\vartheta\vartheta}$ und eine einzelne Gleichung für die Funktion f_{nn}. Die letzte Gleichung stimmt mit der Gleichung für den Fall homogener und isotroper Turbulenz in einer inkompressiblen Flüssigkeit vollkommen überein [dort wurden die Korrelationsfunktionen des Geschwindigkeitsfeldes durch eine einzige Funktion $f_{nn}(p, t)$ bestimmt]. Die Korrelationsfunktionen des Geschwindigkeitsfeldes einer homogenen, isotropen Strömung in einer kompressiblen Flüssigkeit können somit als Summe der Korrelationsfunktionen, die der inkompressiblen Flüssigkeit entsprechen, und der Korrelationsfunktionen einer Strömung mit verschwindender Funktion f_{nn} dargestellt werden. Es ist nicht schwer zu zeigen, daß eine Strömung, für die $f_{nn}(p, t) = 0$ ist, stets wirbelfrei ist, d. h. für sie $\operatorname{rot} \mathfrak{v} = 0$ gilt. Damit findet hier der Satz von OBUCHOW [2][1]) über die Möglichkeit der Zerlegung eines jeden homogenen und isotropen Vektorfeldes in die Summe einer quellenfreien (Solenoidal-) und einer wirbelfreien (Potential-) Komponente, die nicht miteinander korrelieren, einen sehr einfachen Beweis.

Da das Problem der homogenen und isotropen Turbulenz in einer inkompresssiblen Flüssigkeit bereits oben behandelt wurde, kann man sich gleich der Untersuchung des Summanden zuwenden, der durch die Potentialkomponente des Geschwindigkeitsfeldes erzeugt wird. Zur Lösung des diese Komponente beschreibenden Systems von sechs Gleichungen mit sechs Unbekannten [das System (36) ohne die erste Gleichung] benötigen wir vor allem die Wurzeln der charakteristischen Gleichung dieses Systems, der Gleichung (37),

$$\begin{vmatrix} \Lambda + 2\nu' p^2 & 2\Theta p & 0 & 0 & 0 & 0 \\ -(\varkappa-1)\Pi p & \Lambda + [\nu' + (\varkappa-1)\lambda] p^2 & \frac{(\varkappa-1)\Pi}{\Theta}\lambda p^2 & \Theta p & 0 & 0 \\ 0 & \frac{\Theta}{\Pi}\lambda p^2 & \Lambda + (\nu'+\lambda) p^2 & 0 & \Theta p & 0 \\ 0 & -2(\varkappa-1)\Pi p & 0 & \Lambda + 2(\varkappa-1)\lambda p^2 & 2\frac{(\varkappa-1)\Pi}{\Theta}\lambda p^2 & 0 \\ 0 & 0 & -(\varkappa-1)\Pi p & \frac{\Theta}{\Pi}\lambda p^2 & \Lambda + \varkappa\lambda p^2 & \frac{(\varkappa-1)\Pi}{\Theta}\lambda p^2 \\ 0 & 0 & 0 & 0 & 2\frac{\Theta}{\Pi}\varkappa p^2 & \Lambda + 2\lambda p^2 \end{vmatrix} = 0 \qquad (37)$$

[1]) Siehe auch die Arbeit von A. M. OBUCHOW, „Statistische Beschreibung stetiger Felder" auf d. S. 1 bis 42 dieses Sammelbandes. — Anmerkung zur deutschen Übersetzung.

oder, in entwickelter Form,

$$\left.\begin{aligned}&\left\{\Lambda^3 + 2(\nu' + \varkappa\lambda)\,p^2\Lambda^2 + 4\left(\varkappa\nu'\lambda + \frac{a^2}{p^2}\right)p^4\Lambda + 8\,\lambda a^2 p^4\right\}\cdot\\ &\cdot\left\{\Lambda^3 + 2(\nu' + \varkappa\lambda)\,p^2\Lambda_2 + \left(\nu'^2 + 3\,\varkappa\nu'\lambda + \varkappa^2\lambda^2 + \frac{a^2}{p^2}\right)p^4\Lambda + \right.\\ &\left.+\left(\varkappa\nu'^2\lambda + \varkappa^2\nu'\lambda^2 + \nu'\frac{a^2}{p^2} + (\varkappa - 1)\,\lambda\,\frac{a^2}{p^2}\right)p^6\right\} = 0.\end{aligned}\right\} \tag{38}$$

Hierbei ist $\nu' = \frac{4\nu}{3} + \zeta$ der zusammengesetzte Zähigkeitskoeffizient für Potentialströmungen, und $a = \sqrt{(\varkappa - 1)\,\Pi\Theta}$ bedeutet die Schallgeschwindigkeit im Medium.

Die Gleichung (38) stellt eine reduzible Gleichung sechsten Grades dar: Ihre linke Seite ist gleich dem Produkt zweier Polynome dritten Grades. Die drei Nullstellen des ersten dieser Polynome bezeichnen wir mit $2k_1, 2k_2$ und $2k_3$; man prüft leicht nach, daß $k_1 + k_2$, $k_1 + k_3$ und $k_2 + k_3$ dann die drei Nullstellen des zweiten Polynoms sind. Mit anderen Worten, die sechs Wurzeln der Gleichung (38) sind

$$\begin{aligned}&\Lambda_1 = k_1 + k_1, \quad \Lambda_2 = k_2 + k_2, \quad \Lambda_3 = k_3 + k_3,\\ &\Lambda_4 = k_1 + k_2, \quad \Lambda_5 = k_1 + k_3, \quad \Lambda_6 = k_2 + k_3,\end{aligned} \tag{39}$$

d. h. gleich allen möglichen Summen zweier (eventuell zusammenfallender) Wurzeln k_ν $(\nu = 1, 2, 3)$ der kubischen Gleichung

$$\Lambda^3 + (\nu' + \varkappa\lambda)\,p^2\Lambda^2 + (\varkappa\nu'\lambda p^2 + a^2)\,p^2\Lambda + \lambda a p^4 = 0. \tag{40}$$

Um die Bedeutung des letzten Faktums verstehen zu können, werden wir die im Raum periodischen Lösungen der die wirbelfreie Flüssigkeitsbewegung beschreibenden linearisierten Gleichungen ermitteln, d. h. der Gleichungen der Akustik unter Berücksichtigung der Zähigkeit und Wärmeleitfähigkeit[1]. Die Bewegung wird in diesem Falle durch drei skalare Funktionen der Koordinaten und der Zeit, beispielsweise durch $s(M, t) = \sum_{i=1}^{3} \frac{\partial v_i(M, t)}{\partial x_i} = \nabla^2\varphi(M,t)$ $[\varphi(M,t)$ ist das Geschwindigkeitspotential der Strömung$]$, $\pi(M, t)$ und $\vartheta(M, t)$ vollständig bestimmt. Aus den Gleichungen (33) können leicht die Gleichungen

$$\left.\begin{aligned}\frac{\partial s}{\partial t} &= \nu'\sum_{i=1}^{3}\frac{\partial^2 s}{\partial x_i^2} - \Theta\sum_{i=1}^{3}\frac{\partial^2\pi}{\partial x_i^2},\\ \frac{\partial\pi}{\partial t} &= -(\varkappa - 1)\,\Pi s + (\varkappa - 1)\,\lambda\sum_{i=1}^{3}\frac{\partial^2\pi}{\partial x_i^2} + \frac{(\varkappa - 1)\,\Pi}{\Theta}\lambda\sum_{i=1}^{3}\frac{\partial^2\vartheta}{\partial x_i^2},\\ \frac{\partial\vartheta}{\partial t} &= \frac{\Theta}{\Pi}\lambda\sum_{i=1}^{3}\frac{\partial^2\pi}{\partial x_i^2} + \lambda\sum_{i=1}^{3}\frac{\partial^2\vartheta}{\partial x_i^2}\end{aligned}\right\} \tag{41}$$

gewonnen werden.

[1]) Zeitlich periodische Lösungen dieser Gleichungen wurden noch von Kirchhoff [17] (siehe auch [18]) gefunden.

Setzen wir nun

$$s(M, t) = s(t)e^{i\mathfrak{p}\mathfrak{x}}, \pi(M, t) = \pi(t)\, e^{i\mathfrak{p}\mathfrak{x}}, \vartheta(M, t) = \vartheta(t)\, e^{i\mathfrak{p}\mathfrak{x}},$$

wobei $\mathfrak{x} = (x_1, x_2, x_3)$ der Ortsvektor des Punktes M ist, so erhalten wir für die Funktionen $s(t)$, $\pi(t)$ und $\vartheta(t)$ das lineare Gleichungssystem

$$\left.\begin{aligned} \frac{ds(t)}{dt} &= -\nu' p^2 s + \Theta p^2 \pi, \\ \frac{\partial \pi(t)}{dt} &= -(\varkappa - 1)\, \Pi s - (\varkappa - 1)\, \lambda p^2 \pi - \frac{(\varkappa - 1)\, \Pi}{\Theta} \lambda p^2 \vartheta, \\ \frac{\partial \vartheta(t)}{dt} &= -\frac{\Theta}{\Pi} \lambda p^2 \pi - \lambda p^2 \vartheta. \end{aligned}\right\} \tag{42}$$

Wie man sich leicht überzeugen kann, stimmt die zu diesem System gehörige charakteristische Gleichung mit der Gleichung (40) überein. Alle hydrodynamischen Elemente der Strömung sind in unserem Falle also in der Form

$$(A_1 e^{k_1 t} + A_2 e^{k_2 t} + A_3 e^{k_3 t})\, e^{i\mathfrak{p}\mathfrak{x}}$$

darstellbar, d. h. als Summe dreier abklingender[1]) Wellen mit einem allgemeinen Wellenvektor $\mathfrak{p}$ und Frequenzen, die gleich den Imaginärteilen von k_1, k_2 und k_3 sind. Beziehungen für die komplexen Zahlen A_i, welche die Amplitude und Phase dieser Wellen bestimmen, führen wir weiter unten an [siehe die Formeln (45)].

Wir werden jetzt die hydrodynamischen Elemente in unserem akustischen Feld als Zufallsgrößen ansehen (d. h. als Zufallsgrößen der Amplitude und Phase der sich ergebenden Wellen). Die mathematischen Erwartungen $\overline{\alpha(M,t)\beta(M',t)}$ der Produkte zweier hydrodynamischer Elemente in verschiedenen Punkten der Strömung (die Korrelationsfunktionen) sind durch Ausdrücke der Gestalt

$$(A_{11}\, e^{2k_1 t} + A_{22}\, e^{2k_2 t} + A_{33}\, e^{2k_3 t} + A_{12}\, e^{(k_1+k_2)t} + A_{13}\, e^{(k_1+k_3)t} + A_{23}\, e^{(k_2+k_3)t})\, e^{i\mathfrak{p}\mathfrak{x}}$$

darstellbar. An den Relationen (39) für die Wurzeln der charakteristischen Gleichung (38) erkennt man, daß die Spektraldichten $f_{\alpha\beta}(\mathfrak{p}, t)$ im allgemeinen Falle einer homogenen und isotropen turbulenten, wirbelfreien Bewegung ebenso von der Zeit abhängen wie die Korrelationsfunktionen für den Fall einer Wellenbewegung mit dem Wellenvektor $\mathfrak{p}$. Folglich sind die Funktionen $b_{\alpha\beta}(\mathfrak{r}, t)$ auf Grund von (5) als Integral von Korrelationsfunktionen für Wellen mit zufälligen Amplituden und Phasen darstellbar. Das Integral wird über alle möglichen Werte des Wellenvektors $\mathfrak{p}$ erstreckt. In nicht ganz exakter Ausdrucksweise kann man sagen, daß die Korrelationsfunktionen einer allgemeinen homogenen und isotropen turbulenten Strömung aus den der inkompressiblen Strömung entsprechenden Korrelationsfunktionen und den Korrelationsfunktionen eines Systems akustischer Wellen mit zufälligen Amplituden und Phasen zusammengesetzt sind. Dabei sind diese akustischen Wellen unregelmäßig (aber isotrop) im Raum verteilt. Diese Wellen korrelieren nicht mit der

[1]) Weil k_1, k_2 und k_3 negative Realteile haben; siehe die Formeln (44).

inkompressiblen Strömung und nicht miteinander bei verschiedenen Werten des Wellenvektors. Dieses Resultat erklärt den allgemeinen Zusammenhang (4′) der Spektraldichte mit der Zerlegung der hydrodynamischen Elemente einer Strömung in ein FOURIER-STIELTJES-Integral (3′).

Wir wollen nun die Größen k_1, k_2 und k_3 bestimmen. Dazu drücken wir alle Koeffizienten der Gleichung (40) durch die folgenden fundamentalen dimensionslosen Konstanten

$$\xi = \nu' p/a, \qquad \alpha = \lambda/\nu', \qquad \varkappa = c_p/c_v$$

aus und setzen $\Lambda = a p y$, womit (40) in folgende Gleichung für die dimensionslose Größe y übergeht:

$$y^3 + (1 + \varkappa\alpha)\,\xi y^2 + (\varkappa\alpha\xi^2 + 1)\,y + \alpha\xi = 0. \tag{43}$$

Wir weisen nun darauf hin, daß $\alpha \sim 1$ ($1/\alpha$ ist das Analogon der PRANDL-Zahl und ist von derselben Größenordnung wie die gewöhnliche PRANDL-Zahl $\mathrm{Pr} = \nu/\lambda$) und $\varkappa \sim 1$ ist (für Luft ist $\varkappa = 1{,}4$). Gleichzeitig ist $\xi \ll 1$. Es ist nämlich $\nu' \sim \nu \sim u l$, wobei u die mittlere Geschwindigkeit der Wärmebewegung der Moleküle des Mediums und l die freie Weglänge bedeutet; es ist $a \sim u$ und demzufolge $\xi \sim \frac{l}{\lambda_0}$, wobei λ_0 die Länge der Welle ist, die sich im Gase ausbreitet, so daß die Bedingung $\xi \ll 1$ für die Anwendbarkeit der hydrodynamischen Bewegungsgleichungen notwendig ist. Daher ist es naheliegend, die Wurzeln der Gleichung (43) in Form von Potenzreihen nach Potenzen von ξ anzusetzen. Dabei braucht man die Glieder höherer als zweiter Ordnung nicht in allen Fällen zu betrachten (alle wirklich wahrnehmbaren Effekte werden berücksichtigt, wenn wir uns nur auf Glieder nicht höherer als erster Ordnung beschränken).

Die ersten drei Glieder der Reihen für die Nullstellen y_1, y_2 und y_3 ergeben:

$$\left.\begin{aligned} y_1 &= i\left(1 - \frac{1 - 2(\varkappa - 1)\,\alpha + (\varkappa + 3)\,(\varkappa - 1)\,\alpha^2}{8}\,\xi^2\right) - \frac{1 + (\varkappa - 1)\,\alpha}{2}\,\xi, \\ y_2 &= -\,i\left(1 - \frac{1 - 2\,(\varkappa - 1)\,\alpha + (\varkappa + 3)\,(\varkappa - 1)\,\alpha^2}{8}\,\xi^2\right) - \frac{1 + (\varkappa - 1)\,\alpha}{2}\,\xi, \\ y_3 &= -\alpha\,\xi. \end{aligned}\right\} \tag{44}$$

Jetzt ist es leicht, die Ausdrücke für alle sechs Wurzeln der Gleichung (38) hinzuschreiben und die allgemeine Lösung des Systems (36) zu finden. Vorher werden wir aber noch untersuchen, wie die verschiedenen Wellen mit dem Wellenvektor $\mathfrak{p}$ in unserem Medium aussehen; dies kann bei der Deutung der sich auf die Spektraldichten beziehenden Resultate eine große Hilfe sein.

Um die Arbeit nicht mit langen Formeln zu überladen, werden wir im folgenden überall die Glieder der Ordnung ξ^2 vernachlässigen. Dann erkennt man an den Darstellungen (44), daß in einem kompressiblen Medium mit nicht verschwindender Zähigkeit und Wärmeleitfähigkeit drei Wellen mit dem Wellenvektor $\mathfrak{p}$ existieren können: zwei abklingende Wellen mit demselben Abklingkoeffizienten — sie breiten sich mit der Schallgeschwindigkeit a [1]) in Richtung des Vektors $\mathfrak{p}$ bzw. in entgegengesetzter Richtung aus — und eine dritte stehende Welle mit einem Abklingkoeffizienten, der von dem der ersten beiden Wellen verschieden ist. Die ersten beiden Wellen sind gewöhnliche Schallwellen; die Bedeutung der dritten Welle ist dagegen am leichtesten zu erfassen, wenn man die allgemeine Lösung des Systems (42) aufgeschrieben hat. Führen wir an Stelle der Veränderlichen s, π und ϑ die dimensionslosen Größen $\tilde{s} = \frac{s}{ap}, \tilde{\pi} = \frac{\pi}{\Pi}, \tilde{\vartheta} = \frac{\vartheta}{\Theta}$ und an Stelle von t die dimensionslose Zeit $\tau = apt$ ein, so bekommen wir bis auf Glieder der Ordnung ξ:

$$\left.\begin{aligned}
\tilde{s}(t) &= A_1 e^{y_1\tau} + A_2 e^{y_2\tau} - A_3 \alpha\xi e^{y_3\tau},\\
\tilde{\pi}(t) &= A_1\left(i + \frac{1-(\varkappa-1)\alpha}{2}\xi\right)(\varkappa-1)e^{y_1\tau} - A_2\left(i - \frac{1-(\varkappa-1)\alpha}{2}\xi\right)(\varkappa-1)e^{y_2\tau},\\
\tilde{\vartheta}(t) &= -A_1(\varkappa-1)\alpha\xi e^{y_1\tau} - A_2(\varkappa-1)\alpha\xi e^{y_2\tau} + A_3 e^{y_3\tau}.
\end{aligned}\right\} \quad (45)$$

Da $\xi \ll 1$ ist, gilt in erster Näherung

$$\left.\begin{aligned}
\tilde{s}(t) &= A_1 e^{y_1\tau} + A_2 e^{y_2\tau},\\
\pi(t) &= i(\varkappa-1)A_1 e^{y_1\tau} - i(\varkappa-1)A_2 e^{y_2\tau},\\
\tilde{\vartheta}(t) &= A_3 e^{y_3\tau}.
\end{aligned}\right\} \quad (46)$$

In erster Näherung wird also die periodische Verteilung der Divergenz der Geschwindigkeit und der Größe π (einer nur vom Druck abhängigen Funktion) im Raum mit Schallgeschwindigkeit übertragen, während sich die Abweichung vom Mittelwert der potentiellen Temperatur ϑ mit der Zeit ohne Änderung im Raum nur auf Kosten der Wärmeleitfähigkeit ausgleicht (eine stehende „Entropie-Welle"). In zweiter Näherung liefert eine periodische Anfangsverteilung der potentiellen Temperatur auch Schallwellen geringer Intensität, während eine periodische Geschwindigkeits- und Druckverteilung stehende „Entropiewellen" geringer Intensität zur Folge hat. Dabei kann man in den Schallwellen auch eine bestimmte Übertragung potentieller Temperatur (d. h. Entropie) und in den „Entropiewellen" ein mit dem Abklingen von ϑ übereinstimmendes Abklingen der Geschwindigkeiten s beobachten. Alle diese Effekte treten übrigens in Form unbedeutender Korrekturen in Erscheinung, deren Größenordnung im Vergleich zu der Größenordnung der Hauptglieder durch die kleine Zahl ξ festgelegt wird.

Nach all diesen Vorbemerkungen gehen wir nun an die endgültige Lösung des Problems, die Spektraldichten einer beliebigen homogenen und isotropen turbulenten Strömung zu bestimmen. Zu diesem Zweck schreiben wir zunächst die Ausdrücke für alle charakteristischen Nullstellen $\Lambda_0, \Lambda_1, \ldots, \Lambda_6$ des Systems

[1]) Die in ξ quadratischen Glieder in (43) beschreiben die kleine Änderung der Ausbreitungsgeschwindigkeit der Schallwellen, die durch das Vorhandensein der von Null verschiedenen Zähigkeit und Wärmeleitfähigkeit hervorgerufen wird.

(36) auf (Λ_0 ist die charakteristische Nullstelle, die der ersten Gleichung dieses Systems entspricht). Gemäß (39) und (44) gilt bis auf Glieder der Ordnung ξ:

$$\left.\begin{aligned}
\Lambda_0 &= -2\nu p^2, & \Lambda_4 &= -[\nu' + (\varkappa - 1)\lambda]\, p_2,\\
\Lambda_1 &= 2iap - [\nu' + (\varkappa - 1)\lambda]\, p^2, & \Lambda_5 &= iap - \frac{[\nu' + (\varkappa + 1)\lambda]}{2} p^2,\\
\Lambda_2 &= -2iap - [\nu' + (\varkappa - 1)\lambda]\, p^2, & &\\
\Lambda_3 &= -2\lambda p^2, & \Lambda_6 &= -iap - \frac{[\nu' + (\varkappa + 1)\lambda]}{2} p^2
\end{aligned}\right\} \quad (47)$$

(für Λ_0 ist hier der genaue Wert angeführt).

Die allgemeine Lösung des Systems (36) kann jetzt ohne Schwierigkeit ermittelt werden. Sie hat die Form:

$$\left.\begin{aligned}
f_{nn}(p,t) &= A_0(p)e^{\Lambda_0 t},\\
f_{dd}(p,t) &= A_1(p)\alpha_{11}e^{\Lambda_1 t} + A_2(p)\alpha_{12}e^{\Lambda_2 t} + A_3(p)\alpha_{13}e^{\Lambda_3 t} +\\
&\quad + A_4(p)\alpha_{14}e^{\Lambda_4 t} + A_5(p)\alpha_{15}e^{\Lambda_5 t} + A_6(p)\alpha_{16}e^{\Lambda_6 t},\\
f_{d\pi}(p,t) &= A_1(p)\alpha_{21}e^{\Lambda_1 t} + A_2(p)\alpha_{22}e^{\Lambda_2 t} + A_3(p)\alpha_{23}e^{\Lambda_3 t} +\\
&\quad + A_4(p)\alpha_{24}e^{\Lambda_4 t} + A_5(p)\alpha_{25}e^{\Lambda_5 t} + A_6(p)\alpha_{26}e^{\Lambda_6 t},\\
f_{d\vartheta}(p,t) &= A_1(p)\alpha_{31}e^{\Lambda_1 t} + A_2(p)\alpha_{32}e^{\Lambda_2 t} + A_3(p)\alpha_{33}e^{\Lambda_3 t} +\\
&\quad + A_4(p)\alpha_{34}e^{\Lambda_4 t} + A_5(p)\alpha_{35}e^{\Lambda_5 t} + A_6(p)\alpha_{36}e^{\Lambda_6 t},\\
f_{\pi\pi}(p,t) &= A_1(p)\alpha_{41}e^{\Lambda_1 t} + A_2(p)\alpha_{42}e^{\Lambda_2 t} + A_3(p)\alpha_{43}e^{\Lambda_3 t} +\\
&\quad + A_4(p)\alpha_{44}e^{\Lambda_4 t} + A_5(p)\alpha_{45}e^{\Lambda_5 t} + A_6(p)\alpha_{46}e^{\Lambda_6 t},\\
f_{\pi\vartheta}(p,t) &= A_1(p)\alpha_{51}e^{\Lambda_1 t} + A_2(p)\alpha_{52}e^{\Lambda_2 t} + A_3(p)\alpha_{53}e^{\Lambda_3 t} +\\
&\quad + A_4(p)\alpha_{54}e^{\Lambda_4 t} + A_5(p)\alpha_{55}e^{\Lambda_5 t} + A_6(p)\alpha_{56}e^{\Lambda_6 t},\\
f_{\vartheta\vartheta}(p,t) &= A_1(p)\alpha_{61}e^{\Lambda_1 t} + A_2(p)\alpha_{62}e^{\Lambda_2 t} + A_3(p)\alpha_{63}e^{\Lambda_3 t} +\\
&\quad + A_4(p)\alpha_{64}e^{\Lambda_4 t} + A_5(p)\alpha_{65}e^{\Lambda_5 t} + A_6(p)\alpha_{66}e^{\Lambda_6 t},
\end{aligned}\right\} \quad (48)$$

wobei $A_0(p)$, $A_1(p)$, ..., $A_6(p)$ sieben willkürliche Funktionen von p sind, während die Zahlen $\alpha_{i1}, \alpha_{i2}, \ldots, \alpha_{i6}$ proportional zu den algebraischen Komplementen derjenigen Elemente sind, die in der ersten Zeile der Determinante (37) stehen, falls man $\Lambda = \Lambda_i$ setzt. Die Zahlen α_{ij} können ebenso wie die Nullstellen Λ_i als Potenzreihen von ξ (nach vorherigem Übergang zu dimensionslosen Größen) dargestellt werden. Hier schreiben wir nur die entsprechenden approximierten Formeln hin, die bis zu den Gliedern der Ordnung ξ richtig sind:

$$\left.\begin{aligned}
f_{nn}(p,t) &= A_0(p)e^{\Lambda_0 t},\\
f_{dd}(p,t) &= A_1(p)e^{\Lambda_1 t} + A_2(p)e^{\Lambda_2 t} + A_4(p)e^{\Lambda_4 t},\\
f_{d\pi}(p,t) &= -\frac{i(\varkappa-1)\Pi}{a} A_1(p)e^{\Lambda_1 t} + \frac{i(\varkappa-1)\Pi}{a} A_2(p)e^{\Lambda_2 t},\\
f_{\pi\pi}(p,t) &= -\left[\frac{(\varkappa-1)\Pi}{a}\right]^2 A_1(p)e^{\Lambda_1 t} - \left[\frac{(\varkappa-1)\Pi}{a}\right]^2 A_2(p)e^{\Lambda_2 t} +\\
&\quad + \left[\frac{(\varkappa-1)\Pi}{a}\right]^2 A_4(p)e^{\Lambda_4 t},\\
f_{d\vartheta}(p,t) &= A_5(p)e^{\Lambda_5 t} + A_6(p)e^{\Lambda_6 t},\\
f_{\pi\vartheta}(p,t) &= \frac{i\Theta}{(\varkappa-1)a} A_5(p)e^{\Lambda_5 t} - \frac{i\Theta}{(\varkappa-1)a} A_6(p)e^{\Lambda_6 t},\\
f_{\vartheta\vartheta}(p,t) &= A_3(p)e^{\Lambda_3 t}.
\end{aligned}\right\} \quad (48')$$

Daß hier die Glieder mit $e^{\Lambda_1 t}$, $e^{\Lambda_2 t}$ und $e^{\Lambda_4 t}$ lediglich in den Ausdrücken für f_{dd}, $f_{d\pi}$ und $f_{\pi\pi}$ vorkommen, die Glieder mit $e^{\Lambda_5 t}$ und $e^{\Lambda_6 t}$ nur in den Ausdrücken $f_{d\vartheta}$ und $f_{\pi\vartheta}$ und schließlich das Glied mit $e^{\Lambda_3 t}$ lediglich in dem Ausdruck für $f_{\vartheta\vartheta}$ auftritt, hätte auch auf Grund von (46) vorausgesagt werden können.

Die sieben unbekannten Funktionen von p in (48) können leicht ermittelt werden, wenn die Anfangswerte aller Spektraldichten vorgegeben sind; die Werte dieser Dichten in den folgenden (oder vorhergehenden) Zeitpunkten sind dann nach (48) eindeutig bestimmt. Umgekehrt erhalten wir nach Vorgabe beliebiger Anfangswerte für die Spektraldichten, wenn sie den Ungleichungen (8) genügen, ein Beispiel homogener und isotroper Turbulenz in einer kompressiblen Flüssigkeit. Die Formeln (48) lösen also das von uns im vorliegenden Artikel gestellte Problem vollständig[1]).

Abschließend spricht der Verfasser den Herren Professoren A. N. KOLMOGOROV und A. M. OBUCHOW seinen aufrichtigen Dank für die Erörterung aller hier berührten Probleme und für eine Reihe wertvoller Hinweise aus, die bei der endgültigen Abfassung der vorliegenden Arbeit berücksichtigt wurden.

Akadmie der Wissenschaften der UdSSR
Geophysikalisches Institut

Eingegangen am 26. 1. 1948

[1]) Wir wollen hier noch die Ergebnisse formulieren, die sich auf das Problem der homogenen und isotropen Turbulenz in einer inkompressiblen Flüssigkeit beziehen, wobei auch die Temperaturschwankungen berücksichtigt werden. Den Zustand der Flüssigkeit müssen wir dabei durch ein solenoidales Vektorfeld der Geschwindigkeit und durch ein skalares Feld (die Temperaturwerte T oder durch die Werte der potentiellen Temperatur ϑ) charakterisieren. Diese Felder werden nicht miteinander korrelieren [siehe die Formel (16)], und die Lösung des Problems wird in diesem Falle durch

$$f_{nn}(p, t) = A(p)\, e^{\Lambda_0 t} = A(p)\, e^{-2\nu p^2 t}.$$
$$f_{\vartheta\vartheta}(p, t) = B(p)\, e^{\Lambda_3 t} = B(p)\, e^{-2\lambda p^2 t},$$

geliefert.

Die Einwirkung der Mischbewegung auf den Temperaturausgleich geht hier verloren: um diesen Effekt zu berücksichtigen, müssen wir in den Bewegungsgleichungen die Trägheitsglieder beachten, d. h. mit anderen Worten, wir haben in unseren Gleichungen die Momente dritter Ordnung zu berücksichtigen.

LITERATURVERZEICHNIS

[1] Колмогоров А. Н., ДАН СССР. (KOLMOGOROV, A. N., Ber. Akad. Wiss. UdSSR), Bd. 30, Nr. 4; Bd. 32, Nr. 1 (1941). [Siehe auch die S. 71—81 dieses Sammelbandes].

[2] Обухов А. М., Диссертация. (OBUCHOW, A. M., Dissertation), Moskau 1947.

[3] Ландау Л. Д. и Лифшиц Е. М., Механика сплошных сред (LANDAU, L. D., und LIFSCHITZ, E. M., Mechanik der Kontinua), Moskau 1947.

[4] KELLER, L., u. FRIEDMANN, A., Proc. 1st Intern. Congress appl. mech., Delft, 1924.

[5] Келлер, Л. В., Изв. Гл. Физ. обс. (KELLER, L. W., Nachr. phys. Haupt-Observatoriums), 1925.

[6] Миллионщиков, М. Д., ДАН СССР. (MILLIONSTSCHIKOW, M. D., Ber. Akad. Wiss. UdSSR), Bd. 22, Nr. 5 (1939).

[7] KÁRMÁN, TH., and HOWARTH, L., Proc. Roy. Soc., A, Bd. 164, Nr. 917 (1938).

[8] Лойцянский, Л. Г., Труды ЦАГИ. (LOIZJANSKI, L. G., Arbeiten d. Zentr. Aero-Hydrodyn. Inst.), Nr. 440 (1939).

[9] Яглом, И. М., Труды н.-и. учр. ГУГМС. (JAGLOM, I. M., Arbeiten d. wiss. Forsch. Inst. d. Hauptverw. d. hydrometeorologischen Dienstes), Ser. I, Nr. 30 (1947).

[10] Кибель, И. А., ДАН СССР. (KIBEL, I. A., Ber. Akad. Wiss. UdSSR), Bd. 49, Nr. 4 (1945).

[11] Колмогоров, А. Н., Юбилейный сборник АН СССР. (KOLMOGOROV, A. N., Jubiläumssammelband der Akad. Wiss. UdSSR), Teil 1, Moskau 1947.

[12] KARHUNEN, K., Ann. Ac. Sci. Fennicae, A. I, Nr. 34, 1946; A. I, Nr. 37, 1947.

[13] Обухов, А. М., Изв. АН СССР, сер. геогр. и геоф. (OBUCHOW, A. M., Nachr. Akad. Wiss. UdSSR, Ser. Geographie und Geophysik), Nr. 4/5 (1941). [Siehe auch die S. 83 bis 96 dieses Sammelbandes].

[14] SCHÖNBERG, I. J., Ann. of Math. Bd. 39, Nr. 4 (1938).

[15] Седов, Л. И., ДАН СССР. (SEDOW, L. I., Ber. Akad. Wiss. UdSSR), Bd. 42, Nr. 3, 1944; Методы теории подобия и теории размерностей в механике (Ähnlichkeits- und Dimensionsbetrachtungen in der Mechanik), Moskau 1944.

[16] Колмогоров, А. Н., ДАН СССР. (KOLMOGOROV, A. N., Ber. Akad. Wiss. UdSSR), Bd. 31, Nr. 6 (1941). [Siehe auch die S. 147—150 dieses Sammelbandes].

[17] KIRCHHOFF, Ann. d. Phys., Bd. 134, S. 177, (1868).

[18] RAYLEIGH, Theory of Sound. Bd. II, London 1926.

A. N. KOLMOGOROV

Die lokale Struktur der Turbulenz in einer inkompressiblen zähen Flüssigkeit bei sehr großen REYNOLDSschen Zahlen[1])

§ 1. Mit

$$U_\alpha(P) = U_\alpha(x_1, x_2, x_3, t), \quad \alpha = 1, 2, 3$$

werden wir die Komponenten der Geschwindigkeit zum Zeitpunkt t in dem Punkt mit den rechtwinkligen kartesischen Koordinaten x_1, x_2, x_3 bezeichnen. Bei der Untersuchung der Turbulenz wird man die Geschwindigkeitskomponenten $U_\alpha(P)$ in jedem Punkt $P = (x_1, x_2, x_3, t)$ des zu untersuchenden Bereiches G im vierdimensionalen (x_1, x_2, x_3, t)-Raum naturgemäß als Zufallsgrößen in dem in der Wahrscheinlichkeitsrechnung üblichen Sinne auffassen (hinsichtlich dieser Behandlungsweise siehe MILLIONSTSCHIKOW [1]). Mit $\overline{A}$ bezeichnen wir die mathematische Erwartung der Zufallsgröße A und nehmen an, daß

$$\overline{U_\alpha^2} \quad \text{und} \quad \overline{\left(\frac{\partial U_\alpha}{\partial x_\beta}\right)^2}$$

endlich und beschränkt in jedem beschränkten Teilbereich von G sind.

Im vierdimensionalen (x_1, x_2, x_3, t)-Raum führen wir dann die neuen Koordinaten

$$\left.\begin{aligned} y_\alpha &= x_\alpha - x_\alpha^{(0)} - U_\alpha(P^{(0)})(t - t^{(0)}), \\ s &= t - t^{(0)}, \end{aligned}\right\} \tag{1}$$

ein, wobei

$$P^{(0)} = (x_1^{(0)}, x_2^{(0)}, x_3^{(0)}, t^{(0)})$$

ein bestimmter fester Punkt aus dem Bereich G ist. Wir machen darauf aufmerksam, daß die Koordinaten y_α eines beliebigen Punktes P von den Zufallsgrößen $U_\alpha(P^{(0)})$ abhängen und daher selbst Zufallsgrößen sind. Die Geschwindigkeitskomponenten in den neuen Koordinaten sind gleich

$$W_\alpha(P) = U_\alpha(P) - U_\alpha(P^{(0)}). \tag{2}$$

Bei beliebigen festen Werten der Größen $U_\alpha(P^{(0)})$ seien die Punkte $P^{(k)}$ $(k = 1, 2, \ldots, n)$, die im Koordinatensystem (1) die Koordinaten $y_\alpha^{(k)}$ und $s^{(k)}$

[1]) Übersetzt aus: Доклады АН СССР, Bd. 30 (1941), № 4, S. 299.

haben, im Bereich G gelegen. Dann kann man ein $3n$-dimensionales bedingtes Wahrscheinlichkeitsverteilungsgesetz F_n für die Größen

$$W_\alpha^{(k)} = W_\alpha(P^{(k)}), \quad \alpha = 1, 2, 3; \quad k = 1, 2, \ldots, n$$

bei gegebenen

$$U_\alpha^{(0)} = U_\alpha(P^{(0)})$$

definieren.

Im allgemeinen hängt das Verteilungsgesetz F_n von den Parametern $x_\alpha^{(0)}$, $t^{(0)}$, $U_\alpha^{(0)}$, $y_\alpha^{(k)}$, $s^{(k)}$ ab.

Definition 1. Die Turbulenz bezeichnet man im Bereich G als „lokalhomogen", wenn das Verteilungsgesetz F_n für alle festen n, $y_\alpha^{(k)}$, $s^{(k)}$ von $x_\alpha^{(0)}$, $t^{(0)}$ und $U_\alpha^{(0)}$ unabhängig ist, falls sich alle Punkte $P^{(k)}$ in G befinden.

Definition 2. Die Turbulenz heißt im Bereich G „lokalisotrop", wenn sie homogen ist und wenn das in der Definition 1 erwähnte Verteilungsgesetz außerdem invariant gegenüber Drehungen und Spiegelungen des ursprünglichen (x_1, x_2, x_3)-Koordinatensystems ist.

Im Vergleich zu dem von Taylor [2] eingeführten Begriff der isotropen Turbulenz ist unsere Definition der lokalisotropen Turbulenz in der Hinsicht enger, daß in unserer Definition die Unabhängigkeit der Verteilungsgesetze F_n von $t^{(0)}$, d. h. zeitliche Stationarität, verlangt wird, und umfassender in der Hinsicht, daß lediglich den Verteilungsgesetzen der Geschwindigkeitsdifferenzen und nicht den Geschwindigkeiten selbst Beschränkungen auferlegt werden.

§ 2. Die Hypothese von der Isotropie im Sinne von Taylor hat im Falle der hinter einem Gitter erzeugten Turbulenz experimentell eine gute Bestätigung gefunden (S. [3]). In den meisten anderen praktisch interessierenden Fällen kann man sie aber auch für kleine Gebiete G und für sehr große Reynoldssche Zahlen nur als sehr grobe Annäherung an die Wirklichkeit betrachten.

Im Gegensatz dazu erscheint es dem Verfasser sehr wahrscheinlich, daß sich die Hypothese von der lokalen Isotropie einer beliebigen turbulenten Strömung mit genügend großer Reynoldsscher Zahl[1])

$$R = \frac{LU}{\nu}$$

in hinreichend kleinen Bereichen G des vierdimensionalen (x_1, x_2, x_3, t)-Raumes, die nicht in der Nähe der Berandungen oder anderer Ausnahmestellen der Strömung liegen, mit guter Annäherung bestätigt. Dabei versteht man unter einem „kleinen Bereich" einen Bereich, dessen lineare Abmessungen klein gegenüber L und dessen zeitliche Abmessungen klein gegenüber

$$T = \frac{U}{L}$$

sind.

[1]) Hier bedeuten L und U eine charakteristische Länge bzw. Geschwindigkeit des Strömungsvorganges.

Natürlich wird man die eben ausgesprochene Vermutung bei einer so allgemeinen und etwas unbestimmten Formulierung nicht exakt beweisen können[1]). Um eine experimentelle Kontrolle dieser Vermutung für die einzelnen Spezialfälle zu ermöglichen, führen wir im weiteren eine Reihe von Folgerungen aus der Hypothese der lokalen Isotropie an.

§ 3. Durch y werden wir einen Vektor mit den Komponenten y_1, y_2, y_3 bezeichnen. Wir betrachten dann die Zufallsgrößen

$$W_\alpha(y) = W_\alpha(y_1, y_2, y_3) = U_\alpha(x_1 + y_1, x_2 + y_2, x_3 + y_3, t) - U_\alpha(x_1, x_2, x_3, t). \quad (3)$$

Auf Grund der Annahme der lokalen Isotropie sind ihre Verteilungsgesetze von x_1, x_2, x_3 und t unabhängig. Für die Momente erster Ordnung der Größen $W_\alpha(y)$ ergibt sich aus der lokalen Isotropie, daß

$$\overline{W_\alpha(y)} = 0 \quad (4)$$

[1]) Hier stellen wir lediglich einige allgemeine Überlegungen zugunsten der ausgesprochenen Hypothese an. Bei sehr großem R kann man sich eine turbulente Strömung folgendermaßen vorstellen: der mittleren Strömung (die durch die mathematischen Erwartungen $\overline{U}_\alpha$ charakterisiert wird) wird eine Schwankungsbewegung „erster Ordnung" überlagert, die aus einer unregelmäßigen Hin- und Herbewegung der einzelnen Flüssigkeitsteilchen mit Durchmessern der Größenordnung $l^{(1)} = l$ besteht (l ist der PRANDTLsche Mischungsweg); die Ordnung der Geschwindigkeit dieser relativen Hin- und Herbewegung bezeichnen wir mit $v^{(1)}$. Die Schwankungsbewegung erster Ordnung ihrerseits erweist sich bei sehr großem R als labil; ihr ist eine Schwankungsbewegung „zweiter Ordnung" mit dem Mischungsweg $l^{(2)} < l^{(1)}$ und der relativen Geschwindigkeit $v^{(2)} < v^{(1)}$ überlagert; dieser Prozeß der schrittweisen Verkleinerung turbulenter Schwankungen findet so lange statt, bis die REYNOLDSsche Zahl

$$R^{(n)} = \frac{l^{(n)}\, v^{(n)}}{\nu}$$

für Schwankungen einer genügend hohen Ordnung n hinreichend klein wird, so daß der Einfluß der Zähigkeit auf die Schwankungen n-ter Ordnung bereits merklich wird und die Bildung der ihnen überlagerten Schwankungen $(n+1)$-ter Ordnung verhütet.

Vom energetischen Standpunkt aus kann man sich den Prozeß der turbulenten Vermischung folgendermaßen vorstellen: Die Turbulenzelemente erster Ordnung nehmen die Energie der mittleren Bewegung auf und übertragen sie sukzessive auf die Turbulenzelemente höherer Ordnung; die Energie der kleinsten Turbulenzelemente verwandelt sich dann infolge der Zähigkeit in Wärme.

Auf Grund der verworrenen Bewegungsübertragung von Turbulenzelementen niederer Ordnung auf Turbulenzelemente höherer Ordnung nimmt man naturgemäß an, daß innerhalb von Bereichen des Raumes, die im Vergleich zu $l^{(1)}$ klein sind, kleine Turbulenzelemente höherer Ordnung näherungsweise einem räumlich isotropen statistischen Regime unterworfen sind. Innerhalb von kleinen Zeitintervallen sieht man dieses Regime naturgemäß auch dann als näherungsweise stationär an, wenn die Strömung im ganzen gesehen nicht stationär ist.

Da bei sehr großem R die Differenzen

$$W_\alpha(P) = U_\alpha(P) - U_\alpha(P^{(0)})$$

der Geschwindigkeitskomponenten in nahegelegenen Punkten P und $P^{(0)}$ des vierdimensionalen (x_1, x_2, x_3, t)-Raumes fast ausschließlich durch die Turbulenzelemente der höheren Ordnungen bestimmt werden, führt uns die eben entwickelte Vorstellung gerade auf die Hypothese von der lokalen Isotropie in kleinen Bereichen G gemäß den Definitionen 1 und 2 des Paragraphen 1.

ist. Wir untersuchen deshalb die Momente zweiter Ordnung[1]):

$$B_{\alpha\beta}(y^{(1)}, y^{(2)}) = \overline{W_\alpha(y^{(1)})\, W_\beta(y^{(2)})}. \tag{5}$$

Aus der lokalen Isotropie folgt, daß

$$B_{\alpha\beta}(y^{(1)}, y^{(2)}) = \frac{1}{2}\left[B_{\alpha\beta}(y^{(1)}, y^{(1)}) + B_{\alpha\beta}(y^{(2)}, y^{(2)}) - B_{\alpha\beta}(y^{(2)} - y^{(1)}, y^{(2)} - y^{(1)})\right] \tag{6}$$

ist[2]).

Diese Formel gestattet es, sich auf Momente zweiter Ordnung von der Form $B_{\alpha\beta}(y, y)$ zu beschränken. Für sie gilt

$$B_{\alpha\beta}(y, y) = \overline{B}(r) \cos\theta_\alpha \cos\theta_\beta + \delta_{\alpha\beta} B_{nn}(r) \tag{7}$$

mit

$$r^2 = y_1^2 + y_2^2 + y_3^2,\ y_\alpha = r\cos\theta_\alpha,\ \delta_{\alpha\beta} = 0 \text{ für } \alpha \neq \beta,\quad \delta_{\alpha\beta} = 1 \text{ für } \alpha = \beta,$$

$$\overline{B}(r) = B_{dd}(r) - B_{nn}(r), \tag{8}$$

$$\left.\begin{aligned} B_{dd}(r) &= \overline{[W_1(r, 0, 0)]^2}, \\ B_{nn}(r) &= \overline{[W_2(r, 0, 0)]^2}. \end{aligned}\right\} \tag{9}$$

Für $r = 0$ erhalten wir

$$B_{dd}(0) = B_{nn}(0) = \frac{\partial}{\partial r} B_{dd}(0) = \frac{\partial}{\partial r} B_{nn}(0) = 0, \tag{10}$$

$$\left.\begin{aligned} \frac{\partial^2}{\partial r^2} B_{dd}(0) &= 2\,\overline{\left(\frac{\partial W_1}{\partial y_1}\right)^2} = 2a^2, \\ \frac{\partial^2}{\partial r^2} B_{nn}(0) &= 2\,\overline{\left(\frac{\partial W_2}{\partial y_1}\right)^2} = 2a_n^2. \end{aligned}\right\} \tag{11}$$

Die Formeln (6—11) wurden gewonnen, ohne die Voraussetzung der Inkompressibilität der Flüssigkeit zu verwenden. Hieraus ergibt sich die Gleichung

$$r\frac{\partial B_{dd}}{\partial r} = -2\overline{B}, \tag{12}$$

mit deren Hilfe man B_{nn} durch B_{dd} ausdrücken kann. Aus (12) und (11) ergibt sich

$$a_n^2 = 2a^2. \tag{13}$$

Ferner berechnet man leicht, daß (unter der Voraussetzung der Inkompressibilität) die mittlere Dissipationsenergie pro Zeit- und Masseneinheit gleich

$$\bar{\varepsilon} = \nu\left\{2\overline{\left(\frac{\partial W_1}{\partial y_1}\right)^2} + 2\overline{\left(\frac{\partial W_2}{\partial y_2}\right)^2} + 2\overline{\left(\frac{\partial W_3}{\partial y_3}\right)^2} + \overline{\left(\frac{\partial W_2}{\partial y_1} + \frac{\partial W_1}{\partial y_2}\right)^2} + \overline{\left(\frac{\partial W_3}{\partial y_2} + \frac{\partial W_2}{\partial y_3}\right)^2} + \overline{\left(\frac{\partial W_1}{\partial y_3} + \frac{\partial W_3}{\partial y_1}\right)^2}\right\} = 15\,\nu a^2 \tag{14}$$

ist.

[1]) Alle Ergebnisse des Paragraphen 3 sind denjenigen, die in [1], [2] und [4] für den Fall isotroper Turbulenz im Sinne von TAYLOR gewonnen wurden, ganz analog.

[2]) Beim Nachweis der Gültigkeit von (6) ist dem Feld $W_\alpha(y)$ eine für das Geschwindigkeitsfeld einer turbulenten Strömung immer gültige Beschränkung aufzuerlegen (siehe z. B. die Abhandlung von A. M. JAGLOM „Einige Klassen von Zufallsfeldern im n-dimensionalen Raum", Теория Вероятностей и ее применения (Wahrscheinlichkeitsrechnung und ihre Anwendungen), B. 2 Nr. 3 (1957), S. 292—338. — Anmerkung zur deutschen Übersetzung.

§ 4. Wir betrachten nun die Koordinatentransformation

$$y'_\alpha = \frac{y_\alpha}{\eta}, \quad s' = \frac{s}{\sigma}. \tag{15}$$

Die Geschwindigkeit, die kinematische Zähigkeit und die mittlere Dissipationsenergie lassen sich im neuen Koordinatensystem durch folgende Relationen ausdrücken:

$$W'_\alpha = W_\alpha \frac{\sigma}{\eta}, \quad \nu' = \nu \frac{\sigma}{\eta^2}, \quad \bar{\varepsilon}' = \varepsilon \frac{\sigma^3}{\eta^2}. \tag{16}$$

Wir stellen dann folgende Hypothese auf:

Erste Ähnlichkeitshypothese. *Die Verteilungen F_n für lokalisotrope Turbulenz werden eindeutig durch die Größen ν und $\bar{\varepsilon}$ bestimmt.*

Die Koordinatentransformation (15) mit

$$\eta = \lambda = \sqrt{\frac{\nu}{\alpha}} = \frac{\nu^{3/4}}{\bar{\varepsilon}^{1/4}}, \tag{17}$$

$$\sigma = \frac{1}{\alpha} = \sqrt{\frac{\nu}{\bar{\varepsilon}}} \tag{18}$$

führt auf die Größen $\nu' = 1$, $\bar{\varepsilon}' = 1$.

Die entsprechende Funktion

$$B'_{dd}(r') = \beta_{dd}(r') \tag{19}$$

muß daher auf Grund der angenommenen Ähnlichkeitshypothese für alle Fälle lokalisotroper Turbulenz dieselbe sein. Die Beziehung

$$B_{dd}(r) = \sqrt{\nu \bar{\varepsilon}}\, \beta_{dd}\left(\frac{r}{\lambda}\right) \tag{20}$$

zeigt in Verbindung mit früheren Darlegungen, daß sich die Momente zweiter Ordnung $B_{\alpha\beta}(y^{(1)}, y^{(2)})$ bei lokalisotroper Turbulenz eindeutig durch ν, $\bar{\varepsilon}$ und eine universelle Funktion β_{dd} darstellen lassen.

§ 5. Um den Verlauf der Funktion $\beta_{dd}(r')$ für große r' festzulegen, führen wir noch eine Hypothese ein:

Zweite Ähnlichkeitshypothese[1]. *Wenn die Absolutbeträge der Vektoren $y^{(k)}$ und ihrer Differenzen $y^{(k)} - y^{(k')}$ (mit $k \neq k'$) groß im Vergleich zu λ sind, dann werden die Verteilungsgesetze F_n eindeutig durch die Größe $\bar{\varepsilon}$ bestimmt und sind von ν unabhängig.*

[1]) In der Terminologie einer schematischen Darstellung der Turbulenz, wie sie in der Anmerkung 1 auf S. 73 entwickelt ist, bedeutet λ das Maß der kleinsten Turbulenzelemente, deren Energie infolge der Zähigkeit direkt in Wärme umgewandelt wird. Die Bedeutung der zweiten Ähnlichkeitshypothese besteht dann darin, daß die Energieübertragung von den größeren auf die kleineren Turbulenzelemente für alle dazwischenliegenden Turbulenzelemente mit $l^{(k)} > \lambda$ von der Zähigkeit unabhängig ist.

Wir setzen

$$y''_\alpha = \frac{y'_\alpha}{k^3}, \quad s'' = \frac{s'}{k^2}, \tag{21}$$

wobei sich y'_α und s' aus den Formeln (15), (17) und (18) bestimmen lassen. Da für jedes k

$$\bar{\varepsilon}' = \bar{\varepsilon}'' = 1$$

ist, gilt für ein im Vergleich zu $\lambda = 1$ großes r' wegen der eben aufgestellten Hypothese

$$B''_{dd}(r'') \sim B'_{dd}(r'') = \beta_{dd}\left(\frac{r'}{k^3}\right).$$

Andererseits folgt aus (20), daß

$$B''_{dd}(r'') = \frac{1}{k^2} B'_{dd}(r') = \frac{1}{k^2} \beta_{dd}(r')$$

ist.

Auf diese Weise hat man für große r' die asymptotische Darstellung

$$\beta_{dd}\left(\frac{r'}{k^3}\right) \sim \frac{1}{k^2} \beta_{dd}(r'),$$

woraus sich

$$\beta_{dd}(r') \sim C\,(r')^{2/3} \tag{22}$$

mit einer absoluten Konstante C ergibt. Auf Grund von (17), (20) und (22) erhält man für solche r, die gegenüber λ groß sind,

$$B_{dd}(r) \sim C\bar{\varepsilon}^{2/3} r^{2/3}. \tag{23}$$

Aus (23) und (12) kann man leicht herleiten, daß für r, die im Vergleich zu λ groß sind,

$$B_{nn}(r) \sim \frac{4}{3} B_{dd}(r) \tag{24}$$

gilt.

Im Hinblick auf die letzte Formel weisen wir darauf hin, daß für r-Werte, die im Vergleich zu λ *klein* sind, wegen (13) die Relation

$$B_{nn}(r) \sim 2 B_{dd}(r) \tag{25}$$

besteht.

Eingegangen am 28. 12. 1940

LITERATURVERZEICHNIS

[1] Миллионщиков, ДАН СССР. (MILLIONSTSCHIKOW, Ber. Akad. Wiss. UdSSR), Bd. XXII, Nr. 236 (1939).

[2] TAYLOR, Proc. Roy. Soc., A, Bd. 151, Nr. 429 (1935).

[3] Modern Developments in Fluid Dynamics. Edited by S. GOLDSTEIN, Bd. I, § 95, Oxford 1938.

[4] KÁRMÁN, Journ. Aeronaut. Sci., Bd. 4, Nr. 131 (1937).

A. N. KOLMOGOROV

Die Energiedissipation für lokalisotrope Turbulenz [1])

In meiner Arbeit [1] wurde der Begriff der lokalen Isotropie definiert, und es wurden die Größen

$$\left.\begin{aligned} B_{dd}(r) &= \overline{[u_d(M') - u_d(M)]^2}, \\ B_{nn}(r) &= \overline{[u_n(M') - u_n(M)]^2} \end{aligned}\right\} \tag{1}$$

eingeführt, wobei r den Abstand zwischen den Punkten M und M', $u_d(M)$ und $u_d(M')$ die Geschwindigkeitskomponenten in den Punkten M und M' bezüglich der Richtung $\overline{MM'}$ sowie $u_n(M)$ und $u_n(M')$ die Geschwindigkeitskomponenten in den Punkten M und M' bezüglich irgendeiner Senkrechten zur $\overline{MM'}$-Richtung bezeichnen.

Zur weiteren Untersuchung benötigen wir noch die Momente dritter Ordnung:

$$B_{ddd}(r) = \overline{[u_d(M') - u_d(M)]^3}. \tag{2}$$

Für lokalisotrope Turbulenz in einer inkompressiblen Flüssigkeit gilt dann analog der bekannten Kármánschen Gleichung für isotrope Turbulenz im Taylorschen Sinne die Beziehung

$$4\,\bar{\varepsilon} + \left(\frac{d B_{ddd}}{dr} + \frac{4}{r} B_{ddd}\right) = 6\,\nu \left(\frac{d^2 B_{dd}}{dr^2} + \frac{4}{r}\,\frac{d B_{dd}}{dr}\right). \tag{3}$$

Hierbei bezeichnet ε die mittlere Dissipationsenergie in der Zeit- und Masseneinheit. Die Gleichung (3) läßt sich in der Form

$$\left(\frac{d}{dr} + \frac{4}{r}\right)\left(6\,\nu \frac{d B_{dd}}{dr} - B_{ddd}\right) = 4\,\bar{\varepsilon} \tag{4}$$

schreiben, wobei sich mit Hilfe der Bedingung $\frac{d}{dr} B_{dd}(0) = B_{ddd}(0) = 0$

$$6\,\nu \frac{d B_{dd}}{dr} - B_{ddd} = \frac{4}{5}\bar{\varepsilon} r \tag{5}$$

ergibt.

Bekanntlich gilt für kleine r

$$B_{dd} \sim \frac{1}{15\,\nu}\bar{\varepsilon} r^2, \tag{6}$$

[1]) Übersetzt aus: Доклады АН СССР, Bd. 32, № 1 (1941), S. 19.

d. h.

$$6\nu \frac{dB_{dd}}{dr} \sim \frac{4}{5} \bar{\varepsilon} r.$$

Das zweite Glied der linken Seite von (5) wird somit für kleine r im Vergleich zu dem ersten beliebig klein. Umgekehrt kann man für große r das erste Glied gegenüber dem zweiten vernachlässigen, d. h. es gilt

$$B_{ddd} \sim -\frac{4}{5} \bar{\varepsilon} r. \tag{7}$$

Naturgemäß nimmt man an, daß für große r das Verhältnis

$$S = B_{ddd} : B_{dd}^{3/2} \tag{8}$$

besteht, d. h. die Asymmetrie der Wahrscheinlichkeitsverteilung für die Differenz

$$\Delta u_d = u_d(M') - u_d(M)$$

bleibt konstant. Unter dieser Annahme ergibt sich für große r

$$B_{dd} \sim C \bar{\varepsilon}^{2/3} r^{2/3}, \tag{9}$$

wobei

$$C = \left(-\frac{4}{5S}\right)^{2/3} \tag{10}$$

ist. Die Beziehung (9) wurde bereits in [1] mit Hilfe einiger anderer Überlegungen hergeleitet¹).

In [1] wurde das lokale Maß der Turbulenz

$$\lambda = \left(\frac{\nu^2}{\bar{\varepsilon}}\right)^{1/4} \tag{11}$$

eingeführt und die Annahme, daß

$$\left.\begin{aligned} B_{dd}(r) &= \sqrt{\nu\bar{\varepsilon}}\,\beta_{dd}\left(\frac{r}{\lambda}\right), \\ B_{nn}(r) &= \sqrt{\nu\bar{\varepsilon}}\,\beta_{nn}\left(\frac{r}{\lambda}\right) \end{aligned}\right\} \tag{12}$$

ist, begründet. Dabei sind β_{dd} und β_{nn} universelle Funktionen mit den asymptotischen Darstellungen

$$\beta_{dd}(\varrho) \sim \frac{1}{15}\varrho^2, \quad \beta_{nn}(\varrho) \sim \frac{2}{15}\varrho^2 \tag{13}$$

für kleine ϱ und

$$\beta_{dd}(\varrho) \sim C\varrho^{2/3}, \quad \beta_{nn}(\varrho) \sim \frac{4}{3} C\varrho^{2/3} \tag{14}$$

¹) A. M. OBUCHOW fand die Beziehung (9) unabhängig hiervon aus einer Berechnung der Energiebilanz der Schwankungen im Spektrum (siehe [2]). [Eine ausführliche Wiedergabe der Abhandlung [2] ist auf den Seiten 83—96 des vorliegenden Sammelbandes zu finden. — Anmerkung zur deutschen Übersetzung.]

für große ϱ. Bei isotroper Turbulenz im Sinne von TAYLOR müssen die Gesetze der lokalisotropen Turbulenz für Entfernungen gelten, die wesentlich kleiner als das Integralmaß L der Turbulenz sind (was seine zweckmäßige Definition anbelangt, siehe meine Arbeit [3]). Die Korrelationskoeffizienten

$$\left.\begin{aligned} R_{dd}(r) &= \left(\overline{u_d(M')\,u_d(M)}\right) : b\,, \\ R_{nn}(r) &= \left(\overline{u_n(M')\,u_n(M)}\right) : b\,, \end{aligned}\right\} \tag{15}$$

wobei b den quadratischen Mittelwert der Geschwindigkeitskomponenten bezeichnet, sind dann mit $B_{dd}(r)$ und $B_{nn}(r)$ durch die Relationen

$$\begin{aligned} B_{dd} &= 2b(1 - R_{dd}), \\ B_{nn} &= 2b(1 - R_{nn}) \end{aligned} \tag{16}$$

verknüpft.

Wegen (16) und (12) muß damit für r-Werte, die im Vergleich zu L klein sind,

$$\left.\begin{aligned} 1 - R_{dd} &\sim \frac{\sqrt{\nu\bar{\varepsilon}}}{2b}\,\beta_{dd}\left(\frac{r}{\lambda}\right), \\ 1 - R_{nn} &\sim \frac{\sqrt{\nu\bar{\varepsilon}}}{2b}\,\beta_{nn}\left(\frac{r}{\lambda}\right) \end{aligned}\right\} \tag{17}$$

gelten.

Ist r klein im Vergleich zu L, aber groß im Vergleich zu λ, so ergibt sich mit Hilfe von (14) und (11)

$$1 - R_{dd} \sim \frac{1}{2}\,C\,\bar{\varepsilon}^{2/3}\,b^{-1}\,r^{2/3}\,, \tag{18^1}$$

$$1 - R_{nn} \sim \frac{2}{3}\,C\,\bar{\varepsilon}^{2/3}\,b^{-1}\,r^{2/3}\,. \tag{18^2}$$

Die Formeln (18) erlauben eine Bestimmung der Konstanten C aus experimentellen Angaben. Sehr sorgfältige Messungen der Korrelationskoeffizienten R_{dd} und R_{nn} wurden von DRYDEN, SCHUBAUER, MOCK und SKRAMSTAD durchgeführt [4]. Nach folgender Umformung von (18^2)

$$1 - R_{nn} \sim 2\,C\,(k\,r)^{2/3}\,,\quad k = \bar{\varepsilon} : (3\,b)^{3/2} \tag{19}$$

berechnete ich aus der empirischen Formel (17) der Arbeit [4] diejenigen Werte des Koeffizienten k, die der Turbulenz im Abstand 40 M vom Gitter mit der Maschenweite M gleich 1″, 3¼″ und 5″ entsprechen. Dabei wurde in den Bezeichnungen aus [4]

$$b = \sqrt{\overline{u^2}}\,,\quad \bar{\varepsilon} = \frac{3}{2}\,U\,\frac{d\sqrt{\overline{u^2}}}{dx}$$

gesetzt. Mit diesen Werten für k stehen die Kurven der Abb. 5 aus [4], welche die Korrektur auf die Länge der Drähte berücksichtigen, gut im Einklang mit (19) für

$$C = \frac{3}{2} \tag{20}$$

und r-Werte, die nicht zu groß im Vergleich zu L sind. Das lokale Maß ist unter den Bedingungen der in [4] beschriebenen Experimente so klein, daß eine Abweichung von den Relationen (18) für kleine r nicht festgestellt werden konnte[1]).

Die Kurven der Abb. 28 aus [4] können nicht unmittelbar zur Bestimmung von C herangezogen werden, da an ihnen nicht die Korrektur auf die Länge der Drähte angebracht ist. Sie bestätigen jedoch mit befriedigender Genauigkeit für solche r, die klein gegenüber L sind, die aus (18) folgende Relation

$$(1 - R_{nn}) : (1 - R_{dd}) = \frac{4}{3}. \tag{21}$$

Unter Berücksichtigung der Korrektur auf die Länge der Drähte wurde für die Beziehung (21) in [4] der Wert 1,28 gewonnen (siehe [4], S. 29). Er liegt ebenfalls genügend nahe am theoretischen Wert $\frac{4}{3}$, wenn man berücksichtigt, daß die Meßgenauigkeit des Versuchs beschränkt ist.

[1]) In diesem Zusammenhang weisen wir noch darauf hin, daß man den von MILLIONSTSCHIKOW in [5] unternommenen Versuch, die Theorie der isotropen Turbulenz, in der die Momente dritter Ordnung vernachlässigt werden, auf die Beobachtungen aus [4] anzuwenden, als auf einem Mißverständnis beruhend anzusehen hat. Man erkennt leicht, daß unter den Beobachtungsverhältnissen von [4] in den Gleichungen, welche die Momente zweiter und dritter Ordnung miteinander verknüpfen, z. B. in der Gleichung (3), die Glieder mit Momenten zweiter Ordnung unvergleichlich kleiner sind als die Glieder mit Momenten dritter Ordnung.

In der Abb. 3 aus [5] ist der Vergleich der theoretischen Kurve für R_{nn} (die unter Vernachlässigung der dritten Momente gewonnen wurde) mit den experimentellen Angaben aus [4] falsch vorgenommen worden, da: 1. sich die verwendeten Angaben auf eine bestimmte Spektralkomponente der Schwankungen und nicht auf die vollen Schwankungen beziehen, 2. die experimentellen Angaben nicht der Bedingung $8\nu t = 7{,}56$ entsprechen, wodurch die theoretische Kurve bestimmt ist.

In einer späteren Arbeit [6] und in noch unveröffentlichten Arbeiten gab MILLIONSTSCHIKOW selbst nach eingehenden Untersuchungen, bei denen Momente dritter und vierter Ordnung benutzt werden, eine Abschätzung des Fehlers, den eine Vernachlässigung der Momente dritter Ordnung hervorruft.

Eingegangen am 30. 4. 1941

LITERATURVERZEICHNIS

[1] Колмогоров, А. Н., ДАН СССР. (Kolmogorov, A. N., Ber. Akad. Wiss. UdSSR). Bd. XXX, Nr. 299 (1941) [Siehe auch die S. 71—76 dieses Sammelbandes].

[2] Обухов, А. М., ДАН СССР. (Obuchow, A. M., Ber. Akad. Wiss. UdSSR), Bd. XXXII, Nr. 4 (1941).

[3] Колмогоров, А. Н., ДАН СССР. (Kolmogorov, A. N., Ber. Akad. Wiss. UdSSR), Bd. 31 (1941). [Siehe auch die S. 147—150 dieses Sammelbandes].

[4] Rep. NACA, Nr. 581 (1937).

[5] Миллионщиков, М. Д., ДАН СССР. (Millionstschikow, M. D., Ber. Akad. Wiss. UdSSR), Bd. XXII, Nr. 241 (1939).

[6] Миллионщиков, М. Д., ДАН СССР. (Millionstschikow, M. D., Ber. Akad. Wiss. UdSSR), Bd. XXVI, Nr. 3 (1940).

A. M. OBUCHOW

Über die Energieverteilung im Spektrum einer turbulenten Strömung[1])

In dieser Arbeit wird eine turbulente Strömung mit Hilfe der Methode der Spektralzerlegung untersucht. Es wird der Begriff des Spektrums einer Strömung und der Energieverteilung im Spektrum eingeführt. Die Funktion für die Energieverteilung wird aus Betrachtungen der Energiebilanz und der Stationarität eines turbulenten Feldes gewonnen. Die sich ergebenden Resultate gestatten eine theoretische Erklärung der bekannten RICHARDSONschen Abhängigkeit des „Austauschkoeffizienten" vom „Beobachtungsmaß".

In der vorliegenden Arbeit wird der Versuch gemacht, eine Spektraltheorie der Turbulenz aufzubauen. Die zugrunde liegende physikalische Vorstellung hatte RICHARDSON [1] schon im Jahre 1922: Im Geschwindigkeitsfeld einer turbulenten Strömung existieren Turbulenzelemente (Wirbel) verschiedener Größe; die Abmessungen der größten Turbulenzelemente sind durch das Maß L der Gesamtströmung beschränkt, während die Abmessungen der kleinsten Turbulenzelemente durch die Zähigkeit des Mediums bestimmt werden; die kleinen Turbulenzelemente existieren gewissermaßen auf Kosten der Energie der größeren[2]).

Ein Problem der Spektraltheorie ist das Studium der Verteilung der Energie über die Turbulenzelemente verschiedener Größe bei einem (statistisch) stationären Vorgang.

Einer der möglichen Wege zur Lösung dieses Hauptproblems ist, nach unserer Ansicht, die Untersuchung der Energiebilanz im Spektrum einer turbulenten

[1]) Übersetzt aus: Известия АН СССР, сер. географ. и. геофиз., № 4—5 (1941), S. 453.

[2]) Der in der folgenden Darlegung eingeschlagene Weg zur mathematischen Behandlung der RICHARDSONschen Vorstellungen wurde von A. N. KOLMOGOROV in einem Vortrag vorgeschlagen, den er im Institut für Theoretische Geophysik Ende 1939 gehalten hat. In diesem Vortrag wurde darauf hingewiesen, daß die für die mittleren Frequenzen im folgenden eingeführte Funktion $E(p)$ von der Gestalt $E(p) = Cp^{\alpha}$ sein muß. A. N. KOLMOGOROV gelang es im Jahre 1939 jedoch nicht, den Wert des Exponenten zu bestimmen. Wir zeigen unten mit Hilfe der Gleichung für die Energiebilanz, daß $\alpha = -\frac{2}{3}$ ist. Das gleiche Ergebnis kann man auch auf Grund von Ähnlichkeitsbetrachtungen erhalten, wie in einer Arbeit [2] von A. N. KOLMOGOROV dargelegt wurde. Diese Arbeit ist erst, nachdem die im folgenden angegebenen Resultate gefunden waren, veröffentlicht worden. Die sich auf die Gleichung der Energiebilanz stützende Schlußfolgerung klärt die physikalische Vorstellung der Energieübertragung von den größeren zu den kleineren Turbulenzelementen weiter auf.

Strömung: die Dissipationsenergie eines gewissen Spektralbereichs muß bei stationärem Vorgang gleich der Energie sein, die aus anderen Teilen des Spektrums zuströmt (Energietransformation).

1. Beim Studium der in ausgebildeter Turbulenz auftretenden Erscheinungen führt man zweckmäßigerweise den Begriff des „Beobachtungsmaßes" ein. Hierunter versteht man eine Länge, die für die zu untersuchende Erscheinung charakteristisch ist. Bei der Untersuchung der turbulenten Diffusion einer Rauchwolke in der Atmosphäre ist beispielsweise der Durchmesser dieser Wolke ein Beobachtungsmaß; bei der Ausbreitung des Schalls in der turbulenten Atmosphäre ist die Wellenlänge des Schalls ein Beobachtungsmaß; bei der Umströmung eines festen Körpers durch eine turbulente Strömung ist es eine charakteristische Abmessung dieses Körpers usw.

Die Erfahrung zeigt, daß der Einfluß der Turbulenz auf geometrisch ähnliche Erscheinungen in ein und derselben Strömung wesentlich von dem Beobachtungsmaß abhängt. Für die turbulente Diffusion wurde diese Abhängigkeit von RICHARDSON [3] untersucht und in der Gestalt einer funktionalen Abhängigkeit des Austauschkoeffizienten vom Beobachtungsmaß empirisch gefunden (siehe graphische Darstellung); bekanntlich ist die Ausbreitung des Schalls in der turbulenten Atmosphäre von der Wellenlänge abhängig [4]; schließlich ist auch die Abhängigkeit einer turbulenten Umströmung von den Abmessungen des Modells experimentell im Windkanal festgestellt worden.

Die angeführten Tatsachen können auf Grund der allgemeinen Vorstellungen von RICHARDSON erklärt werden, wenn man beachtet, daß die großen Turbulenzelemente (die größer als das Beobachtungsmaß sind) und die „kleinen" Turbulenzelemente (die kleiner als das Beobachtungsmaß sind) einen qualitativ verschiedenen Einfluß auf die zu untersuchende Erscheinung ausüben. So ist beispielsweise die mit der turbulenten Diffusion verbundene Vergrößerung des mittleren Abstandes zwischen den einzelnen Teilchen einer Wolke auf die „kleinen" Turbulenzelemente des Geschwindigkeitsfeldes zurückzuführen, während die „großen" Turbulenzelemente lediglich Konvektion, d. h. eine Schwerpunktverlagerung der Wolke, hervorrufen; die Diffraktionserscheinungen der Streuung einer Schallwelle bei ihrer Ausbreitung in der turbulenten Atmosphäre [5] hängen mit dem Vorhandensein der „kleinen" Turbulenzelemente zusammen, während die „großen" Turbulenzelemente eine Biegung des Schallstrahls nach den Gesetzen der geometrischen Akustik bewirken; analog sind die kritischen Erscheinungen bei der Umströmung eines Körpers nur auf das Vorhandensein „kleiner" Turbulenzelemente zurückzuführen, während die „großen" Turbulenzelemente lediglich Schwankungen der Umströmungsgeschwindigkeit verursachen.

Die angeführten Beispiele zeigen, daß es zweckmäßig ist, eine Aufteilung des Geschwindigkeitsfeldes einer turbulenten Strömung bezüglich eines gegebenen Beobachtungsmaßes l in eine Summe zweier Komponenten vorzunehmen: die „Makrokomponente", die alle „großen" Turbulenzelemente enthält, und die

„Mikrokomponente" — die Gesamtheit der „kleinen" Turbulenzelemente. Im Grunde genommen ruft nur die „Mikrokomponente" für eine Erscheinung von gegebenem Maß qualitativ neue Turbulenzprozesse hervor, die durch die volle Gesamtheit der kleinen Turbulenzelemente bedingt sind.

Obwohl diese Aufteilung an die REYNOLDSsche Zerlegung des Geschwindigkeitsfeldes in eine „mittlere Strömung" und ein ihr überlagertes „Schwankungsfeld" erinnert, ist doch gleichzeitig ein prinzipieller Unterschied vorhanden: die oben eingeführte Aufteilung des Geschwindigkeitsfeldes hat bedingten Charakter und hängt mit der Wahl eines bestimmten Beobachtungsmaßes zusammen.

Um die Aufteilung des Geschwindigkeitsfeldes festzulegen und auch um den Begriff des Spektrums einer turbulenten Strömung genau zu formulieren und für die mathematische Behandlung zugänglich zu machen, werden wir die Entwicklung des Geschwindigkeitsfeldes in ein FOURIERsches Integral heranziehen — ein Verfahren, das in der theoretischen Physik üblich ist.

2. Das Geschwindigkeitsfeld einer turbulenten Strömung werden wir als eine zufällige Vektorfunktion im Raum ansehen [2, 6].

Definition. Das Zufallsfeld einer physikalischen Größe A heißt homogen, wenn sich die Verteilungsgesetze der Funktionswerte von $A(\mathfrak{r})$ in den Punkten $M_1, M_2, \ldots, M_k$ bei Parallelverschiebung der Punkte $M_1, M_2, \ldots, M_k$ als starres System nicht ändern.

Das Geschwindigkeitsfeld $\mathfrak{v}(\mathfrak{r})$ werden wir als homogen annehmen, wobei wir einen bestimmten Fehler zulassen, der um so kleiner ist, je größer das Maß L der Gesamtströmung ist.

Ein homogenes Zufallsfeld $\mathfrak{v}(\mathfrak{r})$ läßt sich folgendermaßen in Form eines FOURIER-STIELTJESschen-Integrals darstellen:

$$\mathfrak{v}(\mathfrak{r}) = \iiint_{\Omega} e^{i(\mathfrak{r}\mathfrak{p})}\, \mathfrak{u}(d\Omega(\mathfrak{p})). \tag{1}$$

Dabei ist $i = \sqrt{-1}$, $\mathfrak{p}$ der Wellenvektor, Ω der dreidimensionale Raum aller „Frequenzen", d. h. aller Vektorwerte $\mathfrak{p}$ und $\mathfrak{u}(\Delta\Omega)$ eine Zufallsfunktion der Menge Ω, die den beiden Bedingungen

$$1)\ \mathfrak{u}(\Delta_1\Omega + \Delta_2\Omega) = \mathfrak{u}(\Delta_1\Omega) + \mathfrak{u}(\Delta_2\Omega) \quad \text{(Additivität)}, \tag{2}$$

$$2)\ \mathrm{M}\,[(\mathfrak{u}(\Delta_1\Omega)\,\mathfrak{u}^*(\Delta_2\Omega)] = 0 \quad \text{(Orthogonalität)} \tag{3}$$

$$\text{für } \Delta_1\Omega\,\Delta_2\Omega = 0$$

genügt (M ist das Symbol der mathematischen Erwartung und * das Zeichen für die konjugiert komplexe Größe).

Das Integral (1) wird über die Zufallsfunktion $\mathfrak{u}(\Delta\Omega)$ der Menge Ω genommen; es wird als stochastischer Limes im quadratischen Mittel der entsprechenden Summen definiert.

Auf Grund der Orthogonalitätsbedingung (3) ist der „Spektraltensor"

$$\boldsymbol{\Phi}(\Delta\Omega) = \mathrm{M}\,[\mathfrak{u}(\Delta\Omega)\,\mathfrak{u}^*(\Delta\Omega)] \tag{4}$$

oder in Komponenten

$$\Phi_{ij}(\Delta\Omega) = [\mathrm{M}\, u_i(\Delta\Omega)\, u_j^*(\Delta\Omega)]$$

eine additive Mengenfunktion. Definitionsgemäß ist der Spektraltensor hermitesch und positiv definit. Im folgenden werden wir die Existenz einer Spektraldichte $\Psi_{ij}(\mathfrak{p})$ voraussetzen. Der Spektraltensor läßt sich dann in Form des Integrals

$$\Phi_{ij}(\Delta\Omega) = \iiint_{\Delta\Omega} \Psi_{ij}(p_1, p_2, p_3)\, d\Omega \tag{5}$$

darstellen, wobei $d\Omega = dp_1\, dp_2\, dp_3$ das Volumenelement des Frequenzraumes ist.

Ein strenger Beweis für die Möglichkeit der Spektralzerlegung einer Zufallsfunktion einer Veränderlichen wurde von A. N. KOLMOGOROV [7] gegeben[1]). Für ein dreidimensionales Feld läßt sich dieser Beweis vollkommen analog unter Verwendung eines mehrfachen FOURIERschen Integrals durchführen.

Wir nehmen nun an, daß das Geschwindigkeitsfeld einer turbulenten Strömung in jedem Zeitpunkt durch das Integral (1) dargestellt wird, wobei die Zufallsfunktion $\mathfrak{u}(\Delta\Omega)$, die im Frequenzraum definiert ist, der Orthogonalitätsbedingung (3) genügt und im allgemeinen von der Zeit abhängig ist. Das in einer turbulenten Strömung vorhandene Geschwindigkeitsfeld kann man somit als Überlagerung „elementarer" harmonischer Schwankungen mit entsprechenden „elementaren Amplituden" $\mathfrak{u}(d\Omega)$ ansehen, die untereinander (statistisch) orthogonal sind. Der Betrag $|\mathfrak{p}| = p$ hat die Dimension cm^{-1} und bestimmt die Frequenz der Schwankung im Raum. Der Kehrwert $\frac{1}{p}$ kann als lineares Maß für die Schwankung dienen; er unterscheidet sich von der Wellenlänge nur um den Faktor $\frac{1}{2\pi}$.

Wegen der Orthogonalitätsbedingung (3) ist die Energie des gesamten Feldes gleich der Summe der Energieanteile der einzelnen Komponenten. Die skalare Funktion

$$\psi(\mathfrak{p}) = \frac{1}{2}\,\mathrm{Sp}\,\Psi(\mathfrak{p}) = \frac{1}{2}\sum_i \Psi_{ii}(p_1, p_2, p_3) = \frac{1}{d\Omega}\,\frac{M\,|\mathfrak{u}(d\Omega)|^2}{2} \tag{6}$$

kann physikalisch als Dichte der Energieverteilung im Frequenzraum interpretiert werden[2]). Die Energie des gesamten Feldes drückt sich als Integral von ψ über den Raum Ω aus:

$$E = \mathrm{M}\left(\frac{v^2}{2}\right) = \iiint_{-\infty}^{+\infty} \psi(p_1, p_2, p_3)\, dp_1\, dp_2\, dp_3. \tag{7}$$

Dafür, daß das Geschwindigkeitsfeld der Kontinuitätsbedingung $\operatorname{div} \mathfrak{v} = 0$ genügt, ist notwendig und hinreichend, daß $(\mathfrak{u}, \mathfrak{p}) = 0$ ist. Unter dieser Bedingung erfüllt der Spektraltensor die Identität

$$(\mathfrak{p}, \Psi(\mathfrak{p})\,\mathfrak{p}) = 0. \tag{8}$$

[1]) Siehe auch die Abhandlungen, welche in dem Artikel von A. M. JAGLOM auf S. 51 des vorliegenden Sammelbandes erwähnt sind. — Anmerkung zur deutschen Übersetzung.

[2]) Sp ist das Symbol für die Bildung der Spur eines Tensors.

Das Quadrat der Deformation des Geschwindigkeitsfeldes definieren wir durch die Relation

$$\left|\frac{d\mathfrak{v}}{dn}\right|^2 = 2\left(\frac{\partial v_1}{\partial x_1}\right)^2 + 2\left(\frac{\partial v_2}{\partial x_2}\right)^2 + 2\left(\frac{\partial v_3}{\partial x_3}\right) + \left(\frac{\partial v_2}{\partial x_3} + \frac{\partial v_3}{\partial x_2}\right)^2 + \\ + \left(\frac{\partial v_3}{\partial x_1} + \frac{\partial v_1}{\partial x_3}\right)^2 + \left(\frac{\partial v_1}{\partial x_2} + \frac{\partial v_2}{\partial x_1}\right)^2. \tag{9}$$

Unter Benutzung der Spektraldarstellung (1) und der Inkompressibilitätsbedingung (8) läßt sich dann das quadratische Mittel der Deformation für ein homogenes Feld leicht berechnen:

$$\mathrm{M}\left|\frac{\partial\mathfrak{v}}{\partial n}\right|^2 = \iiint_{\Omega} \mathfrak{p}^2\, \mathrm{Sp}\, \Psi(\mathfrak{p})\, d\Omega = 2\iiint_{\Omega} p^2 \psi(p_1, p_2, p_3)\, dp_1\, dp_2\, dp_3. \tag{10}$$

Durch Integration der Funktion $\psi(p_1, p_2, p_3)$ über die Kugeloberfläche $\mathfrak{p}^2 = p^2$ erhalten wir die Spektralverteilung der Energie

$$\varphi(p) = \iint_{\substack{(S)\\ p_1^2+p_2^2+p_3^2=p^2}} \psi(p_1, p_2, p_3)\, dS. \tag{11}$$

Diese Funktion $\varphi(p)$ ist ein Analogon zur bekannten PLANCKschen Funktion für die Energieverteilung im Spektrum des schwarzen Körpers.

Die gesamte Energie und das quadratische Mittel der Deformation lassen sich direkt durch die Verteilungsfunktion φ darstellen:

$$E = \mathrm{M}\left(\frac{v^2}{2}\right) = \int \varphi(p)\, dp, \tag{12}$$

$$\Delta = \mathrm{M}\left|\frac{d\mathfrak{v}}{dn}\right|^2 = 2\int p^2 \varphi(p)\, dp. \tag{13}$$

3. Sei l ein beliebiges Beobachtungsmaß, welches klein im Vergleich zur Gesamtausdehnung L der Strömung ist. Wir führen dann die „Beobachtungsfrequenz"

$$p = \frac{1}{l}$$

ein und bestimmen eine Aufteilung des Geschwindigkeitsfeldes einer turbulenten Strömung in zwei orthogonale Komponenten:

$$\mathfrak{v}(\mathfrak{r}) = {}^{(p)}\bar{\mathfrak{v}}(\mathfrak{r}) + {}^{(p)}\mathfrak{v}'(\mathfrak{r}),$$

mit

$${}^{(p)}\bar{\mathfrak{v}} = \iiint_{k_1^2+k_2^2+k_3^2<p^2} e^{i(\mathfrak{r}\mathfrak{k})}\, \mathfrak{u}\,[d\Omega(k_1, k_2, k_3)] \quad \text{— die „Makrokomponente";} \tag{14}$$

$${}^{(p)}\mathfrak{v}' = \iiint_{k_1^2+k_2^2+k_3^2>p^2} e^{i(\mathfrak{r}\mathfrak{k})}\, \mathfrak{u}\,[d\Omega(k_1, k_2, k_3)] \quad \text{— die „Mikrokomponente".} \tag{15}$$

Den veränderlichen Wellenvektor haben wir der Bequemlichkeit halber durch einen neuen Buchstaben bezeichnet. Die Makrokomponente enthält die „großen" Turbulenzelemente der Abmessung

$$x = \frac{1}{|k|} \geqslant l$$

und entsprechend die Mikrokomponente die „kleinen" Turbulenzelemente der Abmessung kleiner als l.

Wegen der Orthogonalitätsbedingung (3) ist die Energie des gesamten Feldes gleich der Summe der Energieanteile der Makro- und der Mikrokomponente. Gemäß (12) und (13) lassen sich die mittlere Energie und die Deformation des Mikrofeldes sowie die mittlere Deformation des Makrofeldes durch folgende Beziehungen ausdrücken:

$$E(p) = \mathrm{M}\,\frac{{}^{(p)}\mathfrak{v}'^2}{2} = \int_p^\infty \varphi(k)\,dk, \tag{16}$$

$$\Delta'(p) = \mathrm{M}\left|\frac{d\,{}^{(p)}\mathfrak{v}'}{dn}\right|^2 = 2\int_p^\infty k^2\varphi(k)\,dk, \tag{17}$$

$$\bar{\Delta}(p) = \mathrm{M}\left|\frac{d\,{}^{(p)}\bar{\mathfrak{v}}}{dn}\right|^2 = 2\int_0^p k^2\varphi(k)\,dk; \tag{18}$$

$E(p)$ ist die gesamte Energie der Mikrokomponente.

Mit $T(p)$ bezeichnen wir die „Transformation" — die Energiemenge, die im Mittel pro Zeiteinheit aus dem Bereich der kleinen Frequenzen des Spektrums (der Makrokomponente) in den Bereich der großen Frequenzen (die Mikrokomponente) übergeht. Für die Mikrokomponente des Geschwindigkeitsfeldes kann man dann folgende Gleichung für die Energiebilanz aufstellen:

$$T(p) = D(p) + \frac{\partial}{\partial t} E(p); \tag{19}$$

dabei bedeutet $D(p)$ den Mittelwert der Energiedissipation im Bereich der großen Frequenzen, der nach der bekannten STOKESschen Formel berechnet wird:

$$D(p) = \nu\mathrm{M}\left[2\left(\frac{\partial\,{}^{(p)}v_1'}{\partial x_1}\right)^2 + 2\left(\frac{\partial\,{}^{(p)}v_2'}{\partial x_2}\right)^2 + \cdots + \left(\frac{\partial\,{}^{(p)}v_1'}{\partial x_2} + \frac{\partial\,{}^{(p)}v_2'}{\partial x_1}\right)^2\right] =$$

$$= \nu\,{}^{(p)}\Delta'(p) = 2\nu\int_p^\infty k^2\varphi(k)\,dk. \tag{20}$$

Für einen (statistisch) stationären Vorgang gilt

$$\frac{\partial E(p)}{\partial t} = 0, \tag{21}$$

und die Gleichung (19) der Energiebilanz vereinfacht sich entsprechend.

4. Die größten prinzipiellen Schwierigkeiten bereitet die Gewinnung eines Ausdruckes für die Energietransformation. Die Tatsache der Energietransformation in einer turbulenten Strömung läßt sich aus der Nichtlinearität der hydrodynamischen Bewegungsgleichungen erklären; in einem linearen Schwingungssystem findet kein Energieaustausch zwischen verschiedenen Frequenzen statt. REYNOLDS hat als erster darauf hingewiesen, daß die Nichtlinearität der hydrodynamischen Bewegungsgleichungen als Ursache der Energietransformation in einer turbulenten Strömung anzusehen ist, und gab eine Methode zur Untersuchung dieses Prozesses [8] an. Wir werden im wesentlichen der Methode von REYNOLDS folgen.

Die Bewegungsgleichungen für eine zähe, inkompressible Flüssigkeit kann man in der Form:

$$\left.\begin{aligned} \frac{\partial \mathfrak{v}}{\partial t} &= \operatorname{div}(\Pi - \mathfrak{v}\cdot\mathfrak{v}), \\ \operatorname{div}\mathfrak{v} &= 0 \end{aligned}\right\} \tag{22}$$

schreiben. Dabei ist

$$\Pi = -\frac{\pi}{\varrho} I + \nu(\nabla\mathfrak{v} + \nabla^*\mathfrak{v}),$$

I das Symbol für den Einheitstensor, π der Druck, ϱ die Dichte und ν die kinematische Zähigkeit.

Durch Darstellung des Geschwindigkeitsfeldes als Summe der orthogonalen Makro- und Mikrokomponente und bei Anwendung des Operators $M_{[\bar{\mathfrak{v}}]}$ — der bedingten mathematischen Erwartung bei festen Werten der Makrokomponente — auf das Gleichungssystem erhalten wir ein Analogon zu den REYNOLDSschen Gleichungen

$$\mathrm{M}_{[\bar{\mathfrak{v}}]}\frac{\partial \mathfrak{v}}{\partial t} = \operatorname{div}[\Pi + {}^{(p)}\Pi'_{[\bar{\mathfrak{v}}]} - {}^{(p)}\bar{\mathfrak{v}}\,{}^{(p)}\bar{\mathfrak{v}}], \quad \operatorname{div}\mathfrak{v} = 0, \tag{23}$$

wobei der Tensor

$${}^{(p)}\Pi'_{[\bar{\mathfrak{v}}]} = -\,\mathrm{M}_{[\bar{\mathfrak{v}}]}\left\{{}^{(p)}\mathfrak{v}'\,{}^{(p)}\mathfrak{v}'\right\}$$

(eine Funktion der Frequenz p und der Makrokomponente) ein Analogon zu den REYNOLDSschen Spannungen darstellt.

Führt man nun den Operator der vollständigen Differentiation nach der Zeit bezüglich des Geschwindigkeitsfeldes der Makrokomponente

$$\frac{d}{dt} = \frac{\partial}{\partial t} + ({}^{(p)}\bar{\mathfrak{v}}\,\nabla),$$

ein, so kann man die Gleichung (23) in folgender Form schreiben:

$$\mathrm{M}_{[\bar{\mathfrak{v}}]}\frac{d\,{}^{(p)}\bar{\mathfrak{v}}}{dt} = \operatorname{div}[\Pi + {}^{(p)}\Pi'_{[\bar{\mathfrak{v}}]} - {}^{(p)}\bar{\mathfrak{v}}\,{}^{(p)}\bar{\mathfrak{v}}]. \tag{23a}$$

Die Gleichung (23) bestimmt die „wahrscheinliche“ Änderung des Geschwindigkeitsfeldes der Makrokomponente. Analog läßt sich die wahrscheinliche, auf die Masseneinheit bezogene Änderung der kinetischen Energie der Makrokomponente darstellen:

$$\mathrm{M}_{[\bar{\mathfrak{v}}]}\frac{d}{dt}\left(\frac{{}^{(p)}\bar{\mathfrak{v}}^2}{2}\right) = \operatorname{div}[(\Pi + {}^{(p)}\Pi'_{[\bar{\mathfrak{v}}]})\,{}^{(p)}\bar{\mathfrak{v}}] - [(\Pi\,\nabla{}^{(p)}\bar{\mathfrak{v}})] - [({}^{(p)}\Pi'_{[\bar{\mathfrak{v}}]}\nabla{}^{(p)}\bar{\mathfrak{v}})]. \tag{24}$$

Die doppelte eckige und runde Klammer deutet symbolisch das Ergebnis der Faltung zweier Tensoren an:

$$[(\mathfrak{A}\mathfrak{B})] = \sum_{i,\,k} \mathrm{A}_{ik} B_{ki}.$$

Integriert man (24) über ein beliebiges Volumen τ und berechnet man die Differenz zwischen der Arbeit der Oberflächenkräfte einerseits und dem Zuwachs an kinetischer Energie plus Dissipationsenergie (das Glied $[(\Pi\, \nabla^{(p)} \bar{\mathfrak{v}})]$) andererseits, so gelangt man, auf Grund des Gesetzes von der Erhaltung der Energie zu folgendem Ausdruck für die Energietransformation unter der Bedingung eines festen Makrogeschwindigkeitsfeldes:

$$T_{[(p)_{\bar{\mathfrak{v}}}]} = [({}^{(p)}\Pi'_{[\bar{\mathfrak{v}}]}\, \nabla^{(p)}\bar{\mathfrak{v}})]; \tag{25}$$

für die mittlere Energietransformation erhalten wir den Ausdruck

$$T(p) = \mathrm{M}\left(T_{[(p)_{\bar{\mathfrak{v}}}]}\right) = \mathrm{M}\,[(\mathrm{M}_{[\bar{\mathfrak{v}}]} \left\{{}^{(p)}\mathfrak{v}'\, {}^{(p)}\mathfrak{v}'\right\} \nabla^{(p)}\bar{\mathfrak{v}})]. \tag{26}$$

Somit ist die Energietransformation proportional zum Deformationstensor des Geschwindigkeitsfeldes der Makrokomponente und zu den Reynoldsspannungen der Mikrokomponente; letztere kann man proportional zur mittleren Energie der Mikrokomponente annehmen. Ziehen wir nun die mittlere Deformation des Makrofeldes zur Untersuchung heran, so können wir die rechte Seite von (26) in der Form:

$$\mathrm{M}\left[\left(\mathrm{M}_{[(p)_{\bar{\mathfrak{v}}}]} \left\{{}^{(p)}\mathfrak{v}'\, {}^{(p)}\mathfrak{v}'\right\} \left\{\nabla^{(p)}\bar{\mathfrak{v}}\right\}\right)\right] = \sqrt{2}\, \varkappa\, E(p)\, [\bar{\Delta}(p)]^{1/2}, \tag{27}$$

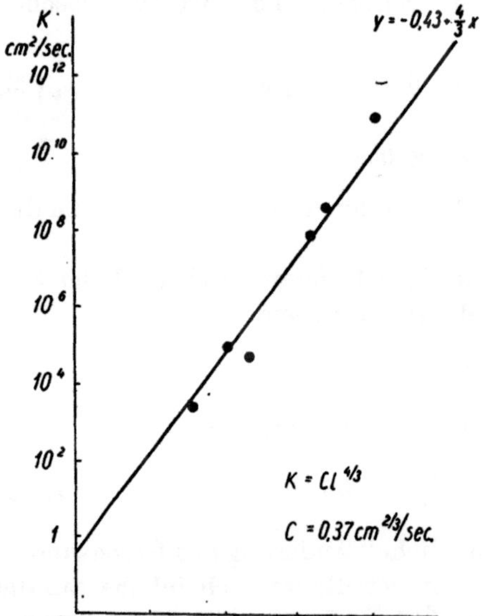

Abhängigkeit des Austauschkoeffizienten vom Beobachtungsmaß nach Richardson.

schreiben, wobei $\varkappa$ ein dimensionsloser Koeffizient der Ordnung Eins ist, der durch die Größe der Korrelationen bestimmt wird, die zwischen den Vektorkomponenten des Mikrogeschwindigkeitsfeldes unter Einwirkung des Deformationsfeldes der Makrokomponente auftreten. Setzt man voraus, daß der Charakter dieser Korrelation vollständig durch den Deformationstensor des Makrofeldes bestimmt wird, wobei die Größe der Korrelationskoeffizienten von der Frequenz p unabhängig ist (d. h. eine gewisse innere Ähnlichkeit der Energietranformationsprozesse für verschiedene Frequenzen vorliegt), dann kann man $\varkappa$ als konstant ansehen. Unter dieser Annahme erhalten wir als endgültigen

Ausdruck für die Energietransformation:

$$T(p) = 2\varkappa E(p)\,[\overline{\Delta}(p)]^{1/2}, \tag{28}$$

wobei $\varkappa$ einen Zahlenfaktor der Ordnung Eins darstellt.

Führt man nun in (28) die Spektralfunktion der Energieverteilung $\varphi(p)$ gemäß (16), (17) und (18) ein und setzt man den sich ergebenden Ausdruck und den für die Energiedissipation (20) in die Energiebilanzgleichung (19) ein, so erhält man die gewünschte Gleichung der spektralen Energiebilanz für einen stationären Vorgang:

$$\varkappa\left[\int_0^p k^2\,\varphi(k)\,dk\right]^{1/2}\int_p^\infty \varphi(k)\,dk = \nu\int_p^\infty k^2\,\varphi(k)\,dk. \tag{29}$$

Diese Gleichung hat nur für $p \geqq p_0$ einen Sinn, wobei p_0 durch die Gesamtausdehnung der Strömung bestimmt wird: $p_0 \sim \frac{1}{L}$; für die vorläufige theoretische Behandlung können wir jedoch L als beliebig groß ansehen.

5. Die Grundgleichung der spektralen Energiebilanz (29) läßt sich mit elementaren Methoden lösen. Durch Übergang zu den früheren Bezeichnungen $E(p)$ und $D(p)$ schreiben wir die Gleichung (29) in der Form:

$$E(p) = \frac{\nu^{1/2}\,D(p)}{\varkappa\,[D_0 - D(p)]^{1/2}} \tag{30}$$

mit $D_0 = D(0)$. Differenziert man (30) und beachtet, daß

$$D'(p) = \nu p^2 E'(p)$$

gilt, so erhält man

$$E'(p) = \frac{\nu^{1/2}}{\varkappa}\left[\frac{1}{[D_0 - D(p)]^{1/2}} + \frac{1}{2}\,\frac{D(p)}{[D_0 - D(p)]^{3/2}}\right]\nu p^2 E'(p) = -\varphi(p).$$

Wenn die Dichte der Energieverteilung im Spektrum $\varphi(p) \neq 0$ ist, so gelangen wir zur folgenden endgültigen Gleichung:

$$\frac{\nu^{3/2}\,p^2}{\varkappa D_0^{1/2}}\left[\frac{D_0^{1/2}}{[D_0 - D(p)]^{1/2}} + \frac{1}{2}\,\frac{D(p)\,D_0^{1/2}}{[D_0 - D(p)]^{3/2}}\right] = 1. \tag{31}$$

Aus dem System der beiden Gleichungen (30) und (31) kann man dann die unbekannten Funktionen $E(p)$ und $D(p)$ bestimmen, die wegen ihrer physikalischen Bedeutung offenbar nicht negativ sein können. Um die Ergebnisse bequem darstellen zu können, führt man eine „charakteristische Frequenz"

$$p^* = \sqrt[4]{\frac{D_0}{\nu^3}}$$

und dimensionslose Funktionen $f(y)$ und $g(y)$ folgendermaßen ein:

$$E(p) = \sqrt[3]{2}\,\varkappa^{-2/3}\,D_0^{2/3}\,p^{-5/3}\,f\left(\frac{p}{p_1}\right), \tag{32}$$

$$D(p) = D_0\,g\left(\frac{p}{p_1}\right); \tag{33}$$

dabei ist D_0 die gesamte Dissipationsenergie in der Masseneinheit, die offenbar gleich dem Energiezufluß aus Nebenquellen ist, während $p_1 = \sqrt{\varkappa}\, p^*$ die Frequenz ist, welche die obere Grenze des Spektrums bestimmt; denn es gilt $f(1) = g(1) = 0$, und demzufolge $E(p_1) = D(p_1) = 0$.

Nach Definition von $E(p)$ und $D(p)$ gilt für größere Frequenzen als p_1

$$\varphi(p) \equiv 0, \quad p \geqslant p_1. \tag{34}$$

Der Kehrwert

$$\lambda = \frac{1}{p_1} = \frac{1}{\sqrt{\varkappa}} \sqrt[4]{\frac{\nu^3}{D_0}} \tag{35}$$

definiert die „minimale Abmessung" eines Turbulenzelementes bei der Zähigkeit ν und dem gegebenen Energiezufluß D_0.

Die Funktion $g(y)$ wird auf dem Intervall [0, 1] als positive Lösung der Gleichung

$$(1 - g)^3 = y^4 \left(1 - \frac{g}{2}\right)^2 \tag{36}$$

definiert; die Funktion $f(y)$ läßt sich dann durch $g(y)$ ausdrücken:

$$f = \frac{g}{(2 - g)^{1/3}}. \tag{37}$$

Wie man sich leicht überzeugt, ist

$$f(0) = g(0) = 1.$$

Für Frequenzen, die im Vergleich zur oberen Grenze des Spektrums klein sind, ergibt sich daher

$$E(p) \approx \sqrt[3]{2}\, \varkappa^{-2/3} D_0^{1/3} p^{-2/3}, \tag{38}$$

$$D_0(p) \approx D_0 = \text{const.} \quad \text{für } p \ll p_1.$$

Somit gilt für kleine Frequenzen, bei denen die Zähigkeit für die Energie der Mikrokomponente keine Rolle mehr spielt, das „Zweidrittel-Gesetz"

$$E(p) = C p^{-2/3} = C l^{2/3}, \tag{38a}$$

wobei l das Beobachtungsmaß ist.

Bisher haben wir faktisch nicht die Beschränkheit der Strömung — das Vorhandensein fester Wände — berücksichtigt. Der Einfluß dieses Faktors kann näherungsweise berechnet werden, sobald man die untere Spektralgrenze — die Frequenz p_0 — bzw. die maximale Abmessung l_0 eines Turbulenzelementes einführt, die durch die geometrische Beschaffenheit der Strömung bestimmt wird; l_0 ist ein Analogon zum PRANDTLschen Mischungsweg.

Wir nehmen nun an, daß es eine mittlere Strömung (im üblichen Sinne) mit der Frequenz Null gibt und daß das Spektrum der turbulenten Komponente nach unten durch die Frequenz p_0 beschränkt ist, weil Turbulenzelemente mit kleinerer Frequenz und dementsprechend großer Abmessung wegen der Beschränktheit der Strömung nicht entstehen können.

Für Frequenzen, die größer als p_0 sind, werden wir die Gültigkeit der früher gemachten Annahmen voraussetzen. Die Gleichung der Energiebilanz kann dann in der Form

$$\varkappa\left[\frac{1}{2}\left(\frac{du_0}{dn}\right)^2+\int\limits_{p_0}^{p}k^2\,\varphi(k)\,dk\right]^{1/2}\int\limits_{p}^{\infty}\varphi(k)\,dk=\nu\int\limits_{p}^{\infty}k^2\,\varphi(k)\,dk, \tag{39}$$

geschrieben werden, wobei $\frac{du_0}{dn}$ der Gradient des mittleren Geschwindigkeitsfeldes ist. Die Lösung dieser Gleichung unter der Bedingung $p_0 \leqq p \leqq p_1$ führt auf die Beziehung

$$E(p_0) = \mathrm{M}(\mathfrak{v}')^2 = \left(\frac{du_0}{dn}\right)^2 l_0^2 \tag{40}$$

mit $\mathfrak{v}' = {}^{(p_0)}\mathfrak{v}'$, die mit dem bekannten PRANDTLschen Ansatz übereinstimmt.

6. Die oben ermittelte spektrale Verteilung der Energie kann bei der theoretischen Untersuchung der obengenannten Abhängigkeit zwischen dem Beobachtungsmaß und dem Einfluß der Turbulenz auf den zu untersuchenden Prozeß Verwendung finden.

Als Beispiel betrachten wir die Erscheinung der turbulenten Diffusion in der Atmosphäre. Es werde die Auflösung einer kugelförmigen Wolke vom Durchmesser X beobachtet. Im Falle der klassischen molekularen Diffusion ist das quadratische Mittel $\overline{X^2}$ eine lineare Funktion der Zeit; in Analogie zum molekularen Diffusionskoeffizienten bezeichnen wir die Ableitung

$$K = \frac{d}{dt}\,\overline{X^2}\big|_{x=l} \tag{41}$$

als „turbulenten Austauschkoeffizienten", d. h. es wird die mittlere Geschwindigkeit der Zunahme des Wolkendurchmesserquadrats für eine statistische Gesamtheit von Wolken betrachtet, die im Anfangsmoment die Abmessung l (Beobachtungsmaß) haben. In dieser Form wird der „Austauschkoeffizient" beispielsweise in der Meteorologie definiert. Der durch (41) formal definierte Austauschkoeffizient wird natürlich nicht konstant, sondern eine Funktion des Beobachtungsmaßes l sein.

Die Form dieser Abhängigkeit kann am einfachsten durch dimensionsanalytische Betrachtungen ermittelt werden. Wir nehmen an, daß l hinreichend groß im Vergleich zum Maß λ der kleinsten Turbulenzelemente ist. Dann wird der Kehrwert $\frac{1}{l}$ in dem Frequenzbereich liegen, in dem für die Energieverteilung das „Zweidrittel-Gesetz" (38) gilt. Letzteres wird vollständig durch die Konstante

$$C = \sqrt[3]{2}\,\varkappa^{-2/3}\,D_0^{2/3}$$

der Verteilung bestimmt, die von der Dimension $[C] = \mathrm{cm}^{4/3}\,\mathrm{sec}^{-2}$ ist.

Der „Austauschkoeffizient" wird durch Vorgabe der Verteilungskonstante C und durch das Beobachtungsmaß l vollkommen bestimmt,

$$K = f(C, l)$$

und hat die Dimension $[K] = \mathrm{cm}^2\,\mathrm{sec}^{-1}$.

Ein Vergleich der Dimensionen von K, C und l zeigt, daß die einzig mögliche Abhängigkeit des Austauschkoeffizienten K von C und l, die der Forderung nach Dimensionsgleichheit nachkommt, durch

$$K = k\sqrt{C}\, l^{4/3} \tag{42}$$

ausgedrückt wird, wobei k ein Zahlenfaktor ist.

Die Relation (42) kann man auch aus einer Untersuchung der mittleren Geschwindigkeit erhalten, mit der sich die Wolkenteilchen voneinander entfernen. Die mittlere Geschwindigkeit berechnet man dabei direkt aus der spektralen Verteilung der Energie.

Die Abhängigkeit des Austauschkoeffizienten vom Beobachtungsmaß wurde von Richardson [3] untersucht, und zwar hat er rein empirisch eine Formel erhalten, die mit der Beziehung (42) übereinstimmt. Nach Richardson ist

$$K = C_1\, l^{4/3}$$

mit $C_1 = 0{,}37\ \mathrm{cm}^{2/3}\,\mathrm{sec}^{-1}$.

Der Koeffizient C_1 ist theoretisch mit der gesamten Dissipationsenergie verknüpft:

$$C_1 = k_1\, D_0^{1/3};$$

dabei ist k_1 ein Zahlenfaktor von der Größenordnung eins.

Der Mittelwert D_0 für die ganze Erdatmosphäre kann näherungsweise abgeschätzt werden, indem man von dem Wert der Sonnenkonstanten ausgeht.

Wegen der Konstanz des Mittelwertes der kinetischen Energie in der Atmosphäre muß die mittlere Dissipationsenergie der gesamten Atmosphäre gleich der Umwandlung der Sonnenenergie in kinetische Energie sein. Nach Brunt [9] werden zwei Prozent der Sonnenenergie in kinetische Energie der Luftmassen umgewandelt.

Berechnen wir unter Benutzung der Abschätzung von Brunt die Dissipationsenergie pro Masseneinheit der Atmosphäre in der Zeiteinheit, so erhalten wir

$$D_0 = 5\,\frac{\mathrm{erg}}{\mathrm{g\,sec}} = 5\ \mathrm{cm}^2/\mathrm{sec}^3,$$

woraus

$$D_0^{1/3} = 1{,}7\ \mathrm{cm}^{2/3}/\mathrm{sec}$$

folgt; d. h. es ergibt sich eine Größe derselben Ordnung wie C nach Richardson. Dieser Tatbestand ist auch eine indirekte Kontrolle der entwickelten Theorie.

7. In der vorliegenden Arbeit haben wir uns auf die einfachsten Anwendungen der Spektraltheorie der Turbulenz beschränkt. Die Bilanzgleichung kann noch durch Einführung eines Zusatzgliedes verallgemeinert werden, das die Mischungsenergie bei der Entwicklung der Turbulenz in einem Medium mit über der Höhe inhomogener Dichte berücksichtigt. Auf dem Wege zur Lösung dieser Gleichung sind gewisse Schwierigkeiten berechnungsmäßigen Charakters aufgetreten, deren Überwindung es anscheinend gestattet, das Problem des Turbulenzstudiums in einer Atmosphäre mit konstantem vertikalen Temperaturgradienten zu behandeln.

Institut für theoretische Geophysik
an der Akademie der Wissenschaften der UdSSR

Eingegangen am 28. 4. 1941

LITERATURVERZEICHNIS

[1] Richardson, L. F., Weather prediction of numerical method, Cambr. Univ. Press. 1922.

[2] Колмогоров, А. Н., Локальная структура турбулентности. ДАН СССР. (Kolmogorov, A. N., Die lokale Struktur der Turbulenz. Ber. Akad. Wiss. UdSSR), Bd. 30, Nr. 4, S. 299 (1941) [Siehe auch die S. 71—76 dieses Sammelbandes].

[3] Richardson, L. F., Atmospheric. diffusion shown on a distance-neighbour graph. Proc. Roy. Soc., Ser. A, Bd. 110, S. 709—727 (1926).

[4] Stewart, The propagation of sound. Physical Reviews, Bd. 14 (1919).

[5] Обухов, А. М., О рассеянии звука в турбулентном потоке. ДАН СССР. (Obuchow, A. M., Über die Streuung des Schalls in einer turbulenten Strömung. Ber. Akad. Wiss. UdSSR), Bd. 30, Nr. 7, S. 611 (1941).

[6] Миллионщиков, М. Д., Вырождение однородной изотропной турбулентности. ДАН СССР. (Millionstschikow, M. D., Entartung der homogenen isotropen Turbulenz. Ber. Akad. Wiss. UdSSR), Bd. 22, Nr. 5, S. 236 (1939).

[7] Колмогоров, А. Н., Кривые в гильбертовом пространстве. ДАН СССР. (Kolmogorov, A. N.; Kurven im Hilbertraum. Ber. Akad. Wiss. UdSSR), Bd. 26, Nr. 1, S. 6, (1940).

[8] Reynolds, O., On the dynamical theory of incompressible viscous fluids and the determination of the criterion. Phys. Trans. of Roy. Soc. (1895).

[9] Brunt, D., Physical and dynamical meteorology. Cambridge 1934.

A. M. OBUCHOW, A. M. JAGLOM

Die Mikrostruktur einer turbulenten Strömung[1])

Im Jahre 1941 wurde von A. N. KOLMOGOROV [1, 2] die Theorie der lokalen Isotropie turbulenter Strömungen aufgestellt, aus der eine Reihe von Gesetzmäßigkeiten für turbulente Strömungen bei großen REYNOLDSschen Zahlen abgeleitet werden konnte. Die wichtigsten dieser Gesetze, die Abhängigkeit des quadratischen Mittels der Geschwindigkeitsdifferenz in zwei Punkten von ihrem Abstand und die Abhängigkeit des Koeffizienten der turbulenten Diffusion von einer charakteristischen Länge wurden von A. N. KOLMOGOROV [1, 2] und A. M. OBUCHOW [3] bereits 1941 gewonnen; im gegenwärtigen Zeitpunkt haben diese Gesetze durch Messungen, die sowohl im Windkanal [4, 5], in der Atmosphäre [6, 7] wie auch im Meere [8][2]) durchgeführt wurden, ihre experimentelle Bestätigung gefunden. In den letzten Jahren wurde im Laboratorium für atmosphärische Turbulenz des Geophysikalischen Instituts der Akademie der Wissenschaften der UdSSR die Theorie durch eine Reihe von Untersuchungen weiterentwickelt; die Ergebnisse einiger dieser Untersuchungen werden in der vorliegenden Arbeit dargelegt[3]).

Die grundlegenden physikalischen Vorstellungen, die der Theorie von A. N. KOLMOGOROV zugrunde liegen, kann man kurz folgendermaßen zusammenfassen[4]). Für hinreichend große REYNOLDSsche Zahlen wird eine turbulente Strömung als Ergebnis einer Überlagerung von Wirbeln (Turbulenzelemente) verschiedenster Größe angesehen. Nur die größten dieser Wirbel entstehen unmittelbar wegen der Instabilität der mittleren Strömung; die Länge L als Maß der größten Wirbel ist mit der Länge vergleichbar, auf der sich die Geschwindig-

[1]) Übersetzt aus: Прикладная мат. и мех. АН СССР, Bd. 15 (1941), H. 1, S. 3.

[2]) Anwendungen dieser Gesetze auf gewisse Probleme der atmosphärischen Physik kann man in den Arbeiten [9, 10] finden.

[3]) Neben den Ergebnissen, die in der vorliegenden Arbeit enthalten sind, sei auch auf eine in [11, 12] veröffentlichte theoretische Untersuchung der Struktur eines Temperaturfeldes (oder des Konzentrationsfeldes irgendeiner passiven Mischung) in einer turbulenten Strömung hingewiesen. Anwendungen dieser letzten Resultate findet man in den Arbeiten [13, 14].

[4]) Eine ausführlichere Darstellung siehe in [15].

keit der mittleren Strömung merklich ändert (in der turbulenten Grenzschicht z. B. mit dem Abstand von der Berandung des umströmten Körpers[1]).

Die Bewegung der größten Wirbel ist ihrerseits instabil und erzeugt kleinere Wirbel zweiter Ordnung, die Wirbel zweiter Ordnung erzeugen noch kleinere Wirbel dritter Ordnung usw. bis zu sehr kleinen Wirbeln, die als stabil anzusehen sind (d. h. bis zu so kleinen Wirbeln, daß die sie charakterisierende REYNOLDSsche Zahl kleiner als die kritische ist).

Sofern für alle Wirbel, mit Ausnahme der kleinsten von ihnen, die charakteristische REYNOLDSsche Zahl groß ist, übt die Zähigkeit auf ihre Bewegung keinen merklichen Einfluß aus. Folglich wird die Bewegung aller nicht allzu kleinen Wirbel von keiner merkbaren Energiedissipation begleitet: die Wirbel n-ter Ordnung wenden praktisch die gesamte Energie, die sie von den Wirbeln $(n - 1)$-ter Ordnung empfangen, zur Bildung von Wirbeln $(n + 1)$-ter Ordnung auf. Die Bewegung der kleinsten vorkommenden Wirbel ist jedoch „laminar" und hängt bereits wesentlich von der molekularen Zähigkeit ab; in diesen kleinsten Wirbeln geht die gesamte Energie, die sich im Verlaufe des Kaskadenprozesses überträgt, in Wärme über.

Die Bewegung aller Wirbel, mit Ausnahme der größten unter ihnen, kann man als homogen und isotrop ansehen: der richtende Einfluß der mittleren Strömung hört schon bei Wirbeln von verhältnismäßig niedriger Ordnung auf, spürbar zu sein. Wesentlich ist ebenfalls, daß man diese Bewegung als quasistationär ansehen kann: die Änderung der charakteristischen statistischen Größen, welche die Bewegung der betrachteten Wirbel beschreiben, erfolgt sehr langsam im Vergleich zu den Perioden, die für diese Wirbel charakteristisch sind. Daraus folgt, daß die Bewegung aller Wirbel, deren Abmessungen bedeutend kleiner als L sind (die Mikrostruktur oder lokale Struktur der Strömung), bestimmten allgemeinen statistischen Gesetzmäßigkeiten unterworfen sein muß, die von der geometrischen Beschaffenheit der Strömung und den Eigenschaften der mittleren Strömung unabhängig sind. Die Aufstellung dieser allgemeinen Gesetze, die ein umfangreiches Anwendungsgebiet besitzen, stellt den Inhalt der Theorie der lokalen Isotropie der Turbulenz dar.

Bei der Erforschung von Gesetzmäßigkeiten der lokalen Struktur sind Ähnlichkeitsbetrachtungen und dimensionsanalytische Überlegungen von großem Wert; allein durch diese Betrachtungen kann man bereits eine Reihe wesentlicher Resultate erhalten. Um solche Überlegungen anstellen zu können, muß man zunächst diejenigen Fundamentalgrößen bestimmen, von denen die lokale Struktur der Strömung abhängen kann.

Da das Feld der betrachteten Gesamtheit von Wirbeln homogen und isotrop ist, gehören die charakteristischen Größen der mittleren Bewegung (die charakteristische Länge, die charakteristische Geschwindigkeit usw.) nicht zu diesen Fundamentalgrößen. Somit bleiben nur zwei Größen übrig: die mittlere

[1]) Die Länge L stimmt mit der Länge des PRANDTLschen Mischungsweges überein, der in der halbempirischen Theorie der Turbulenz eingeführt wurde.

Dissipationsenergie ε für die Masseneinheit der Flüssigkeit in der Zeiteinheit (sie bestimmt die Intensität der Energieströmung des Kaskadenprozesses) und die kinematische Zähigkeit ν, die eine fundamentale Rolle im Dissipationsprozeß spielt[1]). Diese beiden Größen werden eine fundamentale Rolle in der im folgenden darzulegenden Theorie spielen. Die Dimensionen von ε und ν sind:

$$[\varepsilon] = L^2 T^{-3}, \qquad [\nu] = L^2 T^{-1}.$$

Offenbar kann man aus diesen beiden Größen die Dimension der Länge

$$\eta = \left(\frac{\nu^3}{\varepsilon}\right)^{1/4}$$

eindeutig kombinieren. Die Länge η definiert ein Maß, das für die lokale Struktur charakteristisch ist; zieht man die oben angeführte physikalische Vorstellung über eine turbulente Bewegung heran, so kann man η als das Maß der kleinsten Wirbel ansehen, auf welche die Energiedissipation zurückzuführen ist (da diese Vorstellung keine andere charakteristische Länge enthält). Die Länge η wurde erstmalig in einer Arbeit von A. N. Kolmogorov [1] eingeführt; sie wird das innere (oder lokale) Maß der Turbulenz genannt (im Gegensatz zum äußeren Maß L).

Bei der weiteren Analysierung der Mikrostruktur erweist es sich als zweckmäßig, zwei Grenzfälle besonders zu behandeln: den Fall, in dem die Abmessungen der betrachteten Wirbel viel größer als η sind, und den Fall, in dem die Abmessungen viel kleiner als η sind. Zunächst zeichnen wir die Gesamtheit der Wirbel aus, deren Abmessungen viel kleiner als L, jedoch viel größer als das Maß η der kleinsten Wirbel ist; die Bewegung solcher Wirbel ist, wie schon betont wurde, von der Zähigkeit ν unabhängig, wodurch die Gewinnung konkreter Ergebnisse durch dimensionsanalytische Überlegungen bedeutend erleichtert wird. Im zweiten Extremfall, in dem die Abmessungen viel kleiner als η sind, kann man die Bewegung als laminar ansehen, so daß das Studium der Gesetzmäßigkeiten einer derartigen Bewegung ebenfalls sehr erleichtert wird. Dagegen liefern Dimensionsbetrachtungen in dem dazwischen liegenden Bereich von Abmessungen in der Regel weniger konkrete Ergebnisse; so ergibt sich beispielsweise aus solchen Betrachtungen, daß eine beliebige dimensionslose Abstandsfunktion, die durch die lokale Struktur bestimmt wird, eine universelle Funktion von $\frac{r}{\eta}$ sein muß, jedoch bleibt die Gestalt dieser Funktion für Argumentwerte der Ordnung Eins unbestimmt.

[1]) Von der Flüssigkeit setzen wir überall voraus, daß sie inkompressibel ist und eine konstante Dichte ϱ besitzt. Die Größe ϱ gehört hier nicht zu den Fundamentalgrößen, da im Hauptteil der Arbeit (§ 1 und § 3) rein kinematische charakteristische Größen der Strömung betrachtet werden, die selbstverständlich nicht von der Dichte abhängen können; dagegen wird es bei der Untersuchung der Struktur des Druckfeldes (§ 2) notwendig sein, ϱ zu ε und ν hinzunehmen. Über die Fundamentalgrößen, von denen die lokale Struktur des Temperaturfeldes abhängig sein kann, vergleiche man die Arbeiten [11, 12].

In der vorliegenden Arbeit wurde der Versuch unternommen, die Struktur der grundlegenden hydrodynamischen Felder (Geschwindigkeits-, Druck- und Beschleunigungsfelder[1])) für alle Abstände, die kleiner als L sind (d. h. im ganzen Bereich, auf den die Theorie von KOLMOGOROV anwendbar ist), quantitativ zu beschreiben. Zu diesem Zweck sind einige zusätzliche Hypothesen herangezogen worden, die bekannte experimentelle Grundlagen haben[2]). Als asymptotische Ausdrücke für $r \gg \eta$ und $r \ll \eta$ ergeben sich hierbei insbesondere auch Resultate, die von früher her bekannt sind. Dabei sind alle unbestimmten Koeffizienten, die in diesen Ergebnissen vorkommen, durch die einzige Konstante S (die Asymmetrie oder Schiefe) ausgedrückt, deren Wert von TOWNSEND [4] experimentell bestimmt worden ist. Wir erwähnen noch, daß die dimensionslose Größe S (ebenso wie auch die Größen ε und ν) nur in den Ausdruck für die charakteristischen Maße eingeht. Daher wird die Struktur aller betrachteten Felder unter den gemachten Voraussetzungen bis auf die Wahl der Maßeinheiten durch universelle Funktionen beschrieben, die von keinerlei experimentellen Daten abhängen (siehe Abb. 1, 2 und 3; die Bedeutung dieser Funktionen wird an den entsprechenden Stellen der Arbeit erklärt).

Die Untersuchung der Struktur des Geschwindigkeitsfeldes, die im Paragraphen 1 der vorliegenden Arbeit enthalten ist, stammt von A. M. OBUCHOW; die Untersuchung der Struktur des Druckfeldes (§ 2) wurde von A. M. OBUCHOW [16] in Angriff genommen und von A. M. JAGLOM fortgesetzt; die Untersuchung des Beschleunigungsfeldes (§ 3) wurde von A. M. JAGLOM vollzogen. Einige Ergebnisse der vorliegenden Arbeit sind vorher in Form einzelner kurzer Mitteilungen [7, 16, 17] veröffentlicht worden.

§ 1. Die Berechnung der Strukturfunktionen eines Geschwindigkeitsfeldes

Um die Möglichkeit zu haben, Vorstellungen der lokalisotropen Turbulenz bei der Untersuchung des Geschwindigkeitsfeldes einer turbulenten Strömung zu verwenden, ist es notwendig, zunächst einmal diejenigen charakteristischen Größen dieses Feldes zu kennzeichnen, die nur von der lokalen Struktur abhängig sind. Die Geschwindigkeit $\mathfrak{v}$ wird im wesentlichen durch die mittlere Strömungsbewegung bestimmt. Die in der Theorie der Turbulenz gewöhnlich verwendete Aufteilung der Geschwindigkeit $\mathfrak{v}$ in die mittlere Geschwindigkeit $\bar{\mathfrak{v}}$ und die Schwankungsgeschwindigkeit $\mathfrak{v}' = \mathfrak{v} - \bar{\mathfrak{v}}$ zeichnet eine Geschwindigkeitskomponente $\mathfrak{v}'$ aus, die nicht von dieser mittleren Strömungsbewegung abhängt. Die Komponente $\mathfrak{v}'$ löst aber nicht das von uns gestellte Problem, da für den Wert von $\mathfrak{v}'$ hauptsächlich die größten Wirbel, deren Abmessungen mit L vergleichbar sind, verantwortlich sind. Man kann jedoch, wie zum ersten-

[1]) Hier und im folgenden soll unter der Beschleunigung der Strömung die substantielle Beschleunigung $\frac{dv}{dt}$ der sich im Raume bewegenden Flüssigkeitsteilchen verstanden werden.

[2]) Siehe die Fußnote auf S. 109. — Anmerkung zur deutschen Übersetzung.

mal A. N. Kolmogorov [1] bemerkte, die von uns benötigte Auszeichnung durchführen, indem man die Geschwindigkeitsdifferenz in zwei hinreichend nahegelegenen Punkten betrachtet (d. h. die relative Bewegung zweier nahegelegener Flüssigkeitselemente): es ist klar, daß auf diese Differenz die großen Wirbel, die das betreffende Punktepaar als Ganzes verschieben, keinen Einfluß haben. Deshalb nimmt man in der Theorie der lokalisotropen Turbulenz zur quantitativen Charakterisierung der Struktur des Geschwindigkeitsfeldes die Funktionen

$$D_{ij}(M, M') = \overline{[v_i(M') - v_i(M)]\,[v_j(M') - v_j(M)]} \qquad (i, j = 1, 2, 3), \tag{1.1}$$

wobei $v_i(M)$ die i-te Komponente des Geschwindigkeitsvektors $\mathfrak{v}(M)$ im Punkte M ist, während der Querstrich als Symbol für die Mittelwertbildung dient. Die Funktion $D_{ij}(M, M')$ heißt Strukturfunktion des Geschwindigkeitsfeldes; nach den obigen Darlegungen hängt diese Funktion bei einem Abstand r der Punkte M und M', der viel kleiner als L ist, nur von der lokalen Struktur der Strömung ab. Da die Bewegung der Wirbel, deren Abmessungen viel kleiner als L sind, homogen und isotrop ist, ist die Funktion $D_{ij}(M, M')$ für $r \ll L$ eine invariante Tensorfunktion bezüglich des Vektors $\overrightarrow{MM'}$ und demzufolge in der Form

$$D_{ij}(M, M') = A(r)\,\xi_i\xi_j + B(r)\,\delta_{ij} \tag{1.2}$$

darstellbar, wobei ξ_1, ξ_2, ξ_3 die Komponenten des Vektors $\overrightarrow{MM'}$ sind (so daß $\sqrt{\xi_1^2 + \xi_2^2 + \xi_3^2} = r$ ist), während $\delta_{ij} = 1$ für $i = j$ und $\delta_{ij} = 0$ für $i \neq j$ ist.

Setzen wir in dieser Formel zuerst $v_i = v_j = v_n$, wobei v_n die Projektion des Geschwindigkeitsvektors auf eine zum Vektor $\overrightarrow{MM'}$ senkrechte Richtung bezeichnet und dann $v_i = v_j = v_l$, wobei v_l die Projektion von $\mathfrak{v}$ auf die Richtung des Vektors $\overrightarrow{MM'}$ ist, so kann man sich leicht davon überzeugen, daß (1.2) in der Form

$$D_{ij}(M, M') = \frac{D_{ll}(r) - D_{nn}(r)}{r^2}\,\xi_i\xi_j + D_{nn}(r)\,\delta_{ij} \tag{1.3}$$

darstellbar ist. Dabei haben die Funktionen $D_{ll}(r)$ und $D_{nn}(r)$ (die Längs- und Querstrukturfunktion) eine einfache physikalische Bedeutung:

$$D_{ll}(r) = \overline{[v_l(M') - v_l(M)]^2}, \quad D_{nn}(r) = \overline{[v_n(M') - v_n(M)]^2}. \tag{1.4}$$

Die Bestimmung dieser Funktionen $D_{ll}(r)$ und $D_{nn}(r)$ ist das Hauptziel dieses Paragraphen[1]).

[1]) In der Theorie der isotropen Turbulenz verwendet man gewöhnlich die (Längs- und Quer-) Korrelationsfunktionen

$$B_{ll}(r) = \overline{v_l(M)\,v_l(M')}, \qquad B_{nn}(r) = \overline{v_n(M)\,v_n(M')}.$$

Die Strukturfunktionen sind im isotropen Falle mit den Korrelationsfunktionen durch folgende Relationen miteinander verknüpft:

$$D_{ll}(r) = 2\,(B(0) - B_{ll}(r)), \qquad D_{nn}(r) = 2\,(B(0) - B_{nn}(r))$$

mit

$$B(0) = B_{ll}(0) = B_{nn}(0).$$

In der Theorie der lokalisotropen Turbulenz kann man die Strukturfunktionen $D_{ll}(r)$ und $D_{nn}(r)$ als von der Zeit unabhängig ansehen; faktisch stützen wir uns dabei auf die Annahme, daß der statistische Vorgang im Bereich genügend kleiner Abmessungen quasistationär ist. Aus Ähnlichkeitsbetrachtungen folgt, daß man im Anwendbarkeitsbereich der Theorie der lokalisotropen Turbulenz (d. h. für $r \ll L$) die Funktionen $D_{ll}(r)$ und $D_{nn}(r)$ in der Form

$$D_{ll}(r) = \sqrt{\nu\varepsilon}\, d_{ll}\left(\frac{r}{\eta}\right), \qquad D_{nn}(r) = \sqrt{\nu\varepsilon}\, d_{nn}\left(\frac{r}{\eta}\right) \tag{1.5}$$

darstellen kann, wobei $\eta = (\nu^3\varepsilon^{-1})^{1/4}$ das innere Maß der Turbulenz bezeichnet, während $d_{ll}(r)$ und $d_{nn}(r)$ gewisse universelle Funktionen sind.

Es ist klar, daß die Formeln (1.5) auch in der Form

$$D_{ll}(r) = u_1^2\beta_{ll}\left(\frac{r}{\eta_1}\right), \qquad D_{nn}(r) = u_1^2\beta_{nn}\left(\frac{r}{\eta_1}\right) \tag{1.6}$$

mit

$$\eta_1 = k_1\sqrt[4]{\nu^3/\varepsilon}, \qquad u_1 = k_2\sqrt[4]{\nu\varepsilon} \tag{1.7}$$

dargestellt werden können. Hier sind k_1 und k_2 Zahlenfaktoren, die wir beliebig wählen können und die wir stets als von der Ordnung Eins voraussetzen, während $\beta_{ll}(x)$ und $\beta_{nn}(x)$ neue universelle Funktionen sind, deren graphische Darstellungen sich aus denen der Funktionen $d_{ll}(x)$ und $d_{nn}(x)$ durch eine einfache Änderung der Maßstäbe auf der x- und y-Achse ergeben.

Sofern die Funktionen $D_{ll}(r)$ und $D_{nn}(r)$ für $r \gg \eta$ auf Grund der oben erwähnten physikalischen Erwägungen nicht von der Zähigkeit ν abhängen, gelten die asymptotischen Beziehungen

$$d_{ll}(x) \sim x^{2/3}, \quad d_{nn}(x) \sim x^{2/3} \quad \text{für } x \gg 1. \tag{1.8}$$

Analoge Beziehungen gelten auch für die Funktionen $\beta_{ll}(x)$ und $\beta_{nn}(x)$. Daraus folgt, daß für $r \gg \eta$

$$D_{ll}(r) \approx C\varepsilon^{2/3} r^{2/3}, \qquad D_{nn}(r) \approx C'\ \varepsilon^{2/3} r^{2/3} \tag{1.9}$$

(das sogenannte „Zweidrittel-Gesetz“) ist. In dem anderen Extremfall, für $r \ll \eta$, wird die Geschwindigkeitsdifferenz $\mathfrak{v}(M') - \mathfrak{v}(M)$ in bezug auf r von erster Ordnung klein (für solche Abstände ist die Geschwindigkeit in einem Punkt der Strömung eine stetige und differenzierbare Funktion der Koordinaten), so daß dann

$$D_{ll}(r) \approx A r^2, \qquad D_{nn}(r) \approx A' r^2 \tag{1.10}$$

ist.

Wir gehen nun zu einer vollständigeren Theorie über, die sich auf die Bewegungsgleichungen der Hydrodynamik stützt. Zunächst kann man unter Benutzung der Kontinuitätsbedingung

$$\sum_{i=1}^{3} \frac{\partial v_i}{\partial x_i} = 0 \tag{1.11}$$

mühelos zeigen, daß

$$D_{nn}(r) = D_{ll}(r) + \frac{r}{2}\frac{dD_{ll}(r)}{dr} \tag{1.12}$$

und

$$\overline{[\mathfrak{v}(M') - \mathfrak{v}(M)]\,[p(M') - p(M)]} = 0 \qquad (1.13)$$

gilt, wobei $p(M)$ den Druck im Punkt M bezeichnet (siehe z. B. [2, 15]; vgl. auch [18, 19]). Benutzt man jetzt die Relationen (1.12), (1.13) und die Bewegungsgleichungen

$$\frac{\partial v_i}{\partial t} + \sum_{j=1}^{3} v_j \frac{\partial v_i}{\partial x_j} = -\frac{1}{\varrho}\frac{\partial p}{\partial x_i} + \nu \Delta v_i, \qquad (i = 1, 2, 3), \qquad (1.14)$$

so kann man zeigen, daß die Funktion $D_{ll}(r)$ mit der Strukturfunktion dritter Ordnung

$$D_{lll}(r) = \overline{[v_l(M') - v_l(M)]^3} \qquad (1.15)$$

durch die bekannte Relation[1]) von A. N. Kolmogorov [2]

$$D_{lll}(r) - 6\nu \frac{d D_{ll}(r)}{dr} = -\frac{4}{5}\varepsilon r \qquad (1.16)$$

verknüpft ist.

Für $r \ll \eta$ kann man in dieser Relation das Glied $D_{lll}(r)$ vernachlässigen (da für solche r die Funktion $D_{lll}(r)$ in bezug auf r von dritter Ordnung klein wird) und folglich gilt auf Grund von (1.16) und (1.12)

$$D_{ll}(r) = \frac{1}{15}\frac{\varepsilon}{\nu} r^2, \qquad D_{nn}(r) = \frac{2}{15}\frac{\varepsilon}{\nu} r^2 \quad \text{für } r \ll \eta. \qquad (1.17)$$

Dies ist eine gewisse Präzisierung der Beziehungen (1.10). Umgekehrt kann man im Falle $r \gg \eta$ in (1.16) das Zähigkeitsglied vernachlässigen, so daß

$$D_{lll}(r) = -\frac{4}{5}\varepsilon r \qquad \text{für } r \gg \eta \qquad (1.18)$$

ist.

Wir führen nun eine dimensionslose Größe — die Asymmetrie oder Schiefe

$$S = \frac{D_{lll}(r)}{[D_{ll}(r)]^{3/2}} \qquad (1.19)$$

[1]) Im Falle homogener und isotroper Turbulenz folgert man aus den Gleichungen (1.14) leicht eine Gleichung für die Korrelationsfunktionen [18, 19]

$$\frac{\partial B_{ll}}{\partial t} = \left(\frac{\partial B_{lll}}{\partial r} + \frac{4}{r} B_{lll}\right) + 2\nu\left(\frac{\partial^2 B_{ll}}{\partial r^2} + \frac{4}{r}\frac{\partial B_{ll}}{\partial r}\right)$$

mit

$$B_{lll} = \overline{v_l^2(M)\, v_l(M')}.$$

Gemäß den in der Fußnote auf S. 101 angeführten Formeln (und einer analogen Formel für B_{lll}) ersetzen wir hierin die Korrelationsfunktionen durch die Strukturfunktionen und erhalten

$$-4\varepsilon = \left(\frac{\partial}{\partial r} + \frac{4}{r}\right)\left(D_{lll} - 6\nu\frac{d D_{ll}}{\partial r}\right), \qquad \left(\varepsilon = -\frac{3}{2}\frac{d B(0)}{dt}\right).$$

Aus dieser Gleichung erhält man (1.16) durch Integration über r. Analog kann man auch die Gleichungen (1.12) und (1.13) aus bekannten Resultaten der isotropen Turbulenztheorie gewinnen. Es läßt sich ebenfalls nachweisen, daß alle Gleichungen (1.12), (1.13) und (1.16) auch in der Theorie einer lokalisotropen Strömung richtig sind.

der Wahrscheinlichkeitsverteilung für die Längskomponente der Geschwindigkeitsdifferenz ein. Aus dimensionsanalytischen Überlegungen folgt, daß die Größe S für $r \gg \eta$ einen konstanten Wert haben muß (sie kann nur von r und ε abhängen, doch aus diesen beiden Größen ist es unmöglich, eine dimensionslose Kombination zu bilden). Aus (1.19), (1.18) und (1.12) folgt, daß für $r \gg \eta$

$$D_{ll}(r) = \left(-\frac{4}{5S}\right)^{2/3} \varepsilon^{2/3} r^{2/3}, \qquad D_{nn}(r) = \frac{4}{3}\left(-\frac{4}{5S}\right)^{2/3} \varepsilon^{2/3} r^{2/3} \tag{1.20}$$

ist. Die Koeffizienten C und C' sind somit durch folgende einfache Beziehung mit der Asymmetrie S verknüpft:

$$C = \left(-\frac{4}{5S}\right)^{2/3}, \qquad C' = \frac{4}{3} C. \tag{1.21}$$

Hieraus entnimmt man, daß S stets negativ ist: $S = -|S|$. Die Formeln (1.17), (1.9) und (1.21) wurden 1941 von A. N. KOLMOGOROV [1, 2] hergeleitet.

Bisher haben die aus den Bewegungsgleichungen der Hydrodynamik erhaltenen Schlußfolgerungen nur eine geringe Präzision der Resultate ermöglicht, die schon früher aus dimensionsanalytischen Überlegungen gewonnen wurden und sich nur auf die beiden Extremfälle $r \gg \eta$ und $r \ll \eta$ bezogen. Was die Berechnung von $D_{ll}(r)$ für die dazwischenliegenden Werte von r anbetrifft, so ist die Beziehung (1.16) allein natürlich unzureichend: in dieser Beziehung treten zwei unbekannte Funktionen $D_{ll}(r)$ und $D_{lll}(r)$ auf, so daß man zu ihrer Bestimmung noch eine weitere Beziehung zwischen ihnen benötigt. Die Theorie liefert uns diese fehlende Beziehung nicht; man kann aber versuchen, sie aus den Resultaten eines Experimentes zu entnehmen.

Man kennt heute Ergebnisse direkter Messungen der Größe S für verschiedene Abstände r. Diese Messungen wurden von TOWNSEND [4] im Windkanal bei sehr großen Werten der REYNOLDSschen Kennzahl mit dem Ziel ausgeführt, die KOLMOGOROVsche Theorie zu prüfen. Sie haben gezeigt, daß die Asymmetrie S mit genügend großer Genauigkeit als konstant angesehen werden kann, und zwar nicht nur für $r \gg \eta$, sondern überhaupt für alle r-Werte aus dem Bereich, in dem die Theorie der lokalen Isotropie der Turbulenz anwendbar ist. Der experimentell ermittelte Wert von S liegt für alle r in der Nähe von $-0{,}4$[1]). Diese experimentelle Tatsache liefert die zusätzliche Beziehung zwischen $D_{ll}(r)$ und $D_{lll}(r)$, die es gestattet, diese Funktionen für alle r eindeutig zu bestimmen[2]).

[1]) Der experimentell ermittelte Wert von S schwankt innerhalb der Grenzen $-0{,}36$ und $-0{,}42$; diese Streuung bewegt sich innerhalb der Grenzen der Meßgenauigkeit. Als wahrscheinlichen Wert von S gibt TOWNSEND den Wert $-0{,}38$ an. Die letzte Ziffer dieser Zahl kann aber kaum als zuverlässig angesehen werden.

[2]) Spätere sehr sorgfältig ausgeführte Messungen von R. W. STEWART [siehe seinen Artikel: Triple velocity correlations in isotropic turbulence. Proc. Cambr. Phil. Soc., Bd. 47, Nr. 1, S. 146—157 (1951)] haben die hier angeführten Ergebnisse von TOWNSEND nicht bestätigt und haben gezeigt, daß die TOWNSENDschen Messungen bei zu niedrigen REYNOLDSschen Zahlen vorgenommen wurden, um hier die KOLMOGOROVsche Theorie an-

Wir nehmen also an, die Asymmetrie S sei konstant. Wegen (1.16) und (1.19) gilt

$$6\nu \frac{d D_{ll}}{dr} + |S| \, [D_{ll}(r)]^{3/2} = \frac{4}{5} \varepsilon r \tag{1.22}$$

mit $|S|$ als Konstante. Diese Gleichung für die Funktion $D_{ll}(r)$ mit Koeffizienten, die von ν, ε und $|S|$ abhängen, läßt sich bedeutend vereinfachen, wenn man zu dimensionslosen Größen übergeht und in die Ausdrücke für die charakteristischen Abmessungen die vorläufig unbestimmten Faktoren k_1 und k_2 einführt, d. h. die Formeln (1.6) und (1.7) verwendet. Dann erhalten wir für $\beta_{ll}(x)$

$$6\frac{k_2^2}{k_1} \frac{d\beta_{ll}}{dx} + |S| \, k_2^3 \, [\beta_{ll}(x)]^{3/2} = \frac{4}{5} k_1 x. \tag{1.23}$$

Die Größen ε und ν treten in dieser Gleichung bereits nicht mehr auf; bei entsprechender Auswahl der konstanten Faktoren k_1 und k_2 kann man sich auch noch von der experimentell zu bestimmenden Konstanten $|S|$ befreien und erhält für $\beta_{ll}(x)$ eine Gleichung mit konstanten Koeffizienten. Es ist zweckmäßig, k_1 und k_2 so zu wählen, daß

$$\frac{|S| \, k_1 k_2}{6} = \left(\frac{4}{3}\right)^{3/2}, \quad \frac{2}{15} \frac{k_1^2}{k_2^2} = 1 \tag{1.24}$$

ist, d. h.

$$k_1 = \frac{4\sqrt[4]{5}}{\sqrt[4]{2}} \frac{1}{|S|} \approx \frac{5{,}035}{|S|}, \quad k_2 = \frac{4\sqrt[4]{2}}{\sqrt[4]{45}} \frac{1}{|S|} \approx \frac{1{,}838}{|S|} \tag{1.25}$$

zu setzen.

Dabei gewinnen wir für $\beta_{ll}(x)$ die Gleichung

$$\frac{d\beta_{ll}(x)}{dx} + \left[\frac{4}{3} \beta_{ll}(x)\right]^{3/2} = x. \tag{1.26}$$

Zusammen mit der Anfangsbedingung $\beta_{ll}(0) = 0$ definiert die Gleichung (1.26) eindeutig eine dimensionslose Längsstrukturfunktion $\beta_{ll}(x)$, welche die Struktur des Geschwindigkeitsfeldes beschreibt[1]). Die zugehörige dimensionslose

wenden zu können. Somit kann gegenwärtig die Annahme (Vermutung) über die Konstanz der Asymmetrie S nur als eine Arbeitshypothese angesehen werden, die nicht mehr (aber auch nicht weniger) begründet ist als die Hypothesen, die in den in den Abhandlungen [3, 5, 21] entwickelten Spektraltheorien Aufnahme fanden. Was den Wert $S = -0{,}4$ anbetrifft, der in den konkreten Rechnungen des § 4 benutzt wird, so ist dieser (einstweilen) nur als ein der Größenordnung nach richtiger Richtungswert zu betrachten. — Anmerkung zur deutschen Übersetzung.

[1]) Die Struktur einer turbulenten Strömung kann auch mit Hilfe der Spektralverteilung der Energie beschrieben werden.

Mit $E(p)$ bezeichnen wir die Energie der Gesamtheit von Schwankungen, deren Wellenzahl größer als p ist (wir merken an, daß die Wellenlänge der Schwankung umgekehrt proportional zur Wellenzahl ist). In der statistischen Theorie homogener (stationärer) Prozesse und Felder läßt sich zeigen, daß zwischen der Korrelations-(Struktur-)funktion und der Funktion $E(p)$ eine umkehrbar eindeutige Zuordnung existiert; die Formeln, die es gestatten, die eine dieser Funktionen durch die andere auszudrücken, ähneln einer Fourier-Transformation (vgl. [20, 3]). Das Zweidrittel-Gesetz für Strukturfunktionen (1.9)

Quer-Strukturfunktion $\beta_{nn}(x)$ läßt sich dabei aus der Relation (1.12) bestimmen, die gemäß (1.6) in der Form

$$\beta_{nn}(x) = \beta_{ll}(x) + \frac{x}{2}\,\frac{d\beta_{ll}(x)}{dx} \tag{1.27}$$

dargestellt werden kann.

In Abb. 1 sind die Funktionen $\beta_{ll}(x)$ und $\beta_{nn}(x)$ graphisch dargestellt. Dabei wurde $\beta_{ll}(x)$ mittels numerischer Integration¹) aus der Gleichung (1.26) unter der Bedingung $\beta_{ll}(0) = 0$ bestimmt, während $\beta_{nn}(x)$ nach der Kenntnis von $\beta_{ll}(x)$ aus der Beziehung (1.27) berechnet ist. Durch die gestrichelten Linien sind in Abb. 1 die asymptotischen Werte dieser Funktionen für kleine und große x-Werte dargestellt:

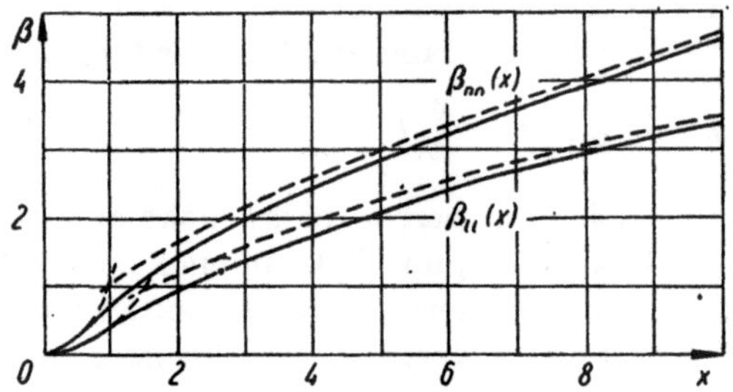

Abb. 1

$$\beta_{ll}(x) \approx \frac{1}{2}\,x^2, \quad \beta_{nn}(x) \approx x^2 \quad \text{für } x \ll 1, \tag{1.28}$$

$$\beta_{ll}(x) \approx \frac{3}{4}\,x^{2/3}, \quad \beta_{nn}(x) \approx x^{2/3} \quad \text{für } x \gg 1. \tag{1.29}$$

Diese letzten Formeln entsprechen den asymptotischen Gleichungen (1.17) und (1.20) für Strukturfunktionen. Die besonders einfache Gestalt der asymptotischen Darstellungen für die Funktion $\beta_{nn}(x)$ erlaubt es, die Werte der Größen η_1 und u_1 der Gleichungen (1.6) sehr leicht zu ermitteln, nachdem man die Quer-Strukturfunktion $\beta_{nn}(x)$ aus einem Experiment²) gefunden hat.

ist äquivalent damit, daß die Spektralfunktion $E(p)$ für $p \ll p_1$ der Größe $p^{-2/3}$ proportional ist (d. h., daß die Spektraldichte $\frac{dE(p)}{dp} = E'(p)$ der Größe $p^{-5/3}$ proportional ist); das innere Maß η entspricht in der Spektraltheorie einer bestimmten kritischen Wellenzahl $p_1 = \frac{1}{\eta}$. In dieser Form fand A. M. Obuchow [3] im Jahre 1941 erstmalig das Zweidrittel-Gesetz. Die im Text angeführte vollständige Beschreibung der Strukturfunktion $D_{ll}(r)$ ist äquivalent mit der Definition der Spektralfunktion nicht nur für $p \ll p_1$, sondern überhaupt für alle p-Werte. Es gibt eine Reihe von Versuchen [3, 21, 22, 5] die Funktion $E(p)$ für alle p direkt theoretisch zu berechnen, jedoch lassen sich die hierbei gewonnenen Resultate schwer mit den experimentellen Daten vergleichen.

¹) Für große x-Werte (für $x > 8$) ist es zweckmäßig, die asymptotische Darstellung für $\beta_{ll}(x)$

$$\beta_{ll}(x) \sim \frac{3}{4}\,x^{2/3}\left(1 - \frac{1}{3}\,x^{-4/3} - \frac{5}{36}\,x^{-8/3} + \cdots\right)$$

zu benutzen.

²) Eine Messung von $D_{nn}(r)$ läßt sich technisch bedeutend einfacher durchführen als eine Messung von $D_{ll}(r)$; darum mißt man in experimentellen Arbeiten gewöhnlich $D_{nn}(r)$. Approximieren wir ferner die erhaltene Kurve für $D_{nn}(r)$ bei kleinen r-Werten durch eine Parabel und bei großen r-Werten durch das Zweidrittel-Gesetz, so gewinnen wir als Koordinaten des Schnittpunktes dieser beiden asymptotischen Darstellungen die Größen η_1 und u_1^2. Die Konstruktion führt man zweckmäßig auf logarithmischem Papier aus: dann werden die Parabel und das Zweidrittel-Gesetz durch zwei Geraden dargestellt (vgl. [7]).

Ein direkter Vergleich der berechneten Kurven mit den experimentell ermittelten Kurven, die bei Messungen in Windkanälen erhalten wurden, ist technisch schwer durchführbar, weil das Maß η sehr klein ist. Somit gelingt es bei Messungen in Windkanälen gewöhnlich nur, die Gültigkeit des Zweidrittel-Gesetzes nachzuprüfen (siehe z. B. [4, 5]).

Was dagegen die Resultate anbetrifft, die sich auf den Verlauf der Kurven für $r \sim \eta_1$ beziehen, so muß man sich hier mit einer indirekten Kontrolle, zum Beispiel mit der Kontrolle der vorausgesetzten Konstanz der Schiefe, begnügen.

Von diesem Gesichtspunkt aus sind Messungen in der Atmosphäre besser geeignet, da hier das Maß η_1 etwas größer (von der Ordnung einiger Millimeter) ist. Jedoch sind gleichartige Experimente auch hier äußerst kompliziert, und wir haben bis heute lediglich eine Arbeit mit Resultaten, die sich auf Maße der Ordnung η_1 beziehen: dies ist die Arbeit [23] von GÖDECKE, der die Mittelwerte der absoluten Geschwindigkeitsdifferenzen in einer zur Erdoberfläche senkrechten Richtung (das entspricht der Querstrukturfunktion) für r-Werte gemessen hat, die in der Höhe von 1,15 m über der Erdoberfläche zwischen 0,1 und 80 cm variieren. Eine Bearbeitung dieser Ergebnisse [7] hat gezeigt, daß sie gut zu der hier gefundenen theoretischen Kurve für $\beta_{nn}(x)$ passen, wenn $\eta_1 = 0{,}54$ cm und $u_1 = 2{,}02$ cm/sec ist.

§ 2. Berechnung der Strukturfunktion eines Druckfeldes

Es soll nun die lokale Struktur des Druckfeldes einer turbulenten Strömung untersucht werden[1]). Zur quantitativen Charakterisierung dieses Feldes wählen wir, ebenso wie im Falle des Geschwindigkeitsfeldes, die entsprechende Strukturfunktion

$$\Pi(M, M') = \overline{[p(M') - p(M)]^2}. \tag{2.1}$$

Im Falle einer lokalisotropen Strömung hängt die Funktion $\Pi(M, M')$ bei einem Abstand r der Punkte M und M', der viel kleiner als das äußere Maß L der Turbulenz ist, lediglich von r ab,

$$\Pi(M, M') = \Pi(r), \tag{2.2}$$

und wird durch die lokale Struktur der Strömung vollständig bestimmt.

Aus Dimensionsbetrachtungen ergibt sich

$$\Pi(r) = q_1^2\, \pi\left(\frac{r}{\eta_1}\right) \tag{2.3}$$

[1]) Aus der Tatsache, daß bei der Ableitung der Grundgleichung, welche die zweiten und dritten Momente des Geschwindigkeitsfeldes einer isotropen (lokalisotropen) inkompressiblen Strömung miteinander verknüpft, der Druck ausgeschlossen wird [siehe [18, 19] und ebenfalls die Gleichung (1.13)], folgt nicht, daß in einer isotropen (lokalisotropen) turbulenten Strömung keine Druckschwankungen auftreten. Eine derartige fehlerhafte Schlußfolgerung wurde von M. D. MILLIONSTSCHIKOW [24] gezogen.

mit

$$\eta_1 = k_1 \sqrt[4]{\frac{\nu^3}{\varepsilon}}, \qquad q_1 = \varrho u_1^2 = k_2^2 \varrho \sqrt{\nu\varepsilon}. \tag{2.4}$$

Hier sind k_1 und k_2 Koeffizienten, die mit den Koeffizienten in (1.25) übereinstimmen, während $\pi(x)$ eine universelle Funktion ist. Da die Strukturfunktion $\Pi(r)$ für $r \gg \eta_1$ von der Zähigkeit ν unabhängig ist, hat man weiter die asymptotische Darstellung

$$\pi(x) \sim x^{4/3} \quad \text{für } x \gg 1, \tag{2.5}$$

und damit ist

$$\Pi(r) \sim \varrho^2 \varepsilon^{4/3} r^{4/3} \sim \varrho^2 [D_{ll}(r)]^2 \quad \text{für } r \gg \eta_1. \tag{2.6}$$

Unten wird gezeigt, wie man den Koeffizienten in dieser Beziehung und überhaupt den ganzen Verlauf der Funktion $\pi(x)$ näherungsweise berechnen kann.

Zu diesem Zweck benutzen wir die Gleichung (1.14). Differenziert man die i-te Gleichung nach x_i und summiert dann über i, so fallen auf Grund der Kontinuitätsbedingung (1.11) die Glieder mit $\frac{\partial v_i}{\partial t}$ und Δv_i fort, und es bleibt

$$\sum_{i,j=1}^{3} \frac{\partial}{\partial x_i}\left(v_j \frac{\partial v_i}{\partial x_j}\right) = -\frac{1}{\varrho} \Delta p \tag{2,7}$$

oder, anders ausgedrückt,

$$\Delta p = -\varrho \sum_{i,j=1}^{3} \frac{\partial v_i}{\partial x_j} \frac{\partial v_j}{\partial x_i} \tag{2.8}$$

(hier benutzten wir nochmal die Kontinuitätsbedingung).

Aus (2.8) läßt sich leicht eine Differentialgleichung für die Funktion $\Pi(r)$ herleiten. Am einfachsten überlegt man dabei folgendermaßen. Zunächst nimmt man an, daß das Geschwindigkeits- und Druckfeld statistisch homogen und isotrop (und nicht nur lokalhomogen und lokalisotrop) ist; dann multipliziert man die linke und rechte Seite der für den Punkt M mit den Koordinaten x_1, x_2, x_3 geschriebenen Gleichung (2.8) mit der linken bzw. der rechten Seite der analogen Gleichung für den Punkt M' mit den Koordinaten x_1', x_2', x_3', mittelt das Ergebnis und beachtet, daß im Falle eines homogenen und isotropen Druckfeldes

$$\overline{\Delta p(M)\, \Delta p(M')} = \Delta^2 [\overline{p(M)\, p(M')}]$$

ist, wobei auf der rechten Seite die Differentiation nach den Komponenten $\xi_i = x_i' - x_i$ des Vektors $\overrightarrow{MM'}$ auszuführen ist. Auf diese Weise erhalten wir

$$\Delta^2 \overline{p(M)\, p(M')} = \varrho^2 \sum_{i,j,k,l} \overline{\frac{\partial v_i(M)}{\partial x_j} \frac{\partial v_j(M)}{\partial x_i} \frac{\partial v_k(M')}{\partial x_l'} \frac{\partial v_l(M')}{\partial x_k'}}. \tag{2.9}$$

Bei einer homogenen und isotropen Strömung ist die Korrelationsfunktion $\overline{p(M)p(M')}$ mit der Strukturfunktion (2.1) durch die Beziehung[1])

$$\Pi(r) = 2[\overline{p^2} - \overline{p(M)\, p(M')}] \tag{2.10}$$

[1]) Vgl. die Fußnote auf S. 101.

verknüpft. Folglich kann man die Gleichung (2.9) in der Form

$$\Delta^2 \Pi(r) \equiv \frac{d^4 \Pi(r)}{dr^4} + \frac{4}{r} \frac{d^3 \Pi(r)}{dr^3} = -2\varrho^2 \sum_{i,j,k,l} \overline{\frac{\partial v_i(M)}{\partial x_j} \frac{\partial v_j(M)}{\partial x_i} \frac{\partial v_k(M')}{\partial x'_l} \frac{\partial v_l(M')}{\partial x'_k}} \qquad (2.11)$$

schreiben.

Dies ist die gesuchte Gleichung; sie ist auch im Falle einer lokalhomogenen und lokalisotropen (jedoch nicht homogenen und isotropen) Strömung sinnvoll, und man kann sie mit Hilfe komplizierterer Überlegungen auch ohne Voraussetzung der Homogenität und der Isotropie herleiten.

Wir sehen also, daß die Strukturfunktion $\Pi(r)$ eine Lösung der Gleichung (2.11) ist, auf deren rechter Seite eine gewisse Kombination aus den vierten Momenten der Ableitungen des Geschwindigkeitsfeldes steht. Leider sind uns diese Momente unbekannt, so daß wir, um aus der Gleichung (2.11) einen Nutzen ziehen zu können, noch eine zusätzliche Hypothese aufstellen müssen, die es gestattet, die betreffenden Momente zu berechnen. Als eine solche Hypothese nimmt man hier die Vermutung von M. D. MILLIONSTSCHIKOW [24], daß sich die vierten Momente der Ableitung eines Geschwindigkeitsfeldes durch die zweiten Momente genauso ausdrücken wie bei einer Normalverteilung [1]); als erste Näherung ist diese Vermutung ganz naturgemäß. Sie wird auch durch die Messungen von TOWNSEND [4] gerechtfertigt: diese Messungen besagen, daß der experimentell ermittelte Wert des vierten Momentes für die Ableitung der Geschwindigkeit $\frac{\partial v_1}{\partial x_1}$ nur 15% von dem Wert dieser Größe abweicht, der aus dem gemessenen Wert des zweiten Momentes bei Annahme einer Normalverteilung berechnet worden ist [2]).

Wir erinnern jetzt, daß für beliebige vier Zufallgrößen w_1, w_2, w_3, w_4, die einem vierdimensionalen Normalverteilungsgesetz unterworfen sind, die Relation (siehe z. B. [25])

$$\overline{w_1 w_2 w_3 w_4} = \overline{w_1 w_2}\,\overline{w_3 w_4} + \overline{w_1 w_3}\,\overline{w_2 w_4} + \overline{w_1 w_4}\,\overline{w_2 w_3}$$

gilt.

Durch Anwendung dieser Beziehung auf das rechts in (2.11) auftretende Produkt der vier Ableitungen des Geschwindigkeitsfeldes erhalten wir

$$\sum_{i,j,k,l} \overline{\frac{\partial v_i(M)}{\partial x_j} \frac{\partial v_j(M)}{\partial x_i} \frac{\partial v_k(M')}{\partial x'_l} \frac{\partial v_l(M')}{\partial x'_k}} = \sum_{i,j,k,l} \overline{\frac{\partial v_i(M)}{\partial x_j} \frac{\partial v_j(M)}{\partial x_i}}\; \overline{\frac{\partial v_k(M')}{\partial x'_l} \frac{\partial v_l(M')}{\partial x'_k}} +$$

$$+ \sum_{i,j,k,l} \overline{\frac{\partial v_i(M)}{\partial x_j} \frac{\partial v_k(M')}{\partial x'_l}}\; \overline{\frac{\partial v_j(M)}{\partial x_i} \frac{\partial v_l(M')}{\partial x'_k}} + \sum_{i,j,k,l} \overline{\frac{\partial v_i(M)}{\partial x_j} \frac{\partial v_l(M')}{\partial x'_k}}\; \overline{\frac{\partial v_j(M)}{\partial x_i} \frac{\partial v_k(M')}{\partial x'_l}}.$$

1) In der Arbeit [21] von HEISENBERG wird eine Hypothese über die Spektralfunktionen einer isotropen turbulenten Strömung verwendet, die mit dieser Vermutung von M. D. MILLIONSTSCHIKOW gleichwertig ist.

2) In letzter Zeit sind einige experimentelle Arbeiten erschienen, welche die Vermutung von M. D. MILLIONSTSCHIKOW bestätigen (siehe vor allem die Abhandlung von M. S. UBEROI, Quadruple velocity correlations and pressure fluctuations in isotropic turbulence. Journ. Aeronaut. Sci., Bd. 20, Nr. 3, S. 194—204 (1953). — Anmerkung zur deutschen Übersetzung.

Hier ist das erste Glied rechts proportional zu $\overline{\Delta p(M)} \cdot \overline{\Delta p(M')}$. Man prüft leicht nach, daß es im Falle einer lokalisotropen Strömung verschwindet; man kann dies etwa aus (1.3) und (1.12) herleiten. Was die letzten beiden Glieder anbetrifft, so sind sie untereinander gleich. Wir erwähnen noch, daß für eine lokalisotrope Strömung

$$\overline{\frac{\partial v_i(M)}{\partial x_j} \frac{\partial v_k(M')}{\partial x_l'}} = \frac{1}{2} \frac{\partial^2 D_{ik}(M, M')}{\partial \xi_j \partial \xi_l} \tag{2.13}$$

ist, wobei D_{ik} die Strukturfunktion (1.1) und $\xi_j = x_j' - x_j$ ist. Daraus folgt, daß man (2.11) unter der gemachten Voraussetzung über den Zusammenhang der zweiten und vierten Momente in der Form

$$\frac{d^4 \Pi(r)}{d r^4} + \frac{4}{r} \frac{d^3 \Pi(r)}{d r^3} = -\varrho^2 \sum_{i,j,k,l} \frac{\partial^2 D_{ik}}{\partial \xi_j \partial \xi_l} \frac{\partial^2 D_{jl}}{\partial \xi_i \partial \xi_k} \tag{2.14}$$

darstellen kann.

Die Funktion auf der rechten Seite dieser Gleichung ist nur von r abhängig:

$$\Phi(M, M') = \sum_{i,j,k,l} \frac{\partial^2 D_{ik}(M, M')}{\partial \xi_j \partial \xi_l} \frac{\partial^2 D_{jl}(M, M')}{\partial \xi_i \partial \xi_k} = \Phi(r). \tag{2.15}$$

Unter Benutzung der Beziehungen (1.3) und (1.12) kann man sie nach längeren Umformungen auf die Gestalt

$$\Phi(r) = \frac{6}{r^2}\left(\frac{d D_{ll}}{d r}\right)^2 + \frac{20}{r} \frac{d D_{ll}}{d r} \frac{d^2 D_{ll}}{d r^2} + 4\left(\frac{d^2 D_{ll}}{d r^2}\right)^2 + 4 \frac{d D_{ll}}{d r} \frac{d^3 D_{ll}}{d r^3}. \tag{2.16}$$

bringen.

Nach der Definition (2.1) ist die Funktion $\Pi(r)$ gerade und verschwindet für $r = 0$; darum haben wir die beiden Randbedingungen:

$$\Pi(0) = 0 \tag{2.17}$$

$$\Pi'(0) = 0. \tag{2.18}$$

Als dritte Randbedingung fordern wir[1])

$$\frac{\Pi(r)}{r^2} \to 0 \quad \text{für } r \to \infty \tag{2.19}$$

Unter den Bedingungen (2.17), (2.18) und (2.19) hat die Gleichung (2.14) eine eindeutig bestimmte Lösung, nämlich die gesuchte Strukturfunktion[2]).

Da man alle linear unabhängigen Integrale der zu (2.14) gehörigen homogenen Gleichung mühelos findet (es sind dies 1, r, r^2 und r^{-1}), kann man das den Rand-

[1]) Man kann zeigen, daß diese Bedingung notwendig dafür ist, daß die Korrelation zwischen den Differenzen der Druckwerte in zwei Punktepaaren gegen Null strebt, wenn sich das eine Paar vom anderen unbegrenzt entfernt (der Abstand zwischen den Punkten eines jeden Paares soll fest sein).

[2]) Es mag merkwürdig erscheinen, daß wir nur drei Randbedingungen haben, während (2.14) eine Gleichung vierter Ordnung ist. Tatsächlich ist (2.17) jedoch eine doppelte Bedingung: Null ist ein singulärer Punkt der Gleichung (2.14), und deshalb beinhaltet die Randbedingung bereits die Forderung, daß die Lösung im Nullpunkt regulär wird.

bedingungen genügende Integral der inhomogenen Gleichung mit Hilfe der GREENschen Funktion konstruieren. Man prüft leicht nach, daß diese Funktion für die Gleichung (2.14) im Falle der Randbedingungen (2.17), (2.18) und (2.19) die Form

$$G(r,\xi) = \begin{cases} -\dfrac{r^2\xi}{6} & \text{für } r \leqslant \xi \\ \dfrac{\xi^3}{2} - \dfrac{r\xi^2}{2} - \dfrac{\xi^4}{6r} & \text{für } r \geqslant \xi \end{cases} \tag{2.20}$$

hat.

Die gesuchte Lösung $\Pi(r)$ läßt sich dann in der Form

$$\Pi(r) = -\varrho^2 \int_0^\infty G(r,\xi)\,\Phi(\xi)\,d\xi \tag{2.21}$$

darstellen.

Die durch die Gleichung (2.16) gegebene Funktion $\Phi(r)$ hat auf Grund der Beziehungen (1.6) und (1.7) die Gestalt

$$\Phi(r) = \left(\frac{k_2}{k_1}\right)^4 \frac{\varepsilon^2}{\nu^2}\,\varphi\left(\frac{r}{\eta_1}\right), \tag{2.22}$$

wobei k_1, k_2 und η_1 aus (1.25) und (1.7) zu ermitteln sind, während $\varphi(x)$ eine universelle Funktion ist:

$$\varphi(x) = \frac{6}{x^2}\left(\frac{d\beta_{ll}}{dx}\right)^2 + \frac{20}{x}\frac{d\beta_{ll}}{dx}\frac{d^2\beta_{ll}}{dx^2} + 4\left(\frac{d^2\beta_{ll}}{\partial x^2}\right)^2 + 4\frac{d\beta_{ll}}{dx}\frac{d^3\beta_{ll}}{dx^3}. \tag{2.23}$$

Setzen wir jetzt (2.20) und (2.22) in (2.21) ein und führen eine Variablensubstitution aus, so finden wir [vgl. (2.3), (2.4)]

$$\Pi(r) = k_2^4\,\varrho^2\,\nu\varepsilon\cdot\pi\left(\frac{r}{\eta_1}\right) \tag{2.24}$$

mit

$$\pi(x) = \int_0^x \left(-\frac{\zeta^3}{2} + \frac{x\zeta^2}{2} + \frac{\zeta^4}{6x}\right)\varphi(\zeta)\,d\zeta + \int_x^\infty \frac{x^2\zeta}{6}\,\varphi(\zeta)\,d\zeta =$$

$$= -\frac{1}{2}\int_0^x \zeta^3\varphi(\zeta)\,d\zeta + \frac{x}{2}\int_0^x \zeta^2\varphi(\zeta)\,d\zeta + \frac{1}{6x}\int_0^x \zeta^4\varphi(\zeta)\,d\zeta + \frac{x^2}{6}\int_x^\infty \zeta\,\varphi(\zeta)\,d\zeta. \tag{2.25}$$

Somit ist die universelle Funktion $\pi(x)$ der Gleichung (2.3) mit der Funktion $\beta_{ll}(x)$, die im vorhergehenden Paragraphen berechnet wurde, durch die Relationen (2.25) und (2.23) verknüpft. Die Gleichung (1.26) drückt die Ableitung $\frac{d\beta_{ll}}{dx}$ durch die Funktion $\beta_{ll}(x)$ selbst aus; nach mehrmaliger Verwendung dieser Gleichung können wir durch $\beta_{ll}(x)$ ebenfalls die zweite und dritte Ableitung dieser Funktion und demzufolge auch die Funktion $\varphi(x)$ ausdrücken. Wir können $\varphi(x)$ also bei Kenntnis der Funktion $\beta_{ll}(x)$ aus dem Paragraphen 1 bestimmen und alle Integrale in (2.25) numerisch berechnen, d. h. wir können die Funktion $\pi(x)$ berechnen, die nach (2.3) die Struktur des Druckfeldes bestimmt. Eine graphische Darstellung der auf diese Weise gefundenen Funktion $\pi(x)$ ist in Abb. 2 angeführt.

Die Kurven, die das asymptotische Verhalten von $\pi(x)$ für kleine und große Werte von x beschreiben, sind in Abb. 2 gestrichelt gezeichnet. Da die Flüssigkeitsbewegung für Abmessungen, die viel kleiner als η_1 sind, laminar erfolgt, hat man für $x \ll 1$ die Näherungsbeziehung

$$\pi(x) \approx a\,x^2 \tag{2.26}$$

(vgl. die analoge Herleitung für die Strukturfunktionen des Geschwindigkeitsfeldes auf S. 102). Der Koeffizient a in dieser Beziehung kann leicht aus der Gleichung (2.25) gefunden werden. Gemäß (1.28) gilt $\beta_{ll}(x) \approx \frac{1}{2}x^2$ für $x \ll 1$, weshalb man die Funktion $\varphi(x)$ für solche x als konstant ansehen kann: $\varphi(x) \approx 30$. Durch Einsetzen dieses Wertes in (2.25) findet man, daß nur das letzte Integral in (2.25) ein zu x^2 proportionales Glied liefert und daß

$$a = \frac{1}{6}\int\limits_0^\infty \zeta\varphi(\zeta)\,d\zeta \approx 0{,}83 \tag{2.27}$$

ist (dieser Wert wurde hier mittels numerischer Integration bestimmt). Die Kurve

$$\pi(x) = 0{,}83\,x^2$$

ist die erste der asymptotischen Kurven, die in Abb. 2 aufgetragen ist.

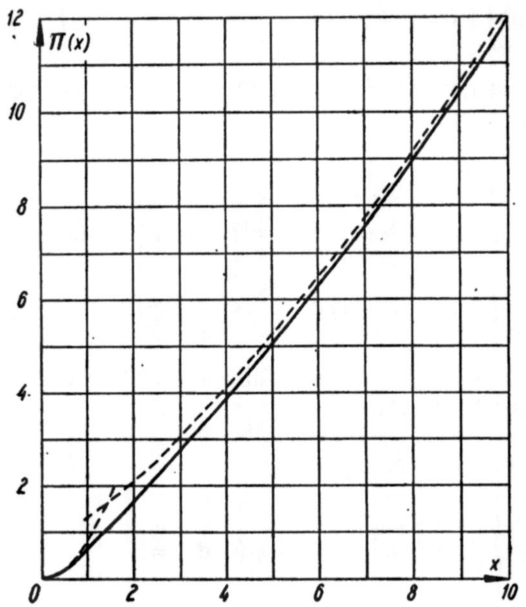

Abb. 2

Im zweiten Extremfall, für $x \gg 1$, haben wir gemäß (1.29) die Näherungsbeziehung $\beta_{ll}(x) \approx \frac{3}{4}x^{2/3}$ und folglich $\varphi(x) \approx \frac{7}{18}x^{-8/3}$. Die Gleichung (2.25) stellen wir nun folgendermaßen dar:

$$\pi(x) = \int\limits_0^x \left(-\frac{\zeta^3}{2} + \frac{x\zeta^2}{2} + \frac{\zeta^4}{6x}\right)\frac{7}{18}\zeta^{-8/3}\,d\zeta + \int\limits_x^\infty \frac{x^2\zeta}{6}\,\frac{7}{18}\zeta^{-8/3}\,d\zeta +$$

$$+\int\limits_0^x \left(-\frac{\zeta^3}{2} + \frac{x\zeta^2}{2} + \frac{\zeta^4}{6x}\right)\left(\varphi(\zeta) - \frac{7}{18}\zeta^{-8/3}\right)d\zeta + \int\limits_x^\infty \frac{x^2\zeta}{6}\left(\varphi(\zeta) - \frac{7}{18}\zeta^{-8/3}\right)d\zeta =$$

$$= \frac{9}{16}x^{4/3} + \int\limits_0^x \left(-\frac{\zeta^3}{2} + \frac{x\zeta^2}{2} + \frac{\zeta^4}{6x}\right)\left(\varphi(\zeta) - \frac{7}{18}\zeta^{-8/3}\right)d\zeta + \int\limits_x^\infty \frac{x^2\zeta}{6}\left(\varphi(\zeta) - \frac{7}{18}\zeta^{-8/3}\right)d\zeta. \tag{2.28}$$

Man sieht unmittelbar, daß die Integralwerte auf der rechten Seite von (2.28) für $x \to \infty$ nicht schneller als die erste Potenz von x wachsen, so daß als Hauptglied der asymptotischen Formel für $\pi(x)$ das Glied $\frac{9}{16} x^{4/3}$ auftritt. Somit ist der Koeffizient in der Gleichung (2.5) gleich $\frac{9}{16}$, wobei in (2.5) das Symbol für die asymptotische Gleichheit nur in dem Sinne von

$$\frac{\pi(x)}{\frac{9}{16} x^{4/3}} \approx \frac{\pi(x)}{[\beta_{ll}(x)]^2} \approx 1 \quad \text{für} \quad x \gg 1 \quad \text{oder} \quad \frac{\Pi(r)}{\varrho^2 [D_{ll}(r)]^2} \approx 1 \quad \text{für} \quad r \gg \eta_1$$

zu verstehen ist. Dagegen nimmt die Differenz $\pi(x) - \frac{9}{16} x^{4/3}$ mit wachsendem x sogar unbegrenzt zu. Um auch die folgenden Glieder der asymptotischen Formel für $\pi(x)$ zu erhalten, formen wir die Gleichung (2.28) weiter um:

$$\begin{aligned} \pi(x) = \frac{9}{16} x^{4/3} + \frac{x}{2} \int_0^\infty \zeta^2 \left(\varphi(\zeta) - \frac{7}{18} \zeta^{-8/3}\right) d\zeta - \frac{1}{2} \int_0^\infty \zeta^3 \left(\varphi(\zeta) - \frac{7}{18} \zeta^{-8/3}\right) d\zeta + \\ + \frac{1}{6x} \int_0^\infty \zeta^4 \left(\varphi(\zeta) - \frac{7}{18} \zeta^{-8/3}\right) d\zeta + \\ + \int_x^\infty \left(-\frac{x}{2} \zeta^2 + \frac{1}{2} \zeta^3 - \frac{1}{6x} \zeta^4 + \frac{x^2}{6} \zeta\right) \left(\varphi(\zeta) - \frac{7}{18} \zeta^{-8/3}\right) d\zeta. \end{aligned} \tag{2.29}$$

Die hier auftretenden Integrale von 0 bis ∞ konvergieren sehr schnell und können daher numerisch ausgewertet werden, während das letzte Integral von x bis ∞ für $x \gg 1$ mit Hilfe der asymptotischen Darstellung, die in der Fußnote auf S. 106 angeführt ist, abgeschätzt werden kann; dieses Integral liefert nur einen unbedeutenden Beitrag zum konstanten Glied der asymptotischen Darstellung für $\pi(x)$. Schließlich erhält man bis auf Glieder, die mit $x \to \infty$ gegen Null streben

$$\pi(x) \approx \frac{9}{16} x^{4/3} - 0{,}08\, x + 0{,}85 \quad \text{für} \quad x \gg 1. \tag{2.30}$$

Dies ist die Gleichung für die asymptotische Kurve bei großen x-Werten, die in Abb. 2 eingetragen ist.

Wir kennen keine experimentellen Daten über die Struktur des Druckfeldes, die man mit den hier gewonnenen Resultaten vergleichen könnte. Es ist zu bemerken, daß die quadratischen Mittel der Druckdifferenzen nach den oben angeführten Rechnungen in der Regel dermaßen klein ausfallen, daß ihre Messung mit der Überwindung sehr großer experimenteller Schwierigkeiten verbunden ist. Hieraus folgt jedoch nicht, daß die Berechnung der Strukturfunktion des Druckfeldes keinen praktischen Wert hat: im folgenden Paragraphen werden wir zeigen, daß die hieraus gewonnenen Werte für die lokalen Druckgradienten recht groß sind, so daß die durch die Druckschwankungen hervorgerufenen Beschleunigungen in Prozessen, die in einer turbulenten Strömung verlaufen, eine wesentliche Rolle spielen können.

§ 3. Berechnung der Korrelationsfunktionen des Beschleunigungsfeldes

Das Beschleunigungsfeld einer turbulenten Strömung, das wir jetzt untersuchen werden, unterscheidet sich von den oben betrachteten Feldern dadurch, daß für den Wert der Beschleunigung in einem Punkte hauptsächlich die kleinsten Wirbel[1]) maßgebend sind und nicht die größten, wie dies bei den Geschwindigkeits- und Druckschwankungen der Fall ist. Aus diesem Grunde wird im Falle des Beschleunigungsfeldes die lokale Struktur der Strömung nicht nur die charakteristischen statistischen Größen für die Differenzwerte des Feldes in zwei Punkten bestimmen (wie beispielsweise die Strukturfunktion), sondern auch die Werte der charakteristischen statistischen Größen des Feldes selbst. Die wichtigste dieser charakteristischen Größen ist die Korrelationsfunktion — der Mittelwert des Produktes aus den Werten des Feldes in zwei Punkten (d. h. im betrachteten Falle der Mittelwert des Produktes der Beschleunigungskomponenten[2])). Die Berechnung dieser Korrelationsfunktion bildet den Hauptinhalt des vorliegenden Paragraphen.

Zunächst bestimmen wir den Wert der Korrelationsfunktion im Nullpunkt, d. h. das quadratische Mittel der Beschleunigung eines Flüssigkeitsteilchens in einem Punkt; diese Größe ist eine sehr interessante charakteristische Größe des Beschleunigungsfeldes. Auf Grund der Bewegungsgleichungen (1.14) sind die Komponenten der Beschleunigung eines Flüssigkeitsteilchens

$$w_i = \frac{d v_i}{dt} = \frac{\partial v_i}{\partial t} + \sum_{j=1}^{3} v_j \frac{\partial v_i}{\partial x_j} \qquad (i = 1, 2, 3) \tag{3.1}$$

gleich

$$w_i = -\frac{1}{\varrho}\frac{\partial p}{\partial x_i} + \nu \Delta v_i. \tag{3.2}$$

Daraus ergibt sich:

$$\sum_{i=1}^{3} \overline{w_i^2} = \frac{1}{\varrho^2}\sum_{i=1}^{3} \overline{\left(\frac{\partial p}{\partial x_i}\right)^2} - \frac{2\nu}{\varrho}\sum_{i=1}^{3} \overline{\frac{\partial p}{\partial x_i}\Delta v_i} + \nu^2 \sum_{i=1}^{3} \overline{(\Delta v_i)^2}\,. \tag{3.3}$$

[1]) Aus dimensionsanalytischen Überlegungen folgt, daß den Wirbeln der Abmessung l mit $l \gg \eta$ eine charakteristische Periode $T_l = \left(\frac{l^2}{\varepsilon}\right)^{1/3}$ entspricht, so daß die für diese Wirbel charakteristische Geschwindigkeit gleich $v_l = \frac{l}{T_l} = (\varepsilon l)^{1/3}$ und die für sie charakteristische Beschleunigung gleich $w_l = \frac{l}{T_l^2} = \left(\frac{\varepsilon^2}{l}\right)^{1/3}$ ist. Wir sehen also, daß bei Abnahme der Länge l die charakteristische Geschwindigkeit kleiner wird, während die charakteristische Beschleunigung zunimmt. Daraus ergibt sich, daß für den Wert der Beschleunigung in einem Punkt der Strömung hauptsächlich die kleinsten Wirbel der Abmessung $l \lessdot \eta$ maßgebend sind (für derartige Wirbel sind die hier angeführten Dimensionsbetrachtungen selbstverständlich nicht mehr gültig, denn die Bewegung dieser Wirbel hängt wesentlich von der Zähigkeit ab).

[2]) Die Korrelationsfunktion ist eine charakteristische Feldgröße, die mehr aussagt als die Strukturfunktion. Kennt man die Korrelationsfunktion, so kann man die Strukturfunktion bestimmen (siehe die Fußnote auf S. 101), während dies im umgekehrten Falle nicht zutrifft.

Das erste und dritte Glied auf der rechten Seite dieser Gleichung können ohne Schwierigkeit durch die Strukturfunktionen (1.1) und (2.1) des Geschwindigkeits- und Druckfeldes ausgedrückt werden:

$$\sum_{i=1}^{3} \overline{\left(\frac{\partial p}{\partial x_i}\right)^2} = \frac{1}{2} \sum_{i=1}^{3} \frac{\partial^2 \Pi(0)}{\partial \xi_i^2} = \frac{3}{2} \frac{d^2 \Pi(0)}{d r^2}. \tag{3.4}$$

$$\sum_{i=1}^{3} \overline{(\Delta v_i)^2} = -\frac{1}{2} \Delta^2 \left(\sum_{i=1}^{3} D_{ii}(0)\right). \tag{3.5}$$

Das mittlere Glied kann mit Hilfe der gegenseitigen Strukturfunktionen

$$D_{ip}(M, M') = \overline{[v_i(M') - v_i(M)]\,[p(M') - p(M)]} \quad (i = 1, 2, 3) \tag{3.6}$$

des Geschwindigkeits- und Druckfeldes dargestellt werden. Da diese Funktionen im Falle einer inkompressiblen lokalisotropen Strömung verschwinden [siehe Gleichung (1.13)], wird das mittlere Glied der rechten Seite von (3.3) gleich Null, und demzufolge ist

$$\sum_{i=1}^{3} \overline{w_i^2} = \frac{3}{2\varrho^2} \frac{d^2 \Pi(0)}{d r^2} - \frac{\nu^2}{2} \Delta^2 \left(\sum_{i=1}^{3} D_{ii}(0)\right). \tag{3.7}$$

Auf Grund von (2.24), (1.7), (1.25), (2.26) und (2.27) gilt aber

$$\frac{d^2 \Pi(0)}{dr^2} = \frac{k_2^4}{k_1^2} \varrho^2 \nu^{-1/2} \varepsilon^{3/2} \pi''(0) = \frac{1}{3} \frac{k_2^4}{k_1^2} \left(\int_0^\infty \zeta \varphi(\zeta)\, d\zeta\right) \varrho^2 \nu^{-1/2} \varepsilon^{3/2} \approx$$

$$\approx \frac{0{,}15}{|S|} 4.96\, \varrho^2 \nu^{-1/2} \varepsilon^{3/2} \approx \frac{0{,}74}{|S|} \varrho^2 \nu^{-1/2} \varepsilon^{3/2}, \tag{3.8}$$

so daß[1])

$$\frac{3}{2\varrho^2} \frac{d^2 \Pi(0)}{d r^2} = \frac{1}{\varrho^2} \sum_{i=1}^{3} \overline{\left(\frac{\partial p}{\partial x_i}\right)^2} \approx \frac{1{,}1}{|S|} \nu^{-1/2} \varepsilon^{3/2} \tag{3.9}$$

ist.

Ferner erhalten wir unter Verwendung der Gleichung (1.12) und der Tatsache, daß bei beliebiger Wahl des Koordinatensystems

$$\sum_{i=1}^{3} D_{ii}(r) = D_{ll}(r) + 2 D_{nn}(r) \tag{3.10}$$

ist, die Beziehung

$$\Delta^2 \sum_{i=1}^{3} D_{ii}(r) \equiv \left(\frac{d^4}{dr^4} + \frac{4}{r} \frac{d^3}{dr^3}\right)\left(3 D_{ll}(r) + r \frac{d D_{ll}(r)}{dr}\right) =$$

$$= r \frac{d^5 D_{ll}(r)}{dr^5} + 11 \frac{d^4 D_{ll}(r)}{dr^4} + \frac{24}{r} \frac{d^3 D_{ll}(r)}{dr^3}. \tag{3.11}$$

[1]) Eine Berechnung der Größe $\overline{|\mathrm{grad}\, p|^2}$ für die lokalisotrope Turbulenz ist auch in der Arbeit von HEISENBERG [21] enthalten. Die Methode HEISENBERGs gründet sich auf die Verwendung der Spektralfunktion $E(p)$ (siehe die Fußnote auf S. 105) und erfordert bedeutend kompliziertere Berechnungen. Überdies treten in der Schlußformel von HEISENBERG Größen auf, die experimentell nicht einzeln gemessen werden können.

Geht man hierin gemäß (1.6) und (1.7) von $D_{ll}(r)$ zur dimensionslosen Funktion $\beta_{ll}(x)$ über, so ergibt sich

$$\Delta^2 \sum_{i=1}^{3} D_{ii}(r) = \frac{k_2^2}{k_1^4} \nu^{-5/2} \varepsilon^{3/2} \left\{ \frac{r}{\eta_1} \beta_{ll}^{(5)}\left(\frac{r}{\eta_1}\right) + 11 \beta_{ll}^{(4)}\left(\frac{r}{\eta_1}\right) + \frac{24}{r/\eta_1} \beta_{ll}'''\left(\frac{r}{\eta_1}\right) \right\}. \qquad (3.12)$$

Nun ist auf Grund von (1.25)

$$\frac{k_2^2}{k_1^4} = \frac{|S| \sqrt{2}}{120 \sqrt{5}} \qquad (3.13)$$

und $\beta_{ll}(x)$ ist eine gerade Funktion, die sich in einer Umgebung des Nullpunktes in eine Potenzreihe nach x^2 entwickeln läßt:

$$\beta_{ll}(x) = b_1 x^2 + b_2 x^4 + \cdots. \qquad (3.14)$$

Aus (3.12), (3.13) und (3.14) folgt dann, daß

$$\Delta^2 \left(\sum_{i=1}^{3} D_{ii}(0) \right) = \frac{|S| \sqrt{2}}{120 \sqrt{5}} \nu^{-5/2} \varepsilon^{3/2} 840 b_2 = \frac{7 \sqrt{2} |S|}{\sqrt{5}} b_2 \nu^{-5/2} \varepsilon^{3/2} \qquad (3.15)$$

ist.

Es ist also nur noch der Koeffizient b_2 in (3.14) zu bestimmen. Aus der ersten Gleichung von (1.28) entnimmt man, daß $b_1 = \frac{1}{2}$ ist. Setzen wir nun die Entwicklung (3.14) in die Gleichung (1.26) ein und vergleichen die Koeffizienten von r^3 [oder, was dasselbe ist, differenzieren wir (1.26) dreimal nach r und setzen dann $r = 0$], so gewinnen wir die Darstellung

$$b_2 = -\frac{1}{3\sqrt{6}}. \qquad (3.16)$$

Durch Einsetzen dieses Wertes von b_2 in (3.15) ergibt sich

$$-\frac{\nu^2}{2} \Delta^2 \left(\sum_{i=1}^{3} D_{ii}(0) \right) = \nu^2 \sum_{i=1}^{3} \overline{(\Delta v_i)^2} = \frac{7 |S|}{6 \sqrt{15}} \nu^{-1/2} \varepsilon^{3/2} \approx 0{,}3 \, |S| \, \nu^{-1/2} \varepsilon^{3/2}. \qquad (3.17)$$

Da $|S| \approx 0{,}4$ ist, folgt durch Vergleichen von (3.9) und (3.17), daß die Beschleunigung der Flüssigkeitsteilchen in einer turbulenten Strömung hauptsächlich durch die Schwankungen der Druckgradienten und nicht durch Reibungskräfte bestimmt wird: das Glied mit $\Pi''(0)$ in der Gleichung (3.7) erweist sich um mehr als 20mal größer als das von der Zähigkeit abhängende Glied. Im folgenden werden wir sehen, daß dies die Berechnung der Korrelationsfunktion wesentlich vereinfacht.

Durch Einsetzen von (3.9) und (3.17) in (3.7) gewinnen wir zur Berechnung des quadratischen Mittels der Beschleunigung w_0 die endgültige Beziehung

$$w_0^2 = \sum_{i=1}^{3} \overline{(w_i)^2} \approx \left(\frac{1{,}1}{|S|} + 0{,}3 \, |S| \right) \nu^{-1/2} \varepsilon^{3/2}. \qquad (3.18)$$

Berücksichtigt man, daß $|S| \approx 0{,}4$ ist, so kann man (3.18) durch die einfache Relation

$$w_0^2 \approx 3 \nu^{-1/2} \varepsilon^{3/2} \qquad (3.19)$$

ersetzen.

Diese allgemeine Relation gestattet es bereits, die Größenordnung von w_0 in konkreten turbulenten Strömungen abzuschätzen.

Als Beispiel wenden wir (3.19) zur Berechnung des quadratischen Mittels der Beschleunigung in turbulenten Strömungen hinter einem Gitter in Windkanälen und in der turbulenten Atmosphäre an. Im Falle isotroper Turbulenz, die durch Turbulenzgitter in Windkanälen erzeugt wird, kann man die Dissipation ε entweder durch

$$\varepsilon = -\frac{3}{2} V \frac{d\overline{v'^2}}{dx}$$

oder durch

$$\varepsilon = \frac{15\, \nu \overline{v'^2}}{\lambda^2}$$

bestimmen. Dabei bezeichnet $\overline{v'^2}$ den quadratischen Mittelwert der Schwankungsgeschwindigkeit, V die mittlere Geschwindigkeit, x den Abstand vom Gitter und λ eine von TAYLOR eingeführte Länge, die sich experimentell durch Einbeschreiben einer Parabel in die graphische Darstellung der Korrelationsfunktion $B_{ll}(r)$ bestimmt. Ist die Dissipation ε bekannt, so können wir w_0 nach der Formel

$$w_0 = 2{,}77\, \varepsilon^{3/4}\ \mathrm{cm/sec^2}, \tag{3.20}$$

die sich durch Einsetzen der Luftzähigkeit $\nu = 0{,}15\ \mathrm{cm^2/sec}$ in (3.19) ergibt, berechnen.

Insbesondere gewinnen wir unter Verwendung einiger Meßergebnisse, die in der Arbeit [4] von TOWNSEND angeführt sind (diese Angaben beziehen sich auf eine Strömung im Windkanal hinter einem quadratischen Gitter mit der Maschenweite $M = 6$ Zoll und einem Abstand $x = 30{,}5$ m vom Gitter bei verschiedenen Werten der mittleren Geschwindigkeit V), folgende Werte für ε und w_0:

V m sec^{-1}	ε cm^2 sec^{-3}	w_0 cm sec^{-2}
12,2	60,5	60,4
24,4	312,4	206,8
30,5	559,8	320,3

Wir sehen also, daß die momentanen Werte der Beschleunigung in einer turbulenten Strömung hinter einem Gitter von der Ordnung einiger m/sec^2 sind.

Die Anwendung der Formel (3.19) oder (3.20) zur Berechnung der Beschleunigungen in der turbulenten Atmosphäre wird dadurch erschwert, daß es gegenwärtig keinerlei Messungen der Dissipationsenergie ε für diesen Fall gibt. Jedoch können wir bei der Genauigkeit, die unsere Berechnungen aufweisen, eine Abschätzung der Größe ε für die turbulente Atmosphäre auf Grund von Formeln aus der Theorie der logarithmischen Grenzschicht ohne weiteres heranziehen. Bekanntlich [15] gilt für eine logarithmische Grenzschicht

$$\varepsilon = \frac{1}{\varkappa} \frac{v_*^3}{y}, \tag{3.21}$$

wobei y den Wandabstand und $\varkappa$ eine dimensionslose Konstante (KÁRMÁNsche

Konstante) bezeichnet, die angenähert gleich 0,4 ist, während $v_* = \sqrt{\frac{\tau_0}{\varrho}}$ (τ_0 — die Schubspannung, ϱ — die Dichte) die sogenannte Schubspannungsgeschwindigkeit ist, die durch die Differenz der mittleren Geschwindigkeiten in zwei Punkten oder durch die mittlere Geschwindigkeit in einem Punkt und die Wandrauhigkeit bestimmt ist. Setzen wir in (3.19) den Ausdruck (3.21) für die Dissipation und $\nu = 0{,}15\ \mathrm{cm^2\,sec^{-1}}$ ein, so gewinnen wir eine Relation, die das quadratische Mittel der Beschleunigung in der logarithmischen Grenzschicht der Luft bestimmt:

$$w_0 \approx 5{,}5 \frac{v_*^{9/4}}{y^{3/4}}\ \mathrm{cm/sec^2}. \tag{3.22}$$

Da v_* der mittleren Geschwindigkeit V proportional ist, folgt hieraus

$$w_0 \sim V^{9/4}, \tag{3.23}$$

d. h. w_0 wächst schnell im Vergleich zu V. Als Beispiel nehmen wir für die Größe der Rauhigkeit $h_0 = 3$ cm (im übrigen bemerken wir, daß die unten angeführten Berechnungen verhältnismäßig wenig von der Rauhigkeit abhängen) und bezeichnen mit V die mittlere Geschwindigkeit des Windes in der Höhe $y = 150$ cm; dann ist

$$v_* = \frac{\varkappa V}{\ln(y/h_0)} \approx 0{,}1\ V \tag{3.24}$$

und für das quadratische Mittel der Beschleunigung w_0 erhalten wir bei verschiedenen Geschwindigkeiten V folgende Werte:

V m sec^{-1}	1	3	5	6	8
w_0 cm sec^{-2}	22	260	830	1200	2400

Das quadratische Mittel der Beschleunigung erreicht somit unter den betrachteten Bedingungen bei der mittleren Windgeschwindigkeit $V \approx 5{,}5\ \mathrm{m/sec^{-1}}$ die Größe g der Erdbeschleunigung, während es bei starkem Wind diese Beschleunigung wesentlich übertrifft. Man kann sich natürlich denken, daß solche beträchtlichen Beschleunigungen bei vielen physikalischen Prozessen der Atmosphäre eine wesentliche Rolle spielen können (beispielsweise bei der Erscheinung der Nebelkoagulation).

Wir berechnen jetzt die Korrelationsfunktion des Beschleunigungsfeldes:

$$A_{ij}(M, M') = \overline{w_i(M)\, w_j(M')}. \tag{3.25}$$

Benutzen wir wieder die Gleichung (3.2), so ergibt sich

$$A_{ij}(M, M') = \frac{1}{\varrho^2} \overline{\frac{\partial p}{\partial x_i} \frac{\partial p'}{\partial x'_j}} - \frac{\nu}{\varrho}\left(\overline{\frac{\partial p}{\partial x_i} \Delta' v'_j} + \overline{\Delta v_i \frac{\partial p'}{\partial x'_j}}\right) + \nu^2\, \overline{\Delta v_i\, \Delta' v'_j}. \tag{3.26}$$

Dabei gehören die ungestrichenen Größen zum Punkt M und die gestrichenen Größen zum Punkt M'. Das mittlere Glied auf der rechten Seite dieser Gleichung kann aus denselben Gründen fortgelassen werden wie früher das mittlere Glied auf der rechten Seite von (3.3), während das erste und letzte Glied sich durch die Strukturfunktionen (1.1) und (2.1) darstellen lassen. Es gilt

$$\overline{\frac{\partial p}{\partial x_i}\frac{\partial p'}{\partial x'_j}} = \frac{1}{2}\frac{\partial^2 \Pi(M, M')}{\partial \xi_i \partial \xi_j} \tag{3.27}$$

und

$$\overline{\Delta v_i \Delta' v'_j} = -\frac{1}{2}\Delta^2 D_{ij}(M, M'), \qquad \left(\Delta = \frac{\partial^2}{\partial \xi_1^2} + \frac{\partial^2}{\partial \xi_2^2} + \frac{\partial^2}{\partial \xi_3^2}\right), \tag{3.28}$$

wobei ξ_i, ξ_j die Komponenten des Vektors $\overrightarrow{MM'}$ sind.

Wir formen nun die Ausdrücke (3.27) und (3.28) um. Da $\Pi(M, M')$ nur vom Abstand $r = \sqrt{\xi_1^2 + \xi_2^2 + \xi_3^2}$ abhängt, ergibt sich

$$\frac{\partial^2 \Pi(M, M')}{\partial \xi_i \partial \xi_j} = \frac{\partial}{\partial \xi_i}\left\{\frac{d\Pi(r)}{dr}\frac{\xi_j}{r}\right\} = \left\{\frac{d^2\Pi(r)}{dr^2} - \frac{1}{r}\frac{d\Pi(r)}{dr}\right\}\frac{\xi_i \xi_j}{r^2} + \frac{1}{r}\frac{d\Pi(r)}{dr}\delta_{ij}. \tag{3.29}$$

Weiter ersetzen wir $D_{ij}(M, M')$ gemäß (1.3) und (1.12) durch

$$\left[D_{ll}(r) + \frac{r}{2}\frac{dD_{ll}(r)}{dr}\right]\delta_{ij} - \frac{1}{2r}\frac{dD_{ll}(r)}{dr}\xi_i \xi_j$$

und erhalten

$$\Delta^2 D_{ij}(M, M') = D_1(r)\frac{\xi_i \xi_j}{r^2} + D_2(r)\delta_{ij} \tag{3.30}$$

mit

$$D_1(r) = -\frac{12}{r^3}\frac{dD_{ll}}{dr} + \frac{12}{r^2}\frac{d^2 D_{ll}}{dr^2} - 4\frac{d^4 D_{ll}}{dr^4} - \frac{r}{2}\frac{d^5 D_{ll}}{dr^5}, \tag{3.31}$$

$$D_2(r) = \frac{4}{r^3}\frac{dD_{ll}}{dr} - \frac{4}{r^2}\frac{d^2 D_{ll}}{dr^2} + \frac{8}{r}\frac{d^3 D_{ll}}{dr^3} + 5\frac{d^4 D_{ll}}{dr^4} + \frac{r}{2}\frac{d^5 D_{ll}}{dr^5}. \tag{3.32}$$

Somit ist

$$A_{ij}(M, M') = A_1(r)\frac{\xi_i \xi_j}{r^2} + A_2(r)\delta_{ij} \tag{3.33}$$

mit

$$A_1(r) = \frac{1}{2\varrho^2}\left\{\frac{d^2\Pi(r)}{dr^2} - \frac{1}{r}\frac{d\Pi(r)}{dr}\right\} - \frac{\nu^2}{2}D_1(r), \tag{3.34}$$

$$A_2(r) = \frac{1}{2\varrho^2 r}\frac{d\Pi(r)}{dr} - \frac{\nu^2}{2}D_2(r), \tag{3.35}$$

während $D_1(r)$ und $D_2(r)$ durch (3.31) und (3.32) definiert sind.

Die Funktionen $A_1(r)$ und $A_2(r)$ lassen sich durch die Längs- und Querkorrelationsfunktion des Beschleunigungsfeldes ausdrücken, die durch die Gleichungen

$$A_{ll}(r) = \overline{w_l(M)\, w_l(M')}, \qquad A_{nn}(r) = \overline{w_n(M)\, w_n(M')} \tag{3.36}$$

definiert werden, wobei $w_l(M)$ und $w_l(M')$ die Projektionen der Beschleunigungen in den Punkten M und M' auf die Richtung des Vektors $\overrightarrow{MM'}$ sind, während $w_n(M)$ und $w_n(M')$ die Projektionen der Beschleunigungen in denselben Punkten auf eine zum Vektor $\overrightarrow{MM'}$ senkrechte Richtung bezeichnen. Das Beschleunigungsfeld einer lokalisotropen turbulenten Strömung ist isotrop im gewöhnlichen Sinne und demzufolge ist

$$A_{ij}(M, M') = \frac{A_{ll}(r) - A_{nn}(r)}{r^2}\xi_i \xi_j + A_{nn}(r)\delta_{ij} \tag{3.37}$$

[vgl. beispielsweise [19] und die Gleichung (1.3)]. Vergleicht man nun die Gleichungen (3.33) und (3.37) miteinander, so erhält man unter Berücksichtigung von (3.34) und (3.35)

$$A_{ll}(r) = A_1(r) + A_2(r) = \frac{1}{2\varrho^2}\frac{d^2 \Pi(r)}{dr^2} - \frac{\nu^2}{2}\left(D_1(r) + D_2(r)\right), \tag{3.38}$$

$$A_{nn}(r) = A_2(r) = \frac{1}{2\varrho^2 r}\frac{d\Pi(r)}{dr} - \frac{\nu^2}{2} D_2(r). \tag{3.39}$$

In (3.38) und (3.39) kann man in der üblichen Weise zu dimensionslosen Funktionen übergehen, die man mit Hilfe von Ergebnissen der Paragraphen 1 und 2 berechnen kann. Dabei kann man die Glieder mit $D_1(r)$ und $D_2(r)$ vernachlässigen, ohne dabei einen merklichen Fehler zu begehen. Weiter oben hatten wir schon gezeigt, daß für $r = 0$ die Zähigkeitsglieder [das sind die Glieder die $D_1(r)$ und $D_2(r)$ enthalten] gegenüber den Gliedern, die durch die Druckgradienten bestimmt werden, vernachlässigt werden können. Für wachsendes r werden sowohl die einen als auch die anderen Glieder kleiner, wobei jedoch die Zähigkeitsglieder asymptotisch viel schneller abnehmen als die vom Druckgradienten bestimmten Glieder: aus (2.6) und (1.9) folgt, daß für $r \gg \eta_1$

$$\frac{d^2 \Pi(r)}{dr^2} \sim r^{-2/3}, \qquad \frac{1}{r}\frac{d\Pi(r)}{dr} \sim r^{-2/3}, \tag{3.40}$$

$$D_1(r) \sim r^{-10/3}, \qquad D_2(r) \sim r^{-10/3} \tag{3.41}$$

gilt.

Somit sind die Glieder in (3.38) und (3.39), die ν enthalten, sowohl für kleine als auch für große r wesentlich kleiner als die von $\Pi(r)$ abhängigen Glieder. Demzufolge ist es bei Strukturuntersuchungen des Beschleunigungsfeldes in einer turbulenten Strömung durchaus zulässig, die Zähigkeitsglieder in den Bewegungsgleichungen zu vernachlässigen und anzunehmen, daß

$$w_i = -\frac{1}{\varrho}\frac{\partial p}{\partial x_i}, \qquad (i = 1, 2, 3), \tag{3.42}$$

$$A_{ij}(M, M') = \frac{1}{2\varrho^2}\frac{\partial^2 \Pi(M, M')}{\partial \xi_i \partial \xi_j} \tag{3.43}$$

ist.

Dabei erhalten wir für die Längs- und Querkorrelationsfunktionen (3.36)

$$A_{ll}(r) = \frac{1}{2\varrho^2}\frac{d^2 \Pi(r)}{dr^2}, \qquad A_{nn}(r) = \frac{1}{2\varrho^2 r}\frac{d\Pi(r)}{dr}. \tag{3.44}$$

Gehen wir nun gemäß (2.24), (1.7) und (1.25) zu dimensionslosen Größen über, so finden wir unter Benutzung der Gleichung (2.25) die Beziehungen

$$A_{ll}(r) = \frac{k_2^4}{k_1^2}\nu^{-1/2}\varepsilon^{3/2}\alpha_{ll}\left(\frac{r}{\eta_1}\right) \approx \frac{0,45}{|S|}\nu^{-1/2}\varepsilon^{3/2}\alpha_{ll}\left(\frac{r}{\eta_1}\right), \tag{3.45}$$

$$A_{nn}(r) = \frac{k_2^4}{k_1^2}\nu^{-1/2}\varepsilon^{3/2}\alpha_{nn}\left(\frac{r}{\eta_1}\right) \approx \frac{0,45}{|S|}\nu^{-1/2}\varepsilon^{3/2}\alpha_{nn}\left(\frac{r}{\eta_1}\right), \tag{3.46}$$

wobei $\alpha_{ll}(x)$ und $\alpha_{nn}(x)$ universelle Funktionen bezeichnen, die durch die Ausdrücke

$$\alpha_{ll}(x) = \frac{1}{6x^3}\int_0^x \zeta^4 \varphi(\zeta)\, d\zeta + \frac{1}{6}\int_x^\infty \zeta \varphi(\zeta)\, d\zeta, \tag{3.47}$$

$$\alpha_{nn}(x) = \frac{1}{4x}\int_0^x \zeta^2 \varphi(\zeta)\, d\zeta - \frac{1}{12x^3}\int_0^x \zeta^4 \varphi(\zeta)\, d\zeta + \frac{1}{6}\int_x^\infty \zeta \varphi(\zeta)\, d\zeta \tag{3.48}$$

gegeben sind.

Wie im Falle des Geschwindigkeits- und Druckfeldes kann man für $x \ll 1$ und für $x \gg 1$ einfache asymptotische Darstellungen für die in der dargelegten Theorie eingeführten Funktionen gewinnen. Zunächst erhält man unmittelbar

$$\alpha_{ll}(0) = \alpha_{nn}(0) = \frac{1}{6}\int_0^\infty \zeta \varphi(\zeta)\, d\zeta \approx 0{,}83. \tag{3.49}$$

Setzen wir in den Formeln (3.47) und (3.48) nun $x \ll 1$, so können wir davon Gebrauch machen, daß für solche x-Werte gemäß der ersten asymptotischen Darstellung von (1.28) $\beta_{ll}(x) \approx \frac{1}{2}x^2$ und demzufolge $\varphi(x) \approx 30$. gilt, womit sich

$$\alpha_{ll}(x) \approx \alpha_{ll}(0) - \frac{3}{2}x^2, \qquad \alpha_{nn}(x) \approx \alpha_{nn}(0) - \frac{1}{2}x^2 \quad \text{für } x \ll 1 \tag{3.50}$$

ergibt.

Im zweiten Extremfall, für $x \gg 1$, bestimmen wir das asymptotische Verhalten von $\alpha_{ll}(x)$ und $\alpha_{nn}(x)$ mit Hilfe von (2.30) und (3.44). Wir erhalten so die asymptotischen Darstellungen

$$\alpha_{ll}(x) \approx \frac{1}{8}x^{-2/3}, \quad \alpha_{nn}(x) \approx \frac{3}{8}x^{-2/3} \qquad \text{für } x \gg 1. \tag{3.51}$$

Eine Berechnung der Funktionen $\alpha_{ll}(x)$ und $\alpha_{nn}(x)$ für $x \sim 1$ kann man numerisch unter Benutzung der in den Paragraphen 1 und 2 enthaltenen Angaben durchführen. Dabei ist es zweckmäßig, an Stelle von $\alpha_{ll}(x)$ und $\alpha_{nn}(x)$ die normierten Funktionen

$$R_{ll}(x) = \frac{\alpha_{ll}(x)}{\alpha_{ll}(0)}, \qquad R_{nn}(x) = \frac{\alpha_{nn}(x)}{\alpha_{nn}(0)} \tag{3.52}$$

einzuführen. Diese Funktionen sind gleich dem Korrelationskoeffizienten der Längs- (bzw. Quer-) Komponenten der Beschleunigung in zwei Punkten mit dem Abstand $r = x\eta_1$ voneinander. Die graphischen Darstellungen der Funktionen $R_{ll}(x)$ und $R_{nn}(x)$, die durch numerische Integration der auf den rechten Seiten von (3.47) und (3.48) auftretenden Integrale bestimmt wurden, sind in Abb. 3 eingetragen. Wir sehen, daß die Längskorrelationsfunktion $R_{ll}(x)$ schnell abnimmt und praktisch für $x > 1{,}1$ gleich Null gesetzt werden kann; die

Funktion $R_{nn}(x)$ nimmt dagegen verhältnismäßig langsam ab und ist für $x = 3$ angenähert gleich 0,17. Zur Abschätzung dieser Funktionen bei sehr großen x-Werten (der Ordnung 10 und größer) kann man die Formeln (3.51) benutzen. Nach diesen Formeln bekommen wir z. B. für $x = 10$ die Werte $R_{ll}(10) \approx 0{,}03$ und $R_{nn}(10) \approx 0{,}1$ [in Abb. 3 ist der Anwendbarkeitsbereich der Formeln (3.51) nicht eingezeichnet, da man hierzu einen viel kleineren Maßstab wählen müßte].

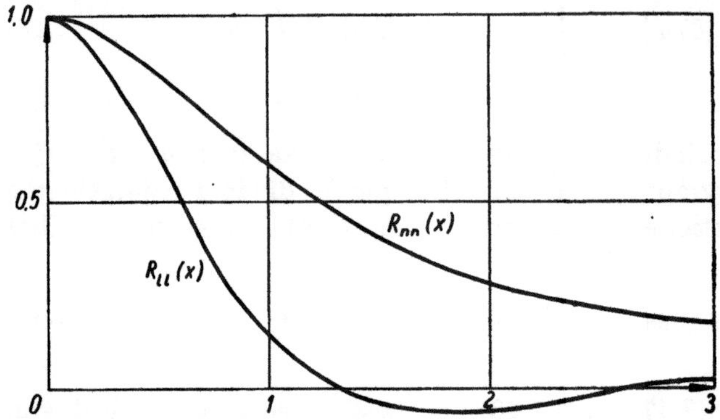

Abb. 3

Wir bemerken noch, daß die Gestalt der Korrelationsfunktionen des Beschleunigungsfeldes, wie sie in Abb. 3 dargestellt sind, sehr von der Gestalt der Korrelationsfunktionen des Geschwindigkeitsfeldes bei isotroper Turbulenz abweicht. Im Falle des Geschwindigkeitsfeldes verläuft die graphische Darstellung der Längskorrelationsfunktion gewöhnlich oberhalb der graphischen Darstellung der Querkorrelationsfunktion, und die Abszissenachse schneidet nicht die erste, sondern die zweite dieser graphischen Darstellungen. Dieser Unterschied im Verhalten der Korrelationsfunktionen für die Geschwindigkeit und die Beschleunigung erklärt sich dadurch, daß das Geschwindigkeitsfeld einer inkompressiblen Flüssigkeitsströmung ein solenoidales Vektorfeld ist, während wir das Beschleunigungsfeld zu den Potentialfeldern rechnen [siehe die Gleichung (3.42)]. Hieraus folgt, daß die Funktionen $R_{ll}(x)$ und $R_{nn}(x)$ durch die Beziehung

$$R_{ll}(x) = R_{nn}(x) + x\frac{d\,R_{nn}(x)}{dx} \tag{3.53}$$

miteinander verknüpft sind [diese Beziehung, die eine notwendige und hinreichende Bedingung dafür ist, daß ein isotropes Vektorfeld mit den Korrelationsfunktionen $R_{ll}(x)$ und $R_{nn}(x)$ ein Potential besitzt, stammt von A. M. OBUCHOW[1])], während die Korrelationsfunktionen $B_{ll}(r)$ und $B_{nn}(r)$ des Geschwindigkeitsfeldes der KÁRMÁNschen Bedingung genügen [vgl. [19] und (1.12)]:

$$B_{nn}(r) = B_{ll}(r) + \frac{r}{2}\frac{d\,B_{ll}(r)}{dr}. \tag{3.54}$$

[1]) Siehe beispielsweise seine Abhandlung „Statistische Beschreibung stetiger Felder", die in dem vorliegenden Sammelband enthalten ist. — Anmerkung zur deutschen Übersetzung.

Die Bedingungen (3.53) und (3.54) unterscheiden sich abgesehen von dem unwesentlichen Faktor $\frac{1}{2}$ im zweiten Glied der rechten Seite dadurch, daß die Rollen der Längs- und Querkorrelationsfunktion in ihnen vertauscht sind. Es ist daher auch nicht verwunderlich, daß sich die Funktionen $R_{ll}(x)$ und $R_{nn}(x)$ umgekehrt wie die Funktionen $B_{ll}(r)$ und $B_{nn}(r)$ verhalten.

Abschließend danken die Verfasser A. W. Perepelkina und J. W. Prochorow für die numerischen Berechnungen in den Paragraphen 2 und 3.

Eingegangen am 7. 10. 1950.

LITERATURVERZEICHNIS

[1] Колмогоров, А. Н., Локальная структура турбулентности в несжимаемой жидкости при очень больших числах Рейнольдса. ДАН СССР. (Kolmogorov, A. N., Die lokale Struktur der Turbulenz in einer inkompressiblen Flüssigkeit bei sehr großen Reynoldsschen Zahlen. Ber. Akad. Wiss. UdSSR), Bd. 30, Nr. 4 (1941). [Siehe auch die S. 71—76 dieses Sammelbandes.]

[2] Колмогоров, А. Н., Рассеяние энергии при локально изотропной турбулентности. ДАН СССР. (Kolmogorov, A. N., Die Energiedissipation für lokal isotrope Turbulenz. Ber. Akad. Wiss. UdSSR), Bd. 32, Nr. 1 (1941). [Siehe auch die S. 77—81 dieses Sammelbandes.]

[3] Обухов, А. М., О распределении энергии в спектре турбулентного потока. Изв. АН СССР, сер. геогр. и геофиз. (Obuchow, A. M., Über die Energieverteilung im Spektrum einer turbulenten Strömung. Nachr. Akad. Wiss. UdSSR, Ser. Geogr. u. Geophys.), Nr. 4—5 (1941). [Siehe auch die S. 83—96 dieses Sammelbandes.]

[4] Townsend, A. A., Experimental evidence for the theory of local isotropy. Proc. Cambr. Phil. Soc., Bd. 44, Nr. 4 (1948).

[5] Kármán, Th., Progress in the statistical theory of turbulence. Proc. Nat. Acad. Sci., Bd. 34, Nr. 11 (1948).

[6] Richardson, L. F., Atmospheric diffusion shown on a distance-neighbour graph. Proc. Roy. Soc., Ser. A, Bd. 110, Nr. 756 (1926).

[7] Обухов, А. М., Локальная структура атмосферной турбулентности. ДАН СССР. (Obuchow, A. M., Die lokale Struktur der atmosphärischen Turbulenz. Ber. Akad. Wiss. UdSSR), Bd. 67, Nr. 4 (1949).

[8] Stommel, H., Horisontal diffusion due to oceanic turbulence. Journ. Marine Res., Bd. 8, Nr. 3 (1949).

[9] Красильников, В. А., О распространении звука в турбулентной атмосфере. ДАН СССР. (Krassilnikow, W. A., Über die Schallausbreitung in der turbulenten Atmosphäre. Ber. Akad. Wiss. UdSSR), Bd. 47, Nr. 7 (1945).

[10] Юдин, М.И., Вопросы теории турбулентности и структуры ветра с приложением к задаче о колебаниях самолета. (Judin, M. I., Fragen der Theorie der Turbulenz und der Struktur des Windes mit Anwendungen auf das Problem der Flugzeugschwingungen), Гидрометиздат, Leningrad 1946.

[11] Обухов, А. М., Структура температурного поля в турбулентном потоке. Изв. АН СССР, сер. геогр. и геофиз. (Obuchow, A. M., Die Struktur des Temperaturfeldes in einer turbulenten Strömung. Nachr. Akad. Wiss. UdSSR, Ser. Geograph. u. Geophys.), Bd. 13, Nr. 1 (1949). [Siehe auch die S. 127—140 dieses Sammelbandes.]

[12] Яглом, А. М., О локальной структуре поля температур в турбулентном потоке. ДАН СССР. (Jaglom, A. M., Über die lokale Struktur des Temperaturfeldes in einer turbulenten Strömung. Ber. Akad. Wiss. UdSSR), Bd. 69, Nr. 6 (1949). [Siehe auch die S. 141—146 dieses Sammelbandes.]

[13] Красильников, В. А., О влиянии пульсации коэффициента преломления в атмосфере на распространение ультракоротких радиоволн. Изв. АН СССР, сер. геогр. и геофиз. (KRASSILNIKOW, W. A., Über den Einfluß der Schwankungen des Brechungsindex der Atmosphäre auf die Ausbreitung von Ultrakurzwellen. Nachr. Akad. Wiss. UdSSR, Ser. Geograph. u. Geophys.), Bd. 13, Nr. 1 (1949).

[14] Красильников, В. А., О флуктуациях угла прихода в явлении мерцания звезд. ДАН СССР. (KRASSILNIKOW, W. A., Über die Schwankungen des Einfallswinkels bei der Szintillation der Sterne. Ber. Akad. Wiss. UdSSR), Bd. 65, Nr. 3 (1949).

[15] Ландау, Л. Д. и Лифшиц, Е. М., Механика сплошных сред. (LANDAU, L. D., LIFSCHITZ, E. M., Mechanik der Kontinua), Гостехиздат, Moskau 1954.

[16] Обухов, А. М., Пульсация давления в турбулентном потоке. ДАН СССР. (OBUCHOW A. M., Druckschwankungen in einer turbulenten Strömung. Ber. Akad. Wiss. UdSSR), Bd. 66, Nr. 1 (1949).

[17] Яглом, А. М., О поле ускорений в турбулентном потоке. ДАН СССР. (JAGLOM, A. M., Über das Beschleunigungsfeld einer turbulenten Strömung. Ber. Akad. Wiss. UdSSR), Bd. 67, Nr. 5 (1949).

[18] KÁRMÁN, TH., and HOWARTH, L., On the statistical theory of isotropic turbulence. Proc. Roy. Soc., Ser. A, Bd. 164, Nr. 917 (1938).

[19] Лойцянский, Л. Г., Некоторые основные закономерности изотропного турбулентного потока. Труды ЦАГИ. (LOIZJANSKI, L. G., Einige Grundgesetze einer isotropen turbulenten Strömung. Arbeiten d. zentr. Aero-Hydrodyn. Inst.), Nr. 440 (1939).

[20] Яглом, А. М., Однородная и изотропная турбулентность в вязкой сжимаемой жидкости. Изв. АН СССР, сер. геогр. и геофиз. (JAGLOM, A. M., Homogene und isotrope Turbulenz in einer zähen kompressiblen Flüssigkeit. Nachr. Akad. Wiss. UdSSR, Ser. Geograph. u. Geophys.), Bd. 12, Nr. 6 (1948). [Siehe auch die S. 43—69 dieses Sammelbandes.]

[21] HEISENBERG, W., Zur statistischen Theorie der Turbulenz. Ztschr. f. Phys., Bd. 124, Heft 7—12 (1948).

[22] KOVASZNAY, L., Spectrum of locally isotropic turbulence. Journ. of Aer. Sci., Bd. 15, Nr. 12 (1948).

[23] GÖDECKE, K., Messungen der atmosphärischen Turbulenz. Ann. d. Hydrographie. Heft 10 (1935).

[24] Миллионщиков, М. Д., К теории однородной изотропной турбулентности. Изв. АН СССР, серия геогр. и геофиз. (MILLIONSTSCHIKOW, M. D., Zur Theorie der homogenen isotropen Turbulenz. Nachr. Akad. Wiss. UdSSR, Ser. Geograph. u. Geophys.), Nr. 4—5 (1941).

[25] Обухов, А. М., Теория корреляции векторов. Ученые записки МГУ. (OBUCHOW, A. M., Die Theorie der Korrelation von Vektoren. Wiss. Ber. Moskauer staatl. Univ.), Heft 45 (Mathematik) (1940).

[13] Гинзбург, Е. А., … [illegible] … в статья … [illegible] … sowjetischen … [illegible] … Kommunikation … [illegible] … Nauka, 1949 … [illegible] … 1960).

[14] … [illegible] … (Hg.), … [illegible]

… [illegible] … Leipzig … [illegible]

… [illegible]

… [illegible]

… [illegible]

… [illegible] … Sprachbedingungen … [illegible]

[10] … [illegible] … Nr. 8 … [illegible]

… [illegible]

… [illegible] … Leipzig … [illegible]

[14] … [illegible] … Nr. 3 (1941).

… [illegible] … Leipzig … [illegible] … (1940).

A. M. OBUCHOW

Die Struktur des Temperaturfeldes einer turbulenten Strömung[1])

Als charakteristische Strukturgröße des Temperaturfeldes wird das quadratische Mittel der Temperaturdifferenz in zwei Punkten einer Strömung benutzt. Es wird die Abhängigkeit dieser Größe vom Abstand der Beobachtungspunkte theoretisch ermittelt und die Größenordnung der charakteristischen Größen des Feldes der Temperaturschwankungen in der Atmosphäre abgeschätzt.

Das Problem der Mikrostruktur des Temperaturfeldes in der Atmosphäre ist für die Meteorologie von großem Interesse. Kleine Wärmeinhomogenitäten bedingen den turbulenten Wärmetransport und die Szintillation der Sterne; sie üben auch einen wesentlichen Einfluß auf die Schallausbreitung und eine Reihe anderer Erscheinungen der Atmosphäre aus.

Verhältnismäßig grobe Messungen der Temperaturschwankungen in der bodennahen Schicht [1] zeigen, daß das Temperaturfeld der realen Atmosphäre sehr unregelmäßig ist und anscheinend ebensolche komplizierte Struktur wie das Windgeschwindigkeitsfeld besitzt. Dieser Umstand hängt unmittelbar mit dem turbulenten Zustand der Atmosphäre zusammen.

Im Jahre 1941 schlug A. N. KOLMOGOROV [2] vor, als charakteristische Größe der Mikrostruktur des Geschwindigkeitsfeldes in einer turbulenten Strömung das quadratische Mittel der Geschwindigkeitsdifferenz in zwei nahegelegenen Punkten der Strömung, das als Funktion des Abstandes l der Beobachtungspunkte angesehen wird, zu verwenden. Diese Funktion werden wir als Strukturfunktion des Geschwindigkeitsfeldes bezeichnen.

Eine völlig analoge Methode kann man zur statistischen Beschreibung der Struktur des Feldes der Temperaturschwankungen in der Atmosphäre verwenden, indem man das quadratische Mittel der Temperaturdifferenz in zwei Punkten betrachtet. Die Abhängigkeit dieser Größe vom Abstand der Beobachtungspunkte (Strukturfunktion des Temperaturfeldes) charakterisiert die Intensität der Temperaturschwankungen für Inhomogenitäten verschiedener Abmessungen; man kann daher in einem bestimmten Sinne vom „Spektrum" der Temperatur-Inhomogenitäten sprechen.

Während das Problem der lokalen Struktur des Geschwindigkeitsfeldes einer turbulenten Strömung schon in einer Reihe theoretischer und experimenteller

[1]) Übersetzt aus: Известия АН СССР, сер. географ. и геофиз., Bd. 13 (1949), Nr. 1, S. 58.

Arbeiten behandelt wurde [2, 3, 4], ist das Problem der Strukturuntersuchung des Temperaturfeldes einer turbulenten Strömung bisher noch nicht genau formuliert. Die uns bekannten Meßdaten über die Temperaturdifferenz in der Atmosphäre gestatten es nicht einmal, die Strukturfunktion des Temperaturfeldes näherungsweise abzuschätzen, da entsprechende, mit Hilfe einer praktisch trägheitslosen Apparatur für hinreichend kleine Abstände der Meßpunkte ausgeführte Messungen anscheinend noch nicht existieren [1]).

In der vorliegenden Arbeit wurde ein erster Versuch unternommen, das Strukturproblem des Temperaturfeldes einer turbulenten Strömung theoretisch zu behandeln. Gestützt auf Vorstellungen aus der Theorie der lokalisotropen Turbulenz, gelang es uns, eine Reihe von Schlußfolgerungen für die Strukturfunktion des Temperaturfeldes zu erhalten. So ist das quadratische Mittel der Temperaturdifferenz für nicht sehr kleine Abstände der Beobachtungspunkte nach der unten entwickelten Theorie proportional ihrem Abstand hoch $\frac{2}{3}$. Dabei setzen wir voraus, daß die Amplituden der Temperaturschwankungen verhältnismäßig klein sind (im Vergleich zur mittleren absoluten Temperatur des Mediums) und auf die turbulenten Geschwindigkeitsschwankungen, die durch äußere Ursachen rein dynamischen Charakters bedingt sind, nicht erheblich einwirken. Mit anderen Worten, wir halten es in dieser Arbeit für möglich, den archimedischen Auftrieb, der in einem Medium (Luft) mit einem inhomogenen Temperaturfeld auftritt, zu vernachlässigen, und behandeln die durch die Strömung transportierte Wärme als „passive Substanz“ [2]). In Übereinstimmung mit der ersten Annahme wird ferner vorausgesetzt, daß man die turbulente Bewegung in der Atmosphäre als „inkompressibel“ ansehen kann (im Sinne der FRIEDMANNschen Terminologie).

In der vorliegenden Untersuchung wird der Wärmeaustausch durch Strahlung im Medium nicht berücksichtigt. Eine Berücksichtigung der molekularen

[1]) Von methodischer Seite her ist das Problem der Messung von Mikrotemperaturschwankungen anscheinend noch komplizierter als die Messung der momentanen Windgeschwindigkeitsdifferenz in zwei Punkten der Strömung. Man kann jedoch hoffen, daß diese Schwierigkeiten überwindbar sind, so daß wir im Laufe der Zeit die erforderlichen experimentellen Ergebnisse über die Strukturfunktion eines Temperaturfeldes in der Atmosphäre, d. h. Daten über das „Spektrum“ der Temperaturinhomogenitäten, zur Verfügung haben werden. [Gegenwärtig sind diese Schwierigkeiten schon überwunden, und es gibt ein ziemlich umfangreiches experimentelles Material über die Struktur des Temperaturfeldes in der Atmosphäre. Siehe hierzu die Artikel, die in der Fußnote auf Seite 139 dieser Arbeit angegeben sind, und den Artikel von S. I. KRETSCHMER in der Fußnote S. 174. — Anmerkung zur deutschen Übersetzung.]

[2]) Das Problem der Einwirkung systematischer Inhomogenitäten eines Temperaturfeldes auf einen turbulenten Bewegungsvorgang haben wir von einem etwas anderen Gesichtspunkt (mit der halbempirischen Theorie der Turbulenz) in der Arbeit „Turbulenz in einem temperaturinhomogenen Medium“ [8] behandelt. [Siehe auch in diesem Sammelband die Arbeit von A. S. MONIN und A. M. OBUCHOW, „Fundamentale Gesetzmäßigkeiten der turbulenten Vermischung in der bodennahen Schicht der Atmosphäre“, welche die Ideen der früheren Arbeit [8] entwickelt. — Anmerkung zur deutschen Übersetzung.]

Wärmeleitung des Mediums (der Luft) erweist sich jedoch als wesentlich für Bewegungen sehr kleinen Ausmaßes.

In hinreichend großen Raumgebieten kann der Mechanismus der Temperaturausgleichung scheinbar nur durch das Zusammenwirken der turbulenten Bewegung mit der Wärmeleitung des Mediums erklärt werden: durch die unregelmäßige turbulente Bewegung können sich die Luftteilchen von verschiedener Temperatur auf eine so geringe Entfernung nähern, daß eine Temperaturausgleichung unter diesen Teilchen auf Grund der molekularen Wärmeleitung möglich wird. Mit anderen Worten, die turbulente Bewegung innerhalb eines ungleichmäßig erwärmten Mediums mit anfangs schwachen Gradienten trägt zur „Verstärkung" der lokalen Temperaturgradienten bei, die dann durch die Wirkung der molekularen Wärmeleitung ausgeglichen werden.

Um aus diesem allgemeinen physikalischen Schema irgendwelche qualitativen Schlußfolgerungen ziehen zu können, ist es erforderlich, eine Reihe von Hilfsbegriffen einzuführen, von denen in den weiteren Darlegungen das „Maß der Inhomogenität" eines Temperaturfeldes grundlegend ist.

§ 1. Das „Maß der Inhomogenität" und die „freie Energie" eines Temperaturfeldes

Wir betrachten das Temperaturfeld eines Mediums mit der spezifischen Wärme c in einem bestimmten Raumgebiet V [1]).

$\overline{T}$ sei die mittlere Temperatur des Feldes (wir mitteln über das Raumgebiet V):

$$\overline{T} = \frac{1}{M}\iiint\limits_V \varrho\, T\,(x, y, z)\, dv \tag{1}$$

mit

$$dv = dx\, dy\, dz,$$

$$M = \iiint\limits_V \varrho\, dv \text{ (Körpermasse)}.$$

Für die Temperaturabweichung vom Mittelwert führen wir folgende Bezeichnung ein:

$$T'(x, y, z) = T(x, y, z) - \overline{T}. \tag{2}$$

Als Maß für die „Temperaturinhomogenität" des Temperaturfeldes in V wird dann eine Größe G eingeführt, die sich als Integral des halben Quadrats der Temperaturabweichung über das Raumgebiet V darstellen läßt:

$$G = \frac{1}{2}\iiint\limits_V \varrho (T')^2\, dv. \tag{3}$$

[1]) Bei der Untersuchung eines Temperaturfeldes in der Atmosphäre hat man für die Wärmekapazität die spezifische Wärme c_p der Luft bei konstantem Druck zu nehmen und dementsprechend die gesamte Energie des Systems durch den Wärmegehalt zu ersetzen.

Offensichtlich gilt genau dann $G = 0$, wenn die Temperatur im ganzen Raumgebiet konstant ist. Der Faktor $\frac{1}{2}$ wurde in Analogie zum Ausdruck für die kinetische Energie eingeführt, den man bei Ersetzen der Temperatur durch den Geschwindigkeitsvektor in den obigen Formeln erhält.

Zweckmäßigerweise führt man auch für das auf die Masseneinheit des Mediums bezogene Maß der Inhomogenität eine spezielle Bezeichnung ein:

$$g = \frac{G}{M} = \frac{1}{2M} \iiint\limits_V \varrho (T')^2 \, dv.$$

Für das Folgende ist zu bemerken, daß die Größe G eine tiefgehende physikalische Bedeutung bei der Bestimmung (bis auf einen Faktor) der maximalen Arbeit W hat, die man aus einem ungleichmäßig erwärmten Körper gewinnen kann, falls man ihn als ein (in thermischer Hinsicht) isoliertes System ansieht. Diese maximale Arbeit W werden wir unter Vorbehalt als „freie Energie" des ungleichmäßig erwärmten Körpers bezeichnen[1]).

Die Größe W ist für einen gleichmäßig erwärmten Körper offenbar gleich Null, weil sich der Körper in diesem Falle im Zustand thermodynamischen Gleichgewichts befindet.

Wir werden jetzt W für einen Körper V mit gegebener Temperaturverteilung $T(x, y, z)$ berechnen.

Um einem bestimmten System die maximale Menge an Arbeit zu entziehen, müssen wir das System offenbar mit Hilfe eines bestimmten reversiblen Prozesses in den Zustand thermodynamischen Gleichgewichts bringen. Die Differenz der Gesamtenergie des Systems bei einem derartigen Übergang von einem gegebenen Anfangszustand zu dem hypothetischen Gleichgewichtszustand legt die Größe W fest. Mit $\tilde{T}$ bezeichnen wir die Temperatur des Körpers im Endzustand. Die Temperatur $\tilde{T}$ ist offenbar konstant, da sie dem thermodynamischen Gleichgewichtszustand entspricht. Wenn wir die maximale Arbeit in Wärmeeinheiten messen, haben wir also:

$$W = \iiint\limits_V c\varrho T(x, y, z) \, dv - \iiint\limits_V c\varrho \tilde{T} \, dv = cM(\overline{T} - \tilde{T}), \tag{4}$$

wobei $\overline{T}$ die mittlere Temperatur des Körpers ist.

Zur Bestimmung von $\tilde{T}$ benutzen wir die Bedingung der Reversibilität des Prozesses, der das System von dem Anfangs- in den Endzustand überführt. Die Gesamtentropie des Systems bleibt bei diesem Prozeß konstant. Schreibt

[1]) Den Ausdruck „freie Energie" eines ungleichmäßig erwärmten Körpers, den wir im Text benutzen, darf man nicht mit einem analogen Begriff in der Thermodynamik verwechseln, der nur für isotherme Vorgänge sinnvoll ist. Da wir im folgenden niemals den klassischen Ausdruck für die freie Energie verwenden, kann eine gleichartige Terminologie nicht zu Mißverständnissen führen.

man die Entropiegleichung des erwärmten Körpers für den Anfangs- und Endzustand auf, so ergibt sich eine Gleichung zur Bestimmung von $\tilde{T}$,

$$S = \iiint_V c\varrho \lg T\,(x, y, z)\, dv = \iiint_V c\varrho \lg \tilde{T}\, dv, \tag{5}$$

aus der

$$\lg \tilde{T} = \frac{1}{M} \iiint_V \varrho \lg T(x, y, z)\, dv \tag{6}$$

folgt; $\tilde{T}$ kann man als die „mittlere geometrische" Temperatur des Körpers bezeichnen.

Die „freie Energie" eines ungleichmäßig erwärmten Körpers ist somit gleich dem Produkt der Wärmekapazität des Körpers mit der Differenz zwischen dem „arithmetischen" und „geometrischen" Mittelwert der Körpertemperatur. Setzen wir das aus (6) bestimmte $\tilde{T}$ in (4) ein, so erhalten wir für W die endgültige Darstellung

$$W = cM\overline{T}\left\{1 - \exp\left[\frac{1}{M}\iiint_V \varrho \lg \frac{T(x, y, z)}{\overline{T}}\, dv\right]\right\}. \tag{7}$$

Den Ausdruck (7) kann man bedeutend vereinfachen, wenn man voraussetzt, daß die Abweichung T' der Temperatur sehr klein im Vergleich zu $\overline{T}$ ist. Da

$$\iiint_V \varrho T'\,(x, y, z)\, dv = 0$$

ist, erhalten wir in diesem Falle eine geeignete approximative Darstellung für W [das erste Glied der Entwicklung in (7)], indem wir die Integrale über die Potenzen von $\frac{T'}{\overline{T}}$ für Exponenten, die größer als zwei sind, vernachlässigen:

$$W \approx \frac{c}{\overline{T}} \iiint_V \frac{1}{2}\, \varrho\, (T')^2\, dv = \frac{c}{\overline{T}}\, G. \tag{8}$$

Der Näherungsausdruck (8) für die „freie Energie" W unterscheidet sich lediglich durch den Faktor $\frac{c}{\overline{T}}$ von dem oben eingeführten Maß G der Inhomogenität des Temperaturfeldes.

In derselben Näherung wollen wir die Vergrößerung der Entropie ΔS bei vollständigem Temperaturausgleich durch irreversible Prozesse (Wärmeleitung) ausrechnen, wobei die der Gesamtenergie des Systems erhalten bleibt. Ein solcher Prozeß überführt den Körper auf die konstante Temperatur $\overline{T}$, so daß sich die Änderung der Entropie leicht berechnen läßt:

$$\Delta S = cM \lg \overline{T} - c\iiint_V \varrho \lg T(x, y, z)\, dv = -\, c\iiint_V \varrho \lg\left[1 + \frac{T'(x, y, z)}{\overline{T}}\right] dv;$$

hieraus ergibt sich durch Vernachlässigung der Glieder höherer Ordnung ein sehr einfacher Ausdruck für den Entropiezuwachs:

$$\Delta S \approx \frac{c}{\overline{T}^2}\, G. \tag{9}$$

Aus (8) und (9) folgt, daß in der betrachteten Näherung

$$W = \overline{T}\,\Delta S \tag{10}$$

ist, was man auch auf Grund allgemeiner Auffassungen der Thermodynamik zu erwarten hat.

Unter Berufung auf die oben gewonnenen Ausdrücke (8) für W und (9) für ΔS kann man also die von uns rein formal eingeführte Größe G mit derselben Berechtigung als Maß der „freien Energie" des Feldes oder auch als Maß des Entropiemangels des Temperaturfeldes („negative Entropie") ansehen[1]).

§ 2. Die Änderung des Maßes der Inhomogenität eines Temperaturfeldes mit der Zeit

Wir wollen die Bewegung einer inkompressiblen Flüssigkeit mit der Dichte ϱ (die der Einfachheit wegen als konstant angenommen wird) und der veränderlichen Temperatur $T(x, y, z, t)$ untersuchen. λ sei die Wärmeleitfähigkeit und $\varkappa$ entsprechend die Temperaturleitfähigkeit der Flüssigkeit. Die Berandung des betrachteten Raumgebietes werden wir als starr und wärmeundurchlässig voraussetzen. Unter diesen Voraussetzungen wollen wir die Änderung der oben definierten Größe G für das ganze Raumgebiet berechnen.

In einem bewegten Medium genügt die Temperatur unter den gemachten Voraussetzungen der Gleichung

$$c\varrho \frac{dT}{dt} = \lambda\,\Delta T$$

oder

$$\frac{\partial T}{\partial t} + (\mathfrak{v}, \operatorname{grad} T) = \varkappa\,\Delta T. \tag{11}$$

Da nach Voraussetzung

$$\operatorname{div} \mathfrak{v} = 0$$

ist, erhalten wir durch Einsetzen von

$$T(x, y, z, t) = \overline{T} + T'(x, y, z, t)$$

in die Gleichung (11) eine vollkommen analoge Gleichung für die Abweichung $T'(x, y, z, t)$,

$$\frac{\partial T'}{\partial t} + (\mathfrak{v}, \operatorname{grad} T') = \varkappa\,\Delta T', \tag{11a}$$

in der $\varkappa$ die Temperaturleitfähigkeit bezeichnet.

Diese Beziehung multiplizieren wir mit $\varrho T'(x, y, z, t)$ und integrieren über das Raumgebiet V. Da auf der Berandung des Raumgebietes

$$v_n = 0 \quad \text{und} \quad (\operatorname{grad} T)_n = 0$$

[1]) Es ist anzunehmen, daß es bei Problemen der dynamischen Meteorologie zur Analyse der innerhalb einer inhomogen erwärmten Luftmasse vor sich gehenden Prozesse für die Abschätzung von Energiequellen zweckmäßig ist, die Größe W zu verwenden, die den Vorrat an Wärmeenergie darstellt, der theoretisch in Bewegungsenergie der Luftmasse umgewandelt werden kann.

gilt, erhalten wir unter Benutzung des GAUSSschen Integralsatzes

$$\frac{dG}{dt} = -\varkappa \iiint\limits_V \varrho\,(\text{grad } T)^2\, dv\,. \tag{12}$$

Verwendet man das auf die Maßeinheit bezogene Maß $g = \frac{G}{M}$ der Temperaturinhomogenität, so kann man die Gleichung (12) in der Form

$$\frac{dg}{dt} = -\varkappa\, \overline{(\text{grad } T)^2} \tag{12a}$$

schreiben, wobei sich die Mittelwertbildung über das Raumgebiet V erstreckt.

Die gefundene Gleichung ist ihrer Struktur nach völlig analog der Gleichung für die Energiedissipation. Sieht man g als formales Analogon zur kinetischen Energie an, dann wird

$$N = \varkappa\,(\text{grad } T)^2$$

ein Analogon zu der auf die Masseneinheit bezogenen Dissipationsfunktion von STOKES für ein Temperaturfeld. Dieser Ausdruck bestimmt die Ausgleichsgeschwindigkeit für die Temperaturinhomogenitäten.

Zu bemerken ist, daß die Temperaturleitfähigkeit $\varkappa$ und die kinematische Zähigkeit ν die gleiche Dimension haben und für Luft dicht beieinander liegende Zahlwerte annehmen ($\nu = 0{,}14$, $\varkappa = 0{,}19$ cm²/sec).

Aus (12) folgt unmittelbar, daß in einem hypothetischen Medium mit der Temperaturleitfähigkeit $\varkappa = 0$, das Maß G der Inhomogenität innerhab eines abgeschlossenen Raumgebietes V für jede beliebige Flüssigkeitsbewegung [für jedes Geschwindigkeitsfeld $\mathfrak{v}(x, y, z, t)$] konstant bleibt. Andererseits zeigt die Formel (12) noch, daß in realen Medien mit geringer Wärmeleitfähigkeit (Luft, Wasser) praktisch nur dann ein wirklicher Ausgleich der Temperaturinhomogenitäten (eine Verkleinerung von G) stattfindet, wenn die lokalen Gradienten hinreichend groß sind.

Wir können uns nun ein Bild davon machen, was mit einem Temperaturfeld bei einer turbulenten Mischbewegung in einem Medium, das eine sehr kleine Wärmeleitfähigkeit besitzt, geschieht. Ist die Anfangsverteilung der Temperatur hinreichend „glatt", so kann man N bei sehr kleinem $\varkappa$ nicht nur im Anfangsmoment, sondern auch im Verlaufe einer bestimmten Periode der Vermischungszeit gleich Null annehmen. Erfahrungsgemäß übt eine unregelmäßige turbulente Flüssigkeitsbewegung auf ein Temperaturfeld in der Weise einen Einfluß aus, daß die über ein bestimmtes endliches Raumgebiet gemittelte Temperatur die Tendenz zum Ausgleich (Ausgleich „im Mittel") hat. Wenn wir das ursprüngliche Raumgebiet V in kleine Teilgebiete mit dem Volumen $\omega = \frac{V}{k}$ zerlegen, so werden die mittleren Temperaturen der Teilgebiete bei der Mischbewegung die Tendenz haben, sich der konstanten Temperatur $\overline{T}$ zu nähern. Ändert sich jedoch dabei das Maß G der Inhomogenität (oder entsprechend g) nicht, dann muß das Feld innerhalb eines jeden Teilgebietes sehr inhomogen sein, da sich in diesem Falle die mittlere Amplitude der Temperaturschwankungen innerhalb eines kleinen Teilgebietes der mittleren Amplitude der Temperaturveränderungen annähern wird, die im Anfangsmoment für das gesamte Raumgebiet V beobachtet wurde. Da sich das Volumen ω eines Teilgebietes, in dem der oben erwähnte Temperaturausgleich „im Mittel" beobachtet wird, bei Vergrößerung der Vermischungszeit verkleinern muß, müssen sich die wirklichen Temperaturgradienten bei diesem Vorgang vergrößern und, von einem bestimmten Zeitpunkt an, muß die molekulare Wärmeleitung wirksam werden. Durch das Wirken der molekularen Wärmeleitung wird dann innerhalb genügend kleiner Volumenelemente (die um so kleiner sind, je kleiner die Wärmeleitfähigkeit des Mediums ist) der wirkliche Ausgleich der Temperaturinhomogenitäten, d. h. eine Verkleinerung der Größe G (eine Zunahme der Entropie) stattfinden. Man kann sich leicht vorstellen, daß sich nach einer gewissen Zeit innerhalb hinreichend kleiner Teilgebiete ein (statistisch) quasi-stationärer Vorgang einstellt, bei dem die Vergrößerung des Maßes der Inhomogenität eines Teilgebietes mit dem Volumen ω dank der Mischbewegung durch den wirklichen Ausgleich des Temperaturfeldes in ω mittels molekularer Wärmeleitung kompensiert wird.

Die Einwirkung der Turbulenz führt also auf eine Neuverteilung des Maßes der Temperaturinhomogenität über das „Spektrum" der Temperaturinhomogenitäten. Den Begriff des „Spektrums" eines Temperaturfeldes kann man definieren, wenn man die Entwicklung des Temperaturfeldes in eine FOURIERsche Reihe (ein FOURIERsches Integral) genauer untersucht und anschließend nachweist, daß sich die Größe g additiv aus entsprechenden Größen zusammensetzt, die sich auf die verschiedenen Spektralkomponenten beziehen. Diese Methode zur Untersuchung eines Temperaturfeldes kann man völlig analog zu der 1941 von OBUCHOW [3] und etwas später von ONSAGER [5] verwendeten Methode zur Untersuchung des Geschwindigkeitsfeldes anwenden.

In der vorliegenden Arbeit werden wir nicht die Methode der Spektralzerlegung auf das Problem der Mikrostruktur des Temperaturfeldes anwenden[1]), sondern auf Grund der oben dargelegten qualitativen Vorstellungen versuchen, direkt zur Untersuchung der Strukturfunktion des Temperaturfeldes überzugehen, wobei wir Ähnlichkeits- und dimensionsanalytische Betrachtungen durchführen werden. Diese Methode ist analog zu einer Methode, die von A. N. KOLMOGOROV [2] bei der Untersuchung der Mikrostruktur des Geschwindigkeitsfeldes in einer turbulenten Strömung benutzt wurde.

[1]) Nach dem Erscheinen dieses Artikels wurde die Spektralmethode zur Behandlung des Problems der Struktur des Temperaturfeldes einer turbulenten Strömung in der Arbeit von S. CORRSIN, On the spectrum of isotropic temperature fluctuations in an isotropic turbulence, Journal Appl. Phys., Bd. 22, Nr. 4, S. 469—473 (1951) angewandt. — Anmerkung zur deutschen Übersetzung.

§ 3. *Die Strukturfunktion eines Temperaturfeldes*

Im einleitenden Paragraphen sprachen wir schon von der Strukturfunktion eines Temperaturfeldes. Die Strukturfunktion ist (nach statistischer Auffassung) der Mittelwert des Quadrates der Differenz von Temperaturwerten in zwei Beobachtungspunkten M und M':

$$H(M, M') = \overline{[T(M') - T(M)]^2}. \tag{13}$$

Das Temperaturfeld werden wir als lokalisotrop annehmen. Die Funktion $H(M, M')$ ist dann unter der Bedingung, daß die Beobachtungspunkte M und M' aus einem bestimmten Bereich V_0 gewählt werden und der Abstand zwischen ihnen klein im Vergleich zum äußeren Maß l_0 der Turbulenz ist, praktisch nur vom Abstand l der Punkte M und M' abhängig. Das Maß l_0 wird bei gegebenen Versuchsbedingungen durch die geometrische Beschaffenheit der Strömung festgelegt; für l_0 kann man beispielsweise den PRANDTLschen Mischungsweg nehmen. Diese Definition ist der Definition eines lokalisotropen Geschwindigkeitsfeldes in einer turbulenten Strömung, die 1941 von KOLMOGOROV gegeben wurde, vollkommen analog. Die Annahme der lokalen Isotropie des Temperaturfeldes einer turbulenten Strömung erweist sich somit als naheliegend.

Akzeptieren wir die Hypothese der lokalen Isotropie des Temperaturfeldes, so können wir

$$H(M, M') = H(l) \tag{14}$$

für $l < l_0$ schreiben, wobei

$$l = \sqrt{(x' - x)^2 + (y' - y)^2 + (z' - z)^2}$$

ist. Für $l = 0$ ist offenbar $H = 0$ und aus Symmetriegründen auch $H'(0) = 0$.

Die zweite Ableitung der Strukturfunktion im Nullpunkt läßt sich unmittelbar durch den quadratischen Mittelwert des Temperaturgradienten ausdrücken. Wir werden die Koordinaten der Punkte M und M' als unabhängige Veränderliche $(x_1, x_2, x_3, x_1', x_2', x_3')$ auffassen und nacheinander in der rechten und linken Seite von (13) die Punkte M und M' variieren:

$$\big((\nabla\nabla' H(M, M')\,\delta M \cdot \delta M')\big) = -\,2\,\overline{\big((\operatorname{grad} T(M) \cdot \operatorname{grad} T(M')\,\delta M \cdot \delta M')\big)};$$

hierbei bedeutet der Punkt das tensorielle Produkt der Vektoren, während die rechte und linke Seite biskalare Produkte darstellen. Da die Vektoren δM und $\delta M'$ willkürlich sind, folgt daraus:

$$\overline{\operatorname{grad}_\alpha T(M) \cdot \operatorname{grad}_\beta T(M')} = -\,\frac{1}{2}\,\frac{\partial^2}{\partial x^\alpha\,\partial x'^\beta}\,H(l). \tag{15}$$

Benutzt man die Bedingung (14) der lokalen Isotropie, so läßt sich die rechte Seite von (15) leicht berechnen:

$$\overline{\operatorname{grad}_\alpha T(M)\,\operatorname{grad}_\beta T(M')} = \frac{1}{2l}\,H'(l)\,\delta_{\alpha\beta} + \frac{1}{2}\left[H''(l) - \frac{1}{l}\,H'(l)\right] n_\alpha\, n_\beta, \tag{16'}$$

wobei

$$\alpha, \beta = 1, 2, 3, \quad \delta_{\alpha\beta} = \begin{cases} 1 & \alpha = \beta \\ 0 & \alpha \neq \beta \end{cases}$$

ist und

$$n_\alpha = \frac{x'_\alpha - x_\alpha}{l}$$

die Komponenten des Einheitsvektors sind, der die Richtung von M nach M' festlegt.

Durch Grenzübergang $M' \to M$ (d. h. $l \to 0$) und Summation über die Indizes $\alpha = \beta$ erhalten wir die gewünschte Formel für das quadratische Mittel des Temperaturgradienten:

$$\overline{[\mathrm{grad}\ T]^2} = \frac{3}{2} H''(0). \tag{17}$$

Multiplizieren wir nun die rechte und linke Seite von (17) mit der Temperaturleitfähigkeit $\varkappa$, so gewinnen wir einen Ausdruck für den Mittelwert der oben eingeführten (§ 2) charakteristischen Größe N — „die Ausgleichsgeschwindigkeit der Temperaturinhomogenitäten“:

$$\overline{N} = \frac{3}{2} \varkappa H''(0). \tag{18}$$

Demzufolge ist für sehr kleine l (etwas später präzisieren wir den Sinn des Ausdrucks „kleine“ l durch Einführung eines entsprechenden Maßes):

$$H(l) \approx \frac{1}{2} H''(0)\, l^2 = \frac{1}{3} \frac{\overline{N}}{\varkappa} l^2. \tag{19}$$

Die Strukturfunktion $H(l)$ eines Temperaturfeldes kann man, grob gesprochen, für Abmessungen, die nicht größer als l sind, als das Maß g der Intensität der Temperaturinhomogenitäten (bezogen auf die Masseneinheit) auffassen, weil die Inhomogenitäten bei Abmessungen, die wesentlich größer als l sind, keinen erheblichen Einfluß auf die Temperaturdifferenz im Abstand l ausüben werden. Genauer läßt sich der Zusammenhang zwischen dem Spektrum der Temperaturinhomogenitäten und der Strukturfunktion bei Verwendung einer FOURIERschen Entwicklung bestimmen.

Verwenden wir das im vorhergehenden Paragraphen entworfene qualitative Bild über den Ausgleichungsprozeß der Temperaturinhomogenitäten einer turbulenten Strömung, so können wir jetzt versuchen, eine Darstellung der Strukturfunktion $H(l)$ für „nicht sehr kleine“ l-Werte zu bekommen, die zu Abmessungen gehören, bei denen der direkte Einfluß der Wärmeleitfähigkeit des Mediums vernachlässigbar klein ist. Naturgemäß setzt man voraus, daß der Wert $H(l)$ bei einem quasistationären Regime der Temperaturschwankungen im Bereich dieser l-Werte lediglich durch die Größe $\overline{N}$ (das Analogon der Dissipationsenergie in der KOLMOGOROVschen Theorie für die Geschwindigkeitsschwankungen) und die charakteristischen Turbulenzgrößen bestimmt wird. Die Wärmeleitfähigkeit soll infolgedessen nicht unmittelbar in die Gesamtheit der bestimmenden Parameter eingehen. Nach der KOMOGOROVschen Theorie wird die Struktur des Feldes der turbulenten Geschwindigkeitsschwankungen in diesem Bereich vollständig durch die mittlere Dissipationsenergie $\overline{\Phi}$ bestimmt, die auf die Masseneinheit des Mediums bezogen ist. Wir können also in allgemeiner Form

$$H(l) = F(\overline{N}, \overline{\Phi}, l) \tag{20}$$

schreiben.

Bevor wir nun zur Untersuchung der Gestalt von $H(l)$ unter Benutzung dimensionsanalytischer Überlegungen übergehen, ist es erforderlich, eine wichtige Bemerkung zur Dimension der Temperatur zu machen. Da der Charakter des Wärmetransports durch die Strömung als passiv angenommen wurde, bei dem die ungeordnet verteilten Inhomogenitäten des Temperaturfeldes keinen Einfluß auf die turbulente Bewegung haben (dies entspricht verhältnismäßig kleinen Temperaturabweichungen von der mittleren Temperatur und einer starken Turbulenz rein dynamischen Ursprungs), kommt das mechanische Wärmeäquivalent unter den bestimmenden Parametern nicht vor. Daher können wir bei dimensionsanalytischen Überlegungen für die Temperatur ein beliebiges Maß benutzen, das nicht von der Wahl der Abmessungen für die dynamischen Größen[1]) abhängt. Für die Temperatur kann also eine besondere Dimension Θ angenommen werden.

Die Dimensionen der in (20) vorkommenden Größen sind

$$[H] = \Theta^2, \quad [\overline{\Phi}] = L^2 T^{-3}, \quad [N] = \Theta^2 T^{-1}, \quad [l] = L$$

(in diesen Ausdrücken ist T die Dimension der Zeit).

Aus diesen Größen kann man nur eine dimensionslose Kombination bilden:

$$\frac{H \overline{\Phi}^{1/3}}{\overline{N} l^{2/3}} = k^2 \text{ (Zahl)};$$

daraus folgt, daß die Strukturfunktion $H(l)$ die Form

$$H(l) = k^2 \frac{\overline{N}}{\overline{\Phi}^{1/3}} l^{2/3} \tag{21}$$

oder

$$\sigma_{\Delta T}(l) = \sqrt{\overline{(T(M') - T(M))^2}} = B l^{1/3} \tag{22}$$

hat, wobei k eine konstante Zahl ist, die anscheinend die Größenordnung Eins hat; $B = k \frac{\sqrt{\overline{N}}}{\sqrt[6]{\overline{\Phi}}}$ ist eine fundamentale charakteristische Größe der lokalen Struktur des Temperaturfeldes.

[1]) Wir weisen noch darauf hin, daß der umgekehrte Übergang von mechanischer Energie in Wärme (durch Dissipation) in einer turbulenten Strömung dermaßen unbedeutende Temperaturänderungen hervorruft, daß man diesen Vorgang auch vernachlässigen kann.

Die gewonnene Abhängigkeit des quadratischen Mittels der Temperaturdifferenz in einer turbulenten Strömung vom Abstand der Beobachtungspunkte ist vollkommen analog dem „Zweidrittelgesetz" für ein Geschwindigkeitsfeld, das 1941 von KOLMOGOROV und OBUCHOW [2, 3] gefunden wurde:

$$\overline{[\mathfrak{v}(M') - \mathfrak{v}(M)]^2} = c\overline{\Phi}^{2/3}\, l^{2/3}. \tag{23}$$

Dabei ist c eine Konstante von der Größenordnung Eins.

In der Struktur des Temperatur- und Geschwindigkeitsfeldes unter den Bedingungen einer lokalisotropen turbulenten Strömung gibt es somit eine eigentümliche Ähnlichkeit. Sie besteht darin, daß der Quotient der quadratisch gemittelten Amplituden der Temperaturdifferenz und der Geschwindigkeitsdifferenz nicht vom Abstand der Beobachtungspunkte abhängt und die Ordnung

$$\sqrt{\frac{\overline{N}}{\overline{\Phi}}} \text{ hat.}$$

Jetzt kann man das Maß der kleinsten Temperaturinhomogenitäten abschätzen, in deren Innern sich das Temperaturfeld auf Grund der Wärmeleitung einem linearen Feld nähert. Dieses Maß entspricht dem Anwendbarkeitsbereich der asymptotischen Darstellung von $H(l)$ für kleine l. Das entsprechende Maß l_1 definieren wir als denjenigen Punkt, in dem die beiden asymptotischen Darstellungen (19) und (21) von $H(l)$, die zu „kleinen" bzw. „großen" l-Werten gehören, übereinstimmen (Abb. 1; hier stellt die gestrichelte Linie den hypothetischen Verlauf von $H(l)$ in der Übergangszone dar).

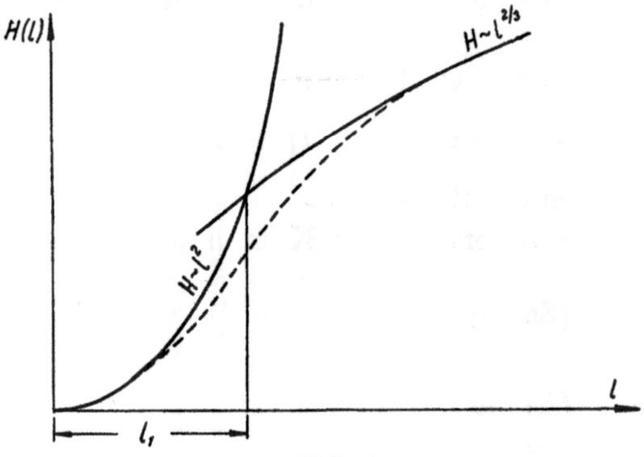

Abb. 1

Bei einer solchen Definition muß l_1 der Gleichung

$$\frac{1}{3}\frac{\overline{N}}{\varkappa}l_1^2 = k^2\frac{\overline{N}}{\overline{\Phi}^{1/3}}l_1^{2/3}$$

genügen, woraus

$$l_1 = \sqrt[4]{\frac{27\,k^6\,\varkappa^3}{\overline{\Phi}}} \tag{24}$$

folgt.

Das Maß l_1 hängt nicht von der Intensität der Temperaturschwankungen ab. Da die PRANDTL-Zahl $\mathrm{Pr} = \frac{\nu}{\varkappa}$ für Luft die Größenordnung Eins hat, stimmt das Maß l_1 größenordnungsmäßig mit dem inneren Maß η der Turbulenz (das Maß der kleinsten Turbulenzelemente) überein, das in dem oben zitierten Artikel von KOLMOGOROV eingeführt wurde:

$$\eta \sim \sqrt[4]{\frac{\nu^3}{\overline{\overline{\Phi}}}}. \tag{25}$$

Die oben entwickelten Vorstellungen über die Mikrostruktur eines Temperaturfeldes in einer turbulenten Strömung können in der Meteorologie bei der Untersuchung von Temperaturschwankungen in der bodennahen Schicht unter der Bedingung Verwendung finden, daß die Windgeschwindigkeit hinreichend groß ist und die Turbulenz dynamischen Ursprungs ist.

Man kann versuchen, eine grobe Abschätzung der Fundamentalgrößen der Strukturfunktion eines Temperaturfeldes in der Atmosphäre zu geben. Machen wir von der oben formulierten „Ähnlichkeit" der charakteristischen Größen des Temperatur- und Geschwindigkeitsfeldes Gebrauch, so können wir den Übergangskoeffizienten von der Amplitude der Windgeschwindigkeit zur Amplitude der Temperaturschwankungen bestimmen, indem wir die beiden, unter analogen Bedingungen gewonnenen Registrierungen der Temperatur und der Windgeschwindigkeit vergleichen. Unter Beachtung der im Buch von LETTAU [6] angeführten Daten kann man diesen Übergangskoeffizienten durch eine Größe der Ordnung 0,5° auf 1 m/sec oder $5 \cdot 10^{-3}$ grad cm/sec abschätzen. Die charakteristische Größe B der Mikrostruktur des Temperaturfeldes (der Proportionalitätsfaktor bei $l^{1/3}$ im Ausdruck für das quadratische Mittel der Temperaturdifferenz) läßt sich dann in Übereinstimmung mit den Messungen der Windgeschwindigkeitsschwankungen von GÖDECKE [7] und vom Verfasser [8] auf einige hundertstel Grad pro $\text{cm}^{1/3}$ abschätzen. Dies entspricht für eine Basis von 1 m einer mittleren Amplitude der Temperaturdifferenz von der Ordnung eines zehntel Grades.

Auf Grund derselben Ergebnisse von GÖDECKE kann man das innere Maß der Turbulenz durch eine Größe der Ordnung 1 cm abschätzen. Die gleiche Größenordnung muß das oben angeführte Maß l_1 haben, das die Abmessung der „kleinsten Kerne", welche die Temperaturinhomogenität der Atmosphäre bedingen, charakterisiert.

Diese groben Abschätzungen müssen selbstverständlich mit Hilfe besonderer Messungen schnell schwankender Temperaturdifferenzen in der Atmosphäre bei kleinen Abständen (von einigen Zentimetern bis zu einem Meter) präzisiert werden[1]).

[1]) Gegenwärtig gibt es schon Angaben über solche Messungen,. Siehe beispielsweise die Arbeit von S. I. KRETSCHMER, Untersuchung der Mikroschwankungen des Temperaturfeldes in der Atmosphäre. Dokl. Akad. Nauk SSSR, Bd. 84, Nr. 1, S. 55—58 (1952), von M. SHIOTANI, On the Fluctuation of the Temperature and Turbulent Structure near the Ground. Journ. Meteorol. Soc. Japan, Bd. 33, Nr. 3, S. 117—123 (1955) und besonders die Arbeit von W. I. TATARSKY, Die Mikrostruktur des Temperaturfeldes in der bodennahen Schicht der Atmosphäre. Isw. Akad. Nauk SSSR, Ser. geophys. Nr. 6, S. 689—699, in der ungefähr 400 Messungen der Strukturfunktion $H(l)$ bei verschiedenen meteorologischen Bedingungen angegeben sind. — Anmerkung zur deutschen Übersetzung.

Untersuchungen ähnlicher Art sind nicht nur in Verbindung mit der oben dargelegten Theorie von Interesse, sondern sie sind auch wichtig für die Klärung einer Reihe von Fragen, die mit der Akustik und Optik in der Atmosphäre zusammenhängen.

Akademie der Wissenschaften der UdSSR
Geophysikalisches Institut

Eingegangen am 28. 3. 1948

LITERATURVERZEICHNIS

[1] Holtzman, M., Zur Frage des Genauigkeitsgrades der Lufttemperatur- und Feuchtigkeitsmessungen in natürlichen Verhältnissen. Meteorologische Zeitschrift, Bd. 53, S. 327 (1936).

[2] Колмогоров, А. Н., Локальная структура турбулентности в несжимаемой вязкой жидкости. Докл. АН СССР. (Kolmogorov, A. N., Die lokale Struktur der Turbulenz in einer inkompressiblen zähen Flüssigkeit bei sehr großen Reynoldsschen Zahlen. Ber. Akad. Wiss. UdSSR), Bd. 30, Nr. 4 (1941). [Siehe auch die S. 71—76 dieses Sammelbandes.]

[3] Обухов, А. М., О распределении энергии в спектре турбулентного потока. Изв. АН СССР, сер. геогр. и геофиз. (Obuchow, A. M., Über die Energieverteilung im Spektrum einer turbulenten Strömung. Nachr. Akad. Wiss. UdSSR, Ser. Geograph. u. Geophys.), Nr. 4—5 (1941). [Siehe auch die S. 83—96 dieses Sammelbandes.]

[4] Batchelor, G. K., Kolmogoroff's theory of locally isotropic turbulence. Proc. of the Cambr. Phil. Soc., Bd. 43, Teil 4, S. 533 (1947).

[5] Onsager, L., Phys. Rev., Bd. 68, S. 286 (1945).

[6] Lettau, H., Atmosphärische Turbulenz. § 50, Leipzig 1939.

[7] Gödecke, K., Messungen der atmosphärischen Turbulenz. Annalen der Hydrographie, H. 10, S. 400 (1935).

[8] Обухов, А. М., К теории атмосферной турбулентности. Изв. АН СССР, сер. физ. (Obuchow, A. M., Zur Theorie der atmosphärischen Turbulenz. Nachr. Akad. Wiss. UdSSR, Ser. Phys.), Bd. 6, Nr. 1—2 (1942).

A. M. JAGLOM

Über die lokale Struktur des Temperaturfeldes einer turbulenten Strömung[1])

Das Studium der lokalen Struktur hydrodynamischer Felder einer turbulenten Strömung bei großen REYNOLDSschen Zahlen wurde 1941 von A. N. KOLMOGOROV [1, 2] und A. M. OBUCHOW [3] begonnen. Sie behandelten das Problem der lokalen Struktur des Geschwindigkeitsfeldes in einer inkompressiblen Flüssigkeit. Als qualitative charakteristische Strukturgröße für dieses Feld wurden in den Arbeiten [1—3] die Strukturfunktionen des Geschwindigkeitsfeldes

$$D_{ll}(r) = \overline{[v_l(M') - v_l(M)]^2}, \quad D_{nn}(r) = \overline{[v_n(M') - v_n(M)]^2} \tag{1}$$

verwendet. Dabei sind $v_l(M)$ und $v_l(M')$ die Projektionen des Geschwindigkeitsvektors in den Punkten M und M' auf die Richtung $\overrightarrow{MM'}$ und $v_n(M)$ und $v_n(M')$ die Projektionen des Geschwindigkeitsvektors auf eine zu $\overrightarrow{MM'}$ senkrechte Richtung. Der obere Querstrich dient als Symbol für die Mittelwertbildung, während r die Entfernung zwischen den Punkten M und M' ist (den Grund dafür, daß die Größen D_{ll} und D_{nn} bei großen REYNOLDSschen Zahlen für einen nicht zu großen Abstand r als nur von r abhängig angesehen werden können, siehe in [1]). In der Arbeit [1] wurde das Verhalten der Funktionen $D_{ll}(r)$ und $D_{nn}(r)$ mit Hilfe von Dimensions- und Ähnlichkeitsbetrachtungen untersucht, in der Arbeit [2] wurden für diesen Zweck die Gleichungen der Flüssigkeitsbewegung herangezogen, und in der Arbeit [3] wurde schließlich die Bilanzgleichung der Energie im Spektrum einer turbulenten Strömung verwendet; diese Bilanzgleichung wird aus den Bewegungsgleichungen durch Anwendung einer FOURIERschen Transformation gewonnen[2]). Natürlich stimmten die durch diese drei Methoden gewonnenen Resultate miteinander überein; jetzt sind diese Ergebnisse auch experimentell bestätigt worden [7, 8].

Vor kurzem wandte A. M. OBUCHOW [9] die in [1] entwickelten allgemeinen Vorstellungen über den lokalen Aufbau turbulenter Strömungen bei großen REYNOLDSschen Zahlen auch auf das Problem der lokalen Struktur eines

[1]) Übersetzt aus: Доклады АН СССР, Bd. 69 (1949), Nr. 6, S. 743.

[2]) Die dritte Untersuchungsmethode wurde in den letzten Jahren mit unwesentlichen Änderungen von einigen Verfassern [4—6] wiederholt dargelegt.

Temperaturfeldes in solchen Strömungen an[1]). Die Methode zur Untersuchung der Strukturfunktion eines Temperaturfeldes stimmt in der Arbeit [9] mit der in [1] für die Behandlung der Strukturfunktion des Geschwindigkeitsfeldes angewandten Methode (Dimensions- und Ähnlichkeitsbetrachtungen) überein. In der vorliegenden Arbeit zeigen wir, daß man die in [9] erhaltenen Resultate[2]) mit Hilfe der Grundgleichungen der Hydrodynamik bestätigen und etwas präzisieren kann.

Wie in der Arbeit [9] werden wir hier nur den Fall betrachten, daß in der Strömung eine starke Turbulenz dynamischen Ursprungs vorhanden ist, während die Temperaturschwankungen dermaßen klein sind, daß ihr Einfluß auf die Entwicklung der Turbulenz vernachlässigt werden kann. Wir werden auch den Wärmeaustausch durch Strahlung im Medium und die mit der Dissipation der mechanischen Energie der Turbulenz verbundene Erwärmung nicht berücksichtigen. Unter diesen Bedingungen wird das Geschwindigkeitsfeld der Strömung den gewöhnlichen Bewegungsgleichungen einer zähen inkompressiblen Flüssigkeit genügen (wir nehmen natürlich an, daß die mittlere Geschwindigkeit viel kleiner als die Schallgeschwindigkeit ist), während das Temperaturfeld die Gleichung

$$\frac{\partial T}{\partial t} + \sum_{j=1}^{3} v_j \frac{\partial T}{\partial x_j} = \chi \Delta T \tag{2}$$

erfüllt (T ist die Temperatur, v_1, v_2, v_3 sind die Komponenten des Geschwindigkeitsvektors, und χ ist die molekulare Temperaturleitfähigkeit des Mediums). Wir weisen darauf hin, daß die Gleichung (2) mit der Gleichung für die Diffusion einer Materialbeimischung in einem Medium genau übereinstimmt, wenn man nur unter T die Konzentration dieser Materialbeimischung und unter χ ihren molekularen Diffusionskoeffizienten versteht. Daher beziehen sich alle folgenden Überlegungen (ebenso wie auch alle Überlegungen, die in der Arbeit [9] enthalten sind) nicht nur auf ein Temperaturfeld, sondern auch auf das Konzentrationsfeld einer beliebigen Materialbeimischung in einer turbulenten Strömung.

Bei großen REYNOLDSschen Zahlen kann man eine turbulente Bewegung als lokalhomogen und lokalisotrop ansehen (siehe [1]). Unter dieser Annahme ergibt sich aus (2)

$$\frac{\partial}{\partial t}\overline{[T(M)\,T(M')]} = 2\sum_{j=1}^{3}\frac{\partial}{\partial \xi_j}\overline{[v_j(M)\,T(M)\,T(M')]} + 2\chi\,\Delta\,\overline{[T(M)\,T(M')]}, \tag{3}$$

wobei ξ_1, ξ_2, ξ_3 die Komponenten des Vektors $\overrightarrow{MM'}$ sind, während $\Delta = \frac{\partial^2}{\partial \xi_1^2} + \frac{\partial^2}{\partial \xi_2^2} + \frac{\partial^2}{\partial \xi_3^2}$ ist (vgl. beispielsweise die Herleitung der analogen Gleichung

[1]) Die Anwendung dieser Vorstellungen auf die Untersuchung des Druck- und Beschleunigungsfeldes in turbulenten Strömungen siehe in [10, 11]. [Siehe auch die Arbeit von A. M. OBUCHOW und A. M. JAGLOM, Die Mikrostruktur einer turbulenten Strömung, auf den S. 97—125 dieses Sammelbandes. Diese Arbeit enthält eine ausführliche Beschreibung des Inhaltes von [10] und [11]. — Anmerkung zur deutschen Übersetzung.]

[2]) Wir weisen darauf hin, daß diese Resultate bereits Anwendung in der Theorie der Licht- und Radiowellenstreuung in der Atmosphäre gefunden haben [12, 13].

für das Geschwindigkeitsfeld im Buch von L. D. LANDAU und E. M. LIFSCHITZ [14], S. 119). Unter Verwendung der Kontinuitätsbedingung div $\mathfrak{v} = 0$ kann man die rechte Seite der Gleichung (3) durch die Strukturfunktionen

$$D_{lTT}(r) = \overline{[v_l(M') - v_l(M)][T(M') - T(M)]^2}, \quad (4)$$

$$D_{TT}(r) = \overline{[T(M') - T(M)]^2} \quad (5)$$

ausdrücken, die nur von r abhängen¹). Dabei kommen wir auf die Gleichung²)

$$\frac{\partial}{\partial t}\overline{[T(M)\,T(M')]} = \frac{1}{2}\sum_{j=1}^{3}\frac{\partial}{\partial \xi_j}\left[D_{lTT}(r)\,\frac{\xi_j}{r}\right] - \chi\,\Delta\,D_{TT}(r). \quad (6)$$

Jetzt setzen wir in dieser Gleichung $r = 0$; dabei wird das erste Glied rechts Null, und wir erhalten die Relation

$$\frac{\partial}{\partial t}\overline{[T(M)]^2} = -\,3\chi D''_{TT}(0), \quad (7)$$

welche die Ausgleichsgeschwindigkeit des Temperatur- (oder Konzentrations-) Feldes $T(M)$ bestimmt und ganz analog der bekannten Gleichung ist, welche die Geschwindigkeit der Dissipation kinetischer Energie festlegt. Die Rolle der mittleren Dissipationsenergie ε in der Zeit- und Masseneinheit spielt hier die Konstante

$$N = \frac{3}{2}\chi D''_{TT}(0). \quad (8)$$

Diese Größe N wurde von A. M. OBUCHOW [9] in die Untersuchung eingeführt. Da die Funktion $D_{TT}(r)$ von t unabhängig ist (vgl. [1]), folgt aus den Gleichungen (5), (6) und (7) ohne weiteres die Relation

$$2N = -\frac{1}{2}\left(\frac{dD_{lTT}(r)}{dr} + \frac{2}{r}D_{lTT}(r)\right) + \chi\left(\frac{d^2D_{TT}(r)}{dr^2} + \frac{2}{r}\frac{dD_{TT}(r)}{dr}\right), \quad (9)$$

welche die Strukturfunktionen $D_{lTT}(r)$ und $D_{TT}(r)$ miteinander verknüpft. Durch Integration dieser Relation über r und unter Berücksichtigung der Bedingung $D_{lTT}(0) = \frac{dD_{TT}(0)}{dr} = 0$ erhalten wir die Gleichung

$$D_{lTT}(r) - 2\chi\frac{dD_{TT}(r)}{dr} = -\frac{4}{3}Nr, \quad (10)$$

die der Gleichung von A. N. KOLMOGOROV [2]

$$D_{lll}(r) - 6\nu\frac{dD_{ll}(r)}{dr} = -\frac{4}{5}\varepsilon r \quad (11)$$

¹) Die Kontinuitätsbedingung benötigt man hier, um den Mittelwert $\overline{v_l(M)T(M)T(M')}$ durch die Strukturfunktion $D_{lTT}(r)$ ausdrücken zu können. Dabei muß man den Satz benutzen, daß in einer inkompressiblen Flüssigkeit die Korrelation eines isotropen Geschwindigkeitsfeldes mit beliebigem isotropen Skalarfeld stets identisch verschwindet.

²) Für den Spezialfall der homogenen und isotropen Turbulenz ist die Gleichung (6) später in der Arbeit von S. CORRSIN, The decay of isotropic temperature fluctuations in an isotropic turbulence, Journ. Aeronaut. Sci., Bd. 18, Nr. 6, S. 417–423 (1951), eingehend untersucht worden. — Anmerkung zur deutschen Übersetzung.

analog ist; diese Gleichung stellt einen Zusammenhang zwischen den Strukturfunktionen $D_{ll}(r)$ und $D_{lll}(r) = \overline{[v_l(M') - v_l(M)]^3}$ her.

Aus (8) folgt, daß man für kleine r in der Gleichung (10) das erste Glied links gegenüber dem zweiten vernachlässigen kann: für solche r gilt die asymptotische Darstellung

$$D_{TT}(r) \approx \frac{1}{3\chi} N r^2. \qquad (12)$$

Umgekehrt können wir für große r das zweite Glied links in (10), das die molekulare Wärmeleitung (Diffusion) beschreibt, vernachlässigen, so daß man für große r

$$D_{lTT}(r) \approx -\frac{4}{3} N r \qquad (13)$$

hat.

Wir betrachten jetzt die dimensionslose Größe

$$F = \frac{D_{lTT}(r)}{D_{TT}(r)\sqrt{D_{ll}(r)}}. \qquad (14)$$

Bei großen Reynoldsschen Zahlen nimmt man naturgemäß an, daß die Größe F für hinreichend große r konstant, d. h. von r unabhängig ist[1]). Aus (13) und (14) ergibt sich unmittelbar

$$D_{TT}(r) = -\frac{4}{3F} N r \,[D_{ll}(r)]^{-1/2}. \qquad (15)$$

An dieser Gleichung erkennt man insbesondere, daß die Konstante F stets negativ ist: $F = -|F|$. Verwenden wir nun das aus den Arbeiten [1—3] bekannte „Zweidrittelgesetz" für das Geschwindigkeitsfeld

$$D_{ll}(r) = C\varepsilon^{2/3} r^{2/3}, \quad C = \left(-\frac{4}{5S}\right)^{2/3}, \quad S = \frac{D_{lll}(r)}{[D_{ll}(r)]^{3/2}}, \qquad (16)$$

so erhalten wir für hinreichend große r das von A. M. Obuchow [9] durch Dimensionsbetrachtungen gefundene „Zweidrittelgesetz" für das Temperatur- (oder Konzentrations-)Feld

$$D_{TT}(r) = k^2 N \varepsilon^{-1/3} r^{2/3}, \qquad (17)$$

mit

$$k^2 = -\frac{4}{3F}\left(-\frac{5S}{4}\right)^{1/3}. \qquad (18)$$

1) Im allgemeinen kann F von der inneren Reynoldsschen Zahl $\mathrm{Re}^* = \frac{(\overline{v^2})^{1/2} r}{\nu}$ abhängen. Nachdem wir jedoch angenommen haben, daß die Funktion $F(\mathrm{Re}^*)$ für $\mathrm{Re}^* \to \infty$ gegen einen Grenzwert F_∞ strebt, können wir in unserem Falle sehr großer Reynoldsscher Zahlen für alle hinreichend großen r die Funktion $F(\mathrm{Re}^*)$ durch die Konstante F_∞ ersetzen.

Dabei haben wir die dimensionslose Konstante k^2 von OBUCHOW durch die Konstanten S und F ausgedrückt, die eine einfache wahrscheinlichkeitstheoretische Bedeutung haben.

Unter Benutzung der Gleichung (10) können wir eine geeignete Interpolationskurve für $D_{TT}(r)$ gewinnen, die im Anwendbarkeitsbereich der asymptotischen Darstellungen (12) und (17) glatt in diese Darstellungen¹) übergeht. Zu diesem Zweck setzen wir voraus, daß der Quotient F für alle r-Werte, die kleiner als das äußere Maß der Turbulenz sind, konstant ist und nicht nur für hinreichend große r-Werte²). Unter dieser Voraussetzung führen die Gleichungen (10) und (14) auf folgende lineare Differentialgleichung für $D_{TT}(r)$:

$$2\chi \frac{d D_{TT}(r)}{dr} - F\sqrt{D_{ll}(r)}\, D_{TT}(r) = \frac{4}{3} N r. \tag{19}$$

Setzen wir in die der Bedingung $D_{TT}(0) = 0$ genügenden Lösung dieser Gleichung die Werte $D_{ll}(r)$ ein, die von A. M. OBUCHOW [8] unter der Voraussetzung der Konstanz von S für alle r-Werte bis zum äußeren Maß der Turbulenz berechnet wurden, so können wir auch die Funktion $D_{TT}(r)$ für alle solche r-Werte berechnen. Wir weisen nur noch darauf hin, daß wir für $D_{TT}(r)$ eine einparametrige Schar von Kurven erhalten, die den verschiedenen Parameterwerten $\frac{F\nu}{S\chi} = \frac{F}{S} \cdot \mathrm{Pr}$ entsprechen, während sich für $D_{ll}(r)$ bis auf eine Maßstabänderung nur eine universelle Kurve [8] ergibt.

Geophysikalisches Institut der
Akademie der Wissenschaften der UdSSR

Eingegangen am 21. 10. 1949

¹) Man kann mühelos zeigen, daß der Anwendbarkeitsbereich der asymptotischen Darstellungen (12) und (17) durch die Ungleichungen $r \ll \eta_1$ bzw. $r \gg \eta_1$ mit $\eta_1 = (\chi^3 \varepsilon^{-1})^{1/4}$ festgelegt wird. Für $\mathrm{Pr} = \frac{\nu}{\chi} \sim 1$ (Pr bedeutet die PRANDTL-Zahl) ist $\eta_1 \sim \eta$, wobei $\eta = (\nu^3 \varepsilon^{-1})^{1/4}$ das von A. N. KOLMOGOROV [1] eingeführte innere Maß der Turbulenz ist.

²) Diese Annahme entspricht der Hypothese von der Konstanz der Asymmetrie S, die 1946 von A. M. OBUCHOW [8] aufgestellt und später durch direkte Messung der Asymmetrie [7] bestätigt wurde. [Siehe jedoch die Anmerkungen zur deutschen Übersetzung des Artikels von A. M. OBUCHOW und A. M. JAGLOM, welcher die erwähnten Ergebnisse der Arbeiten [8] enthält. — Anmerkung zur deutschen Übersetzung.]

LITERATURVERZEICHNIS

[1] Колмогоров, А. Н., ДАН СССР. (KOLMOGOROV, A. N., Ber. Akad. Wiss. UdSSR), Bd. 30, Nr. 4 (1941). [Siehe auch die S. 71—76 dieses Sammelbandes.]

[2] Ebenda, Bd. 32, Nr. 1 (1941). [Siehe auch die S. 77—81 dieses Sammelbandes.]

[3] Обухов, А. М., ДАН СССР. (OBUCHOW, A. M., Ber. Akad. Wiss. UdSSR), Bd. 32, Nr. 1 (1941); Изв. АН СССР, сер. геогр. и геофиз. (Nachr. Akad. Wiss. UdSSR, Ser. Geogr. u. Geophys.), Nr. 4—5 (1941). [Siehe auch die S. 83—96 dieses Sammelbandes.]

[4] HEISENBERG, W., Zeitschr. f. Physik, Bd. 124, H. 7—12, Nr. 628 (1948).

[5] KÁRMÁN, TH., Proc. Nat. Akad. Sci., Bd. 34, Nr. 11 (1948).

[6] KOVASNAY, L. S. G., J. Aer. Sci., Bd. 15, Nr. 12 (1948).

[7] TOWNSEND, A. A., Proc. Cambr. Phil. Soc., Bd. 44, Nr. 4 (1948).

[8] Обухов, А. М., Докторская диссертация. ИТГ АН СССР. (OBUCHOW, A. M., Dissertation. Inst. Theoret. Geophys. Akad. Wiss. UdSSR), Moskau 1947; ДАН СССР (Ber. Akad. Wiss. UdSSR), Bd. 67, Nr. 4 (1949).

[9] Обухов, А. М., Изв. АН СССР, сер. геогр. и геофиз. (OBUCHOW, A. M., Nachr. Akad. Wiss. UdSSR, ser. Geogr. u. Geophys.), Bd. 13, Nr. 1 (1949). [Siehe auch die S. 127 bis 140 dieses Sammelbandes.]

[10] Обухов, А. М., ДАН СССР. (OBUCHOW, A. M., Ber. Akad. Wiss. UdSSR), Bd. 66, Nr. 1 (1949).

[11] Яглом, А. М., ДАН СССР. (JAGLOM, A. M., Ber. Akad. Wiss. UdSSR), Bd. 67, Nr. 4 (1949).

[12] Красильников, В. А., Изв. АН СССР, сер. геогр. и геофиз. (KRASSILNIKOW, W. A., Nachr. Akad. Wiss. UdSSR, Ser. Geogr. u. Geophys.), Bd. 13, Nr. 1 (1949).

[13] Красильников, В. А., ДАН СССР. (KRASSILNIKOW, W. A., Ber. Akad. Wiss. UdSSR), Bd. 65, Nr. 3 (1949).

[14] Ландау, Л. Д. и Лифшиц, Е. М., Механика сплошных сред. (LANDAU, L. D., LIFSCHITZ, E. M., Mechanik der Kontinua), Moskau 1953.

A. N. KOLMOGOROV

Zur Entartung der isotropen Turbulenz in einer inkompressiblen zähen Flüssigkeit[1])

Wie in [1] und [2] werden wir die Komponenten der Geschwindigkeit zur Zeit t im Punkt $P = (x_1, x_2, x_3)$

$$u_\alpha(P, t) = u_\alpha(x_1, x_2, x_3, t)$$

als Zufallsgrößen auffassen und mit $\overline{A}$ die mathematische Erwartung einer Zufallsgröße A bezeichnen.

Bei isotroper Turbulenz im Sinne von TAYLOR (siehe [3] und [4]) gilt dann

$$\bar{u}_\alpha = 0, \tag{1}$$

und die zweiten Momente

$$b_{\alpha\beta} = \overline{u_\alpha(x_1^{(1)}, x_2^{(1)}, x_3^{(1)}, t)\, u_\beta(x_1^{(2)}, x_2^{(2)}, x_3^{(2)}, t)} \tag{2}$$

lassen sich durch (siehe [1] und [5])

$$b_{\alpha\beta} = \overline{b}(r, t) \cos\theta_\alpha \cos\theta_\beta + \delta_{\alpha\beta}\, b_{nn}(r, t) \tag{3}$$

ausdrücken, wobei

$$r^2 = (x_1^{(2)} - x_1^{(1)})^2 + (x_2^{(2)} - x_2^{(1)})^2 + (x_3^{(2)} - x_3^{(1)})^2,$$

$$x_\alpha^{(2)} - x_\alpha^{(1)} = r\cos\theta_\alpha, \quad \delta_{\alpha\beta} = 0 \quad \text{für} \quad \alpha \neq \beta, \quad \delta_{\alpha\beta} = 1 \quad \text{für} \quad \alpha = \beta,$$

$$\overline{b}(r, t) = b_{dd}(r, t) - b_{nn}(r, t); \tag{4}$$

$$b_{dd}(r, t) = \overline{u_1(x_1, x_2, x_3, t)\, u_1(x_1 + r, x_2, x_3, t)}; \tag{5}$$

$$b_{nn}(r, t) = \overline{u_2(x_1, x_2, x_3, t)\, u_2(x_1 + r, x_2, x_3, t)}; \tag{6}$$

$$\frac{\partial b_{dd}}{\partial r} = -\frac{2}{r}\,\overline{b} \tag{7}$$

ist.

Die Formel (7) zusammen mit

$$b_{dd}(0, t) = b_{nn}(0, t) = \overline{[u_\alpha(x_1, x_2, x_3, t]^2} = b(t) \tag{8}$$

[1]) Übersetzt aus: Доклады АН СССР, Bd. 31 (1941), № 6, S. 583.

gestattet es, b_{nn} durch b_{dd} auszudrücken. Auf diese Weise werden alle zweiten Momente durch die eine Funktion $b_{dd}(r, t)$ bestimmt, für die Kármán und Howarth [5] die Gleichung

$$\frac{\partial b_{dd}}{\partial t} + 2\left(\frac{\partial b_{nnd}}{\partial r} + \frac{4}{r} b_{nnd}\right) = 2\nu\left(\frac{\partial^2 b_{dd}}{\partial r^2} + \frac{4}{r}\frac{\partial b_{dd}}{\partial r}\right), \tag{9}$$

mit

$$b_{nnd}(r, t) = \overline{u_2^2(x_1, x_2, x_3, t)\, u_1(x_1 + r, x_2, x_3, t)} \tag{10}$$

erhalten haben.

Loizjanski [6] hat aus der Gleichung (9) den Schluß gezogen, daß

$$\Lambda = \int_0^\infty b_{dd}(r, t)\, r^4\, dr \tag{11}$$

von der Zeit unabhängig ist¹).

Als „Maß für die Turbulenz" (scale of turbulence) nehmen wir die Länge

$$L = \left(\frac{\Lambda}{b}\right)^{1/5}. \tag{12}$$

Durch L und den Mittelwert der Geschwindigkeit

$$\mathrm{u} = \sqrt{b} \tag{13}$$

legen wir die Reynoldssche Zahl

$$R = \frac{L\mathrm{u}}{\nu} = \frac{\Lambda}{\nu}\,\mathrm{u}^{3/5} \tag{14}$$

fest.

Da nun $\mathrm{u} \to 0$ strebt für $t \to +\infty$, folgt aus (14), daß für große t die Reynoldssche Zahl R klein ist. Auf dieses Endstadium der Entartung der isotropen Turbulenz kann man eine Theorie anwenden, in der die dritten Momente vernachlässigt werden. Wie in [1] gezeigt wurde, ist in diesem Falle

$$b_{dd}(r, t) = \frac{k}{(4\nu t)^{5/2}} \exp\left(-\frac{r^2}{8\nu t}\right), \tag{15}$$

$$b_{nn}(r, t) = \frac{k}{(4\nu t)^{5/2}}\left(1 - \frac{r^2}{8\nu t}\right) \exp\left(-\frac{r^2}{8\nu t}\right) \tag{16}$$

und demzufolge

$$\mathrm{u} = A t^{-5/4}, \tag{17}$$

$$L = B\sqrt{t}. \tag{18}$$

Man kann leicht nachrechnen, wie sich k, A und B durch ν und Λ ausdrücken.

¹) Das Ergebnis von Loizjanski gründet sich auf die Vermutung einer ziemlich schnellen Abnahme der Funktionen $b_{dd}(r, t)$ und $b_{nnd}(r, t)$ für $r \to \infty$. Die Richtigkeit dieser Vermutung wird in der letzten Zeit von einigen Autoren mit Recht bestritten (siehe die Arbeit von G. K. Batchelor und I. Proudman, „The large-scale structure of homogeneous turbulence", Philos. Trans. Roy. Soc. London, ser. A, vol. 248, Nr. 949, 369—405, 1956). — Anmerkung zur deutschen Übersetzung.

Unter der Annahme, daß $b_{dd}(r, t)$ die Gestalt

$$b_{dd}(r, t) = b\,\psi\left(\frac{r}{L}\right) \tag{19}$$

hat, fand KÁRMÁN für große R (siehe [5]), daß[1])

$$\mathfrak{u} = \mathfrak{u}_0(t - t_0)^{-p}, \quad L = L_0(t - t_0)^{1-p} \tag{20}$$

ist, ohne allerdings den Exponenten p zu ermitteln.

Im folgenden wird eine neue Herleitung von (20) angeführt, aus der sich

$$p = \frac{5}{7} \tag{21}$$

ergibt.

Zunächst stellen wir fest, daß aus der Annahme (19) für hinreichend großes R

$$\frac{db}{dt} = -K b^{3/2} L^{-1} \tag{22}$$

folgt, wobei K eine absolute Konstante ist. Die Beziehung (22) kann auf verschiedene Weise begründet werden. Akzeptiert man die Annahmen meiner Arbeit [2], dann kann folgendermaßen geschlossen werden. Bei isotroper Turbulenz ist die mittlere Energie bezogen auf die Masseneinheit gleich $\frac{3}{2}b$. Daher ist die Dissipationsenergie in der Zeit- und Masseneinheit im Mittel gleich

$$\bar{\varepsilon} = -\frac{3}{2}\frac{db}{dt}. \tag{23}$$

Da unter Benutzung der Bezeichnung $B_{dd}(r)$ aus [2]

$$b_{dd}(r) = b - \frac{1}{2}B_{dd}(r) \tag{24}$$

gilt, erhalten wir dann auf Grund der Formel (23) aus [2] für r-Werte, die im Vergleich zu L klein, jedoch im Vergleich zu λ groß sind:

$$b_{dd}(r) \sim b\left(1 - \frac{C}{2b}\,\bar{\varepsilon}^{2/3}\,r^{2/3}\right). \tag{25}$$

Für die Funktion $\psi(\varrho)$ ergibt sich dann für kleine ϱ aus (25)[2])

$$\psi(\varrho) \sim 1 - g\varrho^{2/3}, \tag{26}$$

mit

$$g = \frac{C}{2}\,\bar{\varepsilon}^{2/3}\,L^{2/3}b^{-1}.$$

[1]) Bei der Integration der Gleichung (77) in [5] ist ein Fehler unterlaufen. In Wirklichkeit muß der Exponent in der Formel (78) gleich $\frac{AB}{5 + AB}$ und in der Formel (81) gleich $\frac{-5}{5 + AB}$ sein. Der Wert $p = \frac{5}{7}$ entspricht $AB = 2$.

[2]) Wir nehmen an, daß die Beziehung (26) für beliebig kleine ϱ gültig bleibt. Eine reale Bedeutung hat sie jedoch nur für ϱ-Werte, die groß gegenüber $\frac{\lambda}{L}$ sind, da die Annahme nur für r-Werte naturgemäß ist, die im Vergleich zu λ groß sind.

Folglich ist

$$\bar{\varepsilon} = \left(\frac{2gb}{C}\right)^{3/2} L^{-1}. \tag{27}$$

Setzen wir nun

$$K = \frac{2}{3}\left(\frac{2g}{C}\right)^{3/2}, \tag{28}$$

dann gewinnen wir aus (23) und (27) die Beziehung (22). An dem Ausdruck (28) ist zu erkennen, in welcher Weise sich der Koeffizient K durch die in [2] eingeführte absolute Konstante C und durch die Größe g ausdrückt, die gemäß (26) durch die Gestalt der Funktion $\psi(\varrho)$ bestimmt wird.

Aus (12) und (22) ergibt sich die Gleichung

$$\frac{db}{dt} = -K\Lambda^{-\frac{1}{5}} b^{\frac{17}{10}}, \tag{29}$$

woraus sich durch Integration

$$b = \left(\frac{10}{7K}\right)^{\frac{10}{7}} \Lambda^{\frac{2}{7}} (t - t_0)^{-\frac{10}{7}} \tag{30}$$

ergibt. Aus (30), (13) und (12) gewinnt man dann

$$\mathrm{u} = \left(\frac{10}{7K}\right)^{\frac{5}{7}} \Lambda^{\frac{1}{7}} (t - t_0)^{-\frac{5}{7}}, \tag{31}$$

$$L = \left(\frac{7K}{10}\right)^{\frac{2}{7}} \Lambda^{\frac{1}{7}} (t - t_0)^{\frac{2}{7}}. \tag{32}$$

Ein Vergleich von (31) und (32) mit (20) lehrt, daß tatsächlich $p = \frac{5}{7}$ ist.

Mathematisches Institut der
Akademie der Wissenschaften der UdSSR

Eingegangen am 4. 3. 1941

LITERATURVERZEICHNIS

[1] Миллионщиков, ДАН СССР. (MILLIONSTSCHIKOW, Ber. Akad. Wiss. UdSSR), Bd. 22, Nr. 236 (1939).

[2] Колмогоров, А. Н., ДАН СССР. (KOLMOGOROV, A. N., Ber. Akad. Wiss. UdSSR), Bd. 30, S. 299 (1941). [Siehe auch die S. 71–76 dieses Sammelbandes.]

[3] TAYLOR, Proc. Roy. Soc., A, Bd. 151, Nr. 429 (1935).

[4] GOLDSTEIN, S., Modern developments in fluid dynamics, Bd. 1, Nr. 91, Oxford 1938.

[5] KÁRMÁN and HOWARTH, Proc. Roy. Soc., A, Bd. 164, Nr. 192 (1938).

[6] Лойцянский, Труды ЦАГИ. (LOIZJANSKI, Arbeiten d. zentr. Aero-Hydrodyn. Inst.), Heft 440 (1939).

A. N. KOLMOGOROV

Über die Zerstäubung von Tropfen in einer turbulenten Strömung[1])

Die unmittelbar vor meiner Notiz erschienene Publikation [1] von M. K. BARANAJEW, E. N. TEWEROWSKI und E. L. TREGUBOWA enthält interessantes Versuchsmaterial zur Frage der Zerstäubung von in Wasser nicht löslichen Flüssigkeitstropfen in einer turbulenten Wasserströmung. Abgesehen davon, daß diese Erscheinung von selbständigem Interesse ist, kann sie nach Ansicht der Verfasser von [1] als ein weiteres Mittel zum Überprüfen unserer Vorstellungen über die lokale Struktur turbulenter Strömungen dienen.

Mit der Theorie der lokalen Struktur turbulenter Strömungen befaßte sich neben mir A. M. OBUCHOW. Sie wurde mittels Daten direkter Messungen der Schwankungsgeschwindigkeiten geprüft und fand eine Reihe von Bestätigungen und Anwendungen bei der Untersuchung der Streuung des Schalls, der Ultrakurzwellen und des Lichts in der turbulenten Atmosphäre. Nach dieser Theorie läßt sich das quadratische Mittel v_d^2 der Geschwindigkeitsdifferenzen in zwei Punkten, die den Abstand d voneinander haben, durch

$$v_d^2 = \left(\frac{\nu}{\lambda_0}\right)^2 f\left(\frac{d}{\lambda_0}\right) \qquad (\alpha)$$

ausdrücken, wobei ν die kinematische Zähigkeit und f eine universelle Funktion mit dem asymptotischen Verhalten

$$f(k) \sim k^2 \text{ für kleine } k \qquad (\beta)$$

$$f(k) \sim k^{2/3} \text{ für große } k \qquad (\gamma)$$

ist. (In den Bezeichnungen halten wir uns nach Möglichkeit an die Arbeit [1], das Zeichen $\sim$ verwenden wir hingegen in der Bedeutung der angenäherten Proportionalität, ohne den Proportionalitätsfaktor anzugeben).

In den angeführten Formeln bedeutet λ_0 das „innere Maß der Turbulenz". Bei der Spektralzerlegung turbulenter Schwankungen müssen die Komponenten der Spektralzerlegung eines Maßes, das bedeutend kleiner als λ_0 ist, verschwindend klein sein. Was die Geschwindigkeitsdifferenzen in Abständen d, die wesentlich kleiner als λ_0 sind, anbetrifft, so nimmt ihr quadratischer Mittel-

[1]) Übersetzt aus: Доклады АН СССР, Bd. 66 (1949), № 5, S. 825.

wert nach (β) proportional zu d ab. Für viele physikalische Vorgänge können sich diese Differenzen auch für Abstände d, die bedeutend kleiner als das innere Maß λ_0 sind, als „genügend groß" erweisen. Daher macht es die Auffindung physikalischer Prozesse, die bei diesen Differenzen durchgeführt werden, durchaus noch nicht erforderlich, irgendwie die Theorie von A. M. OBUCHOW und mir zu überprüfen[1]).

Jetzt lassen wir in die turbulente Strömung der „ersten" Flüssigkeit (in den Experimenten [1] ist es das Wasser) einen dünnen Strahl der „zweiten" Flüssigkeit mit derselben Dichte (diese Forderung ist bei den Experimenten [1] mit großer Genauigkeit erfüllt), der kinematischen Zähigkeit ν' und der Oberflächenspannung σ an der Grenze zur ersten Flüssigkeit eintreten.

Wenn σ verschwindet und ν' gleich ν ist, dann unterscheidet sich der Strahl der zweiten Flüssigkeit in mechanischer Hinsicht durch nichts von dem rein geometrisch ausgebildeten Strahl der Strömung der ersten Flüssigkeit. In [1] wird das Schicksal dieses Strahles nicht genau geschildert. Ein derartiger Strahl braucht nicht in Tropfen von einem Durchmesser der Größenordnung λ_0 zu zerfallen, sondern er deformiert sich in einen immer dünneren, sich windenden und verzweigenden Faden[2]). Für die Vermischung des Strahles in der Strömung würde sich in diesem idealisierten Schema keine Grenze ergeben.

Eine Grenze wird dieser Vermischung lediglich durch die Oberflächenspannung gesetzt. Durch sie zerfällt ein Strahl in Tropfen, diese Tropfen zerteilen sich dann weiter bis zu einer gewissen Grenze; Tropfen mit hinreichend kleinem Durchmesser d bleiben dagegen erhalten, weil die Geschwindigkeitsdifferenzen der Größenordnung v_d, die sie zu zerreißen trachten, für kleine d auch klein und schon nicht mehr in der Lage sind, die Oberflächenspannung zu überwinden. Aus der Hypothese von der Universalität der dimensionslosen lokalen Struktur turbulenter Strömungen folgt, daß das Schicksal der Tropfen vom Durchmesser d lediglich von den dimensionslosen Verhältnissen $\frac{d}{\lambda_0}$ und $\frac{\nu'}{\nu}$ sowie von der WEBERschen Zahl

$$\mathrm{We}_d = \frac{\sigma}{v_d^2\, d\, \varrho}$$

abhängen muß.

[1]) Demgegenüber kann der in dem Artikel [2] von E. N. TEWEROWSKI unternommene Versuch, die Notwendigkeit der Anwendung des „Zweidrittel-Gesetzes" (γ) für solche d, die bedeutend kleiner als λ_0 sind, zu begründen, nicht genügend überzeugen. Die von ihm in [2] beschriebenen Erscheinungen können sich auch ganz anders erklären.

[2]) Der Deformationsprozeß eines dünnen Strahles materieller Flüssigkeitsteilchen in einer turbulenten Strömung wurde in den letzten Jahren in der Abhandlung von G. K. BATCHELOR, The effect of homogeneous turbulence on material lines and surfaces. Proc. Roy. Soc., Ser. A, Bd. 213, Nr. 1114, S. 349—366 (1952) und in der von W. H. REID, On the stretching of material lines and surfaces in isotropic turbulence with zero fourth cummulants. Proc. Cambr. Phil. Soc., Bd. 51, Nr. 2, S. 350—362 (1956), quantitativ untersucht. — Anmerkung zur deutschen Übersetzung.

An Stelle der Verhältnisse $\frac{d}{\lambda_0}$ und $\frac{\nu'}{\nu}$ kann man auch die beiden REYNOLDSschen Zahlen

$$\mathrm{Re}_d = \frac{v_d d}{\nu}, \quad \mathrm{Re}'_d = \frac{v_d d}{\nu'}$$

einführen.

Bei Tropfendurchmessern von der Ordnung des inneren Maßes λ_0 ist es anscheinend nicht möglich, die Anzahl der dimensionslosen charakteristischen Größen des Prozesses zu verringern: es müssen drei sein; entweder

$$\left(\mathrm{We}_d, \frac{d}{\lambda_0}, \frac{\nu'}{\nu}\right)$$

oder

$$(\mathrm{We}_d, \mathrm{Re}_d, \mathrm{Re}'_d).$$

Doch für diejenigen d, die wesentlich kleiner als λ_0 sind, gelangen wir in den Bereich bedeutenden Übergewichts der Zähigkeitskräfte über die Trägheitskräfte, und von den dimensionslosen charakteristischen Größen bleiben nur zwei übrig:

$$\mathrm{We}_d \text{ und } \frac{\nu'}{\nu}.$$

Im Bereich derjenigen d, die wesentlich größer als λ_0 sind, spielt die Zähigkeit der ersten Flüssigkeit nur eine geringe Rolle. Wenn die Zähigkeit ν' der zweiten Flüssigkeit kleiner oder von derselben Ordnung wie die Zähigkeit ν der ersten Flüssigkeit ist, dann kann man für solche d, die wesentlich größer als λ_0 sind, sowohl die eine als auch die andere Zähigkeit vernachlässigen. Ist die Zähigkeit der zweiten Flüssigkeit bedeutend größer als die Zähigkeit der ersten, so kann man sie nur für solche d unberücksichtigt lassen, die größer als das Maß

$$\lambda'_0 \sim \left(\frac{\nu'}{\nu}\right)^{3/4} \lambda_0$$

sind.

Auf diese Weise erhalten wir folgende Tabelle für die dimensionslosen charakteristischen Größen:

	$\nu' \ll \nu$ oder $\nu' \approx \nu$	$\nu' \gg \nu$
$d \ll \lambda_0$	We_d und $\frac{\nu'}{\nu}$	
$d \approx \lambda_0$	We_d, $\frac{d}{\lambda_0}$ und $\frac{\nu'}{\nu}$	
$d \gg \lambda_0$	We_d	We_d und Re'_d
$d \gg \lambda'_0$	—	We_d

Bei den in der Arbeit [1] beschriebenen Versuchen hatte man es mit Wasser als der ersten Flüssigkeit und mit zwei verschiedenen Mischungen als der zweiten Flüssigkeit zu tun. Die Oberflächenspannung σ war in beiden untersuchten Fällen fast gleich. Das Verhältnis $\frac{\nu'}{\nu}$ war in den beiden Varianten des Versuchs verschieden, jedoch wich es nicht sehr von Eins ab. Wie aus Abb. 2 der Arbeit [1] ersichtlich ist, hat sich erwiesen, daß der Einfluß des Unterschiedes der ν'-Werte in den beiden Fällen des Versuchs innerhalb der Grenzen der Meßpunktstreuung in jedem einzelnen Fall liegt. Wir sehen daher vorläufig von einer Erörterung der von den Verfassern von [1] aufgestellten Formel (3) ab, deren erstes Glied den Einfluß von Änderungen des Verhältnisses $\frac{\nu'}{\nu}$ berücksichtigen muß (η bezeichnet in [1] die Zähigkeit der zweiten Flüssigkeit: $\eta = \nu' \varrho$) und untersuchen zunächst den Fall eines konstanten Verhältnisses $\frac{\nu'}{\nu}$, das kleiner als Eins oder nicht sehr viel größer als Eins ist.

In diesem Falle setzen wir natürlich gemeinsam mit den Verfassern von [1] voraus, daß dem maximalen Durchmesser d_0 der Tropfen, die eine hinreichende Stabilität besitzen, eine vollkommen bestimmte „kritische" WEBERsche Zahl We_{d_0} entsprechen muß. Genau gesagt kann man diese Voraussetzung auf Grund der obigen Darlegungen nur außerhalb der Grenzen des Bereiches von d_0-Werten, die von der gleichen Ordnung wie λ_0 sind, als gut fundiert ansehen; die kritische WEBERsche Zahl kann sich aber in den Bereichen $d_0 \ll \lambda_0$ und $d_0 \gg \lambda_0$ als verschieden erweisen. Unter Verwendung der Formeln (β) und (γ) erhalten wir schließlich:

$$d_0 = \left(\frac{\sigma}{\mathrm{We}_{kr}\,\nu^2\,\varrho}\right)^{1/3} \lambda_0^{4/3} \quad \text{für } d_0 \ll \lambda_0,$$

$$d_0 = \left(\frac{\sigma}{\mathrm{We}^*_{kr}\,\varrho}\right)^{3/5} \lambda_0^{8/5} \quad \text{für } d_0 \gg \lambda_0.$$

In einem Rohr vom Durchmesser D gilt außerhalb der laminaren Grenzschicht

$$\lambda_0 = g\left(\frac{r}{D}\right)\left(\frac{\nu^3\,u_*^3}{D}\right)^{1/4},$$

wobei u_* die sogenannte Schubspannungsgeschwindigkeit, r der Abstand von der Achse des Rohres und g eine gewisse universelle Funktion ist. Durch Einsetzen dieses Ausdruckes für λ_0 in die vorhergehenden Formeln für d_0 erhalten wir:

$$d_0 \sim g^{4/3}\left(\frac{r}{D}\right)\left(\frac{\sigma\nu}{\mathrm{We}_{kr}\,\varrho\,D}\right)^{1/3} u \quad \text{für } d_0 \ll \lambda_0, \tag{I}$$

$$d_0 \sim g^{8/5}\left(\frac{r}{D}\right)\left(\frac{\sigma}{\mathrm{We}^*_{kr}\,\varrho}\right)^{3/5}\left(\frac{1}{D}\right)^{2/5} u^{6/5} \quad \text{für } d_0 \gg \lambda_0. \tag{II}$$

Da sich das Verhältnis $\frac{u}{u_*}$ der mittleren Geschwindigkeit zur Schubspannungsgeschwindigkeit im Rohr nur langsam ändert, entspricht (II) den

Formeln (7) und (8) von [1]. Möglicherweise wäre es zweckmäßiger, bei der Erläuterung der in [1] dargelegten Versuchsergebnisse nicht die Formel (II), sondern (I) hernzuziehen. Übrigens dürfte ein Unterschied zwischen dem Exponenten 1 in (I) und dem Exponenten $\frac{6}{5}$ in (II) bei der vorläufig erzielten Genauigkeit der Experimente kaum von Bedeutung sein. Nach der Abb. 2 aus [1] führt eine direkte Verwertung der Experimente auf einen Exponenten, der etwas kleiner als Eins ist. Die Verfasser von [1] nehmen jedoch mit Recht an, daß dieser Umstand mit der zum Abschluß des Zerstäubungsprozesses unzureichenden Zeit zusammenhängen kann, die den Tropfen für ihren Aufenthalt in der Flüssigkeit bei großen Geschwindigkeiten zur Verfügung steht.

Ferner werfen die Verfasser eine sehr interessante Frage auf: wenn v_d lediglich der quadratische Mittelwert der Geschwindigkeitsdifferenz im Abstand d ist, treten dann nicht bisweilen erheblich größere Differenzen in demselben Abstand auf?

Zur Beantwortung dieser Frage müßte man das Verteilungsgesetz für die Geschwindigkeitsdifferenzen in dem gegebenen Abstand d kennen.

Könnte man Experimente über die Zerstäubung von Tropfen derart anstellen, daß sich jeder Tropfen genügend lange in einem Bereich mit konstanten charakteristischen Größen der lokalen Struktur befindet, so würden sich solche Experimente möglicherweise als bedeutsam für die weitere Ausbildung unserer Vorstellungen über die lokale Struktur der Turbulenz erweisen.

Leider ist in einem Rohr das innere Maß λ_0 erheblichen Querschnittsänderungen unterworfen. Diejenigen Tropfen, die sich von der Rohrachse merklich entfernen, müssen eine Zerstäubung bis zu bedeutend kleineren Durchmessern erleiden als diejenigen, welche fortwährend in der Nähe der Rohrachse bleiben.

Dies zwingt einstweilen dazu, mit einer Auslegung der Angaben von [1] über die Abhängigkeit der minimalen Abmessung der Tropfen von der Zeit ihres Verbleibens in der Strömung vorsichtig zu sein.

Die Entwicklung weiterer Arbeiten zu dem erörterten Thema muß, wie mir scheint, die folgenden beiden Wege einschlagen:

1. Die oben entwickelte Konzeption von der Existenz einer festen unteren Grenze d_0 für die Durchmesser der Tropfen, unterhalb derer ein Zerfall innerhalb des Bereichs der vorgegebenen charakteristischen Größen für die lokale Struktur der Strömung nicht stattfindet, muß überarbeitet werden, und zwar in der Richtung, den Einfluß der Zähigkeit ν' der zweiten Flüssigkeit auf die Abmessung von d_0 zu berechnen.

2. Es müssen Experimente angestellt werden, um die Abhängigkeit der Verteilung der Tropfengrößen von der Aufenthaltsdauer in einer Strömung mit konstanten lokalen charakteristischen Größen aufzuklären.

Eingegangen am 14. 4. 1949

LITERATURVERZEICHNIS

[1] Баранаев, М. К., Теверовский, Е. Н. и Трегубова, Е. Л., ДАН СССР. (Baranajew, M. K., Tewerowski, E. N., und Tregubowa, E. L., Ber. Akad. Wiss. UdSSR), Bd. 66, Nr. 5 (1949).

[2] Теверовский, Е. Н. Изв. АН СССР, сер. геогр. и геофиз (Tewerowski, E. N., Nachr. Akad. Wiss. UdSSR, Ser. Geograph. u. Geophys.), Bd. 12, Nr. 7 (1948).

A. M. OBUCHOW

Über den Einfluß schwacher Inhomogenitäten der Atmosphäre auf die Schall- und Lichtausbreitung[1])

Es wird das Problem der Wellenausbreitung in einem Medium mit schwankendem Brechungsindex untersucht; dieses Problem ist im Zusammenhang mit Fragen der Szintillation der Sterne und der atmosphärischen Akustik von Interesse. Eine Lösung des Problems ergibt sich durch Linearisierung der Gleichungen, denen die Phase und der Logarithmus der Amplitude der durchgehenden Wellen genügen. Weiter werden Grenzfälle untersucht; an Hand konkreter Beispiele wird der Anwendbarkeitsbereich der geometrischen Optik erläutert und der Charakter der Korrekturen, die bei Berücksichtigung der Beugung auftreten, geklärt.

Geringfügige Inhomogenitäten der Atmosphäre, die durch Turbulenz bedingt sind, üben einen erheblichen Einfluß auf die Schall- und Lichtausbreitung aus, indem sie Schwankungen der charakteristischen Größen der entsprechenden Wellenfelder hervorrufen. Die Phasen- und Amplitudenschwankungen einer Schallwelle bei ihrer Ausbreitung in der Atmosphäre wurden experimentell von W. A. Krasilnikow [1, 2] untersucht. Schwankungen der charakteristischen Größen einer Lichtwelle treten beispielsweise bei der bekannten Szintillation der Sterne auf, die, wie es scheint, eng mit turbulenten Schwankungen des Temperaturfeldes der Atmosphäre verbunden ist [3, 4][2]).

In den Arbeiten [1, 3, 8] sind einige Berechnungen von Schwankungen der Phase (des Einfallswinkels) und der Amplitude einer Welle angeführt, die sich in einem turbulenten Medium ausbreitet. Alle diese Berechnungen stützen sich auf eine Annäherung durch die geometrische Optik (Akustik), wodurch anscheinend die Nichtübereinstimmung der Ergebnisse von Rechnung und Experiment in einigen Fällen ihre Erklärung findet. So sind z. B. in der geometrischen Akustik und Optik die Schwankungen der Amplitude einer Welle proportional zur $\frac{3}{2}$-ten Potenz der Dicke der von der Welle durchquerten turbulenten Schicht, während Beobachtungen in der Regel eine bedeutend niedrigere Wachstumsordnung ergeben.

In der vorliegenden Arbeit ist der Versuch gemacht worden, das Problem der Phasen- und Amplitudenschwankungen eines skalaren Wellenfeldes unter

[1]) Übersetzt aus: Известия АН СССР, сер. геофиз № 2 (1953), S. 155.

[2]) Eine theoretische Analyse der turbulenten Temperaturschwankungen und einige experimentelle Angaben hierzu findet man in [5—7].

Benutzung von allgemeineren Gleichungen zu behandeln, die es gestatten, die Beugungserscheinungen näherungsweise zu berücksichtigen. Gleichzeitig werden wir hierbei die Grenzen für die Anwendbarkeit der geometrischen Optik festlegen.

§ 1. *Herleitung der Grundgleichungen*

Wir betrachten ein skalares Wellenfeld, das durch eine der Wellengleichung

$$\frac{1}{c^2}\frac{\partial^2 \varphi}{\partial t^2} = \Delta \varphi \tag{1}$$

genügende Funktion $\varphi(x, y, z, t) = \varphi(\mathfrak{r}, t)$ beschrieben wird[1]). Dabei ist die Fortpflanzungsgeschwindigkeit c einer Welle von den Koordinaten abhängig. Die Abhängigkeit der Fortpflanzungsgeschwindigkeit c von der Zeit werden wir nicht explizit berücksichtigen und nehmen an, daß sich die charakteristischen Größen des Mediums nur sehr langsam mit der Zeit ändern (im Vergleich zur Frequenz der betrachteten Schwingungen). Ferner setzen wir voraus, daß sich c in allen Punkten und Zeitintervallen in der Nähe eines bestimmten konstanten „ungestörten" Wertes c_0 befindet

$$c = \frac{c_0}{n}, \tag{2}$$

wobei der Brechungsindex n um Eins schwankt:

$$n = 1 + \mu, \quad \mu \ll 1 \tag{2'}$$

(in diesem Falle kann man von schwachen Inhomogenitäten des Mediums sprechen).

Angenommen, der Halbraum $x < 0$ ist frei von Störungen (d. h. es ist $n \equiv 1$ für $x < 0$) und auf die Ebene $x = 0$ trifft eine ebene Welle, die sich in positiver Richtung der x-Achse ausbreitet. Das Problem besteht dann in der Bestimmung der charakteristischen Größen des gestörten Wellenfeldes auf der Beobachtungsebene $x = L$. Dieses Problem ist offensichtlich dem Problem der Lichtbeugung an Ultraschallwellen ähnlich, das von S. M. Rytow [9] untersucht wurde. Es unterscheidet sich von ihm nur dadurch, daß hier die Änderung des Brechungsindexes nicht periodisch angenommen wird.

Wir untersuchen nun den Fall, daß $\varphi(\mathfrak{r}, t)$ eine monochromatische Welle der Frequenz ω ist:

$$\varphi(\mathfrak{r}, t) = A(\mathfrak{r}) \exp\{i\,[\omega t - S(\mathfrak{r})]\} \tag{3}$$

mit $A(\mathfrak{r})$ als Amplitude und $S(\mathfrak{r})$ als Phase. Zweckmäßigerweise führt man die komplexe Funktion

$$\psi(\mathfrak{r}) = S + i \ln\frac{A}{A_0} \tag{4}$$

[1]) Bei der Behandlung optischer Probleme (beispielsweise der Szintillation der Sterne) ist man berechtigt, die skalare Gleichung zu benutzen, falls man von Polarisationserscheinungen absieht.

ein, macht dann den Ansatz

$$\varphi(\mathfrak{r}, t) = A_0 \exp\left\{i\,[\omega t - \psi(\mathfrak{r})]\right\}, \tag{5}$$

wobei A_0 die Amplitude der auftreffenden (ungestörten) Welle ist, und geht von der Wellengleichung (1) zur Differentialgleichung des Eikonals

$$(\operatorname{grad} \psi)^2 + i\Delta\psi = k_0^2 n^2, \quad k_0 = \frac{\omega}{c_0} \tag{6}$$

über.

Im Falle eines homogenen Mediums hätten wir an Stelle der Gleichung (6) offenbar die Gleichung

$$(\operatorname{grad} \psi_0)^2 + i\Delta\psi_0 = k_0^2 \tag{6'}$$

(ψ_0 ist der Wert der Funktion ψ für das homogene Medium). Subtrahiert man (6′) von (6), so ergibt sich

$$2(\operatorname{grad}\psi_0, \operatorname{grad}\psi') + i\Delta\psi' = 2\mu k_0^2 + [\mu^2 k_0^2 - (\operatorname{grad}\psi')^2]$$

mit

$$\psi' = \psi - \psi_0, \quad \operatorname{grad}\psi' = \operatorname{grad}\psi - \operatorname{grad}\psi_0.$$

Nehmen wir nun an, daß grad ψ' die Größenordnung von μ besitzt, so können wir die Glieder der Größenordnung μ^2 in den eckigen Klammern auf der rechten Seite vernachlässigen. Wir erhalten dann die in ψ' lineare Gleichung

$$2(\operatorname{grad}\psi', \operatorname{grad}\psi_0) + i\Delta\psi' = 2\mu k_0^2, \tag{7}$$

die den weiteren Überlegungen zugrunde gelegt ist. Eine ähnliche Linearisierung der Differentialgleichung des Eikonals wurde zuerst 1937 in einer Arbeit von S. M. Rytow [9] verwandt.

Wir erinnern daran, daß $\operatorname{Re}\psi' = S - S_0$ die durch die Schwankung des Brechungsindexes n hervorgerufene Änderung der Phase ist, während $\operatorname{Im}\psi' = \ln\frac{A}{A_0}$ der Logarithmus des Verhältnisses der Amplitude des gestörten Feldes zur ungestörten Amplitude ist. Da bei der Herleitung der Gleichung (7) nur vorausgesetzt wurde, daß $\frac{\operatorname{grad}\psi'}{k_0} \ll 1$ ist, ist es hier offensichtlich nicht nötig, daß die Phasen- und Amplitudenschwankungen (im Vergleich zu π bzw. A_0) klein sind. Im folgenden fordern wir nur, daß die Änderungen der Phase und des Logarithmus der Amplitude erstreckt über eine Wellenlänge (in beliebiger Richtung) hinreichend klein sind[1]). Diese Bedingung ist beispielsweise bei der Brechung eines Hauptstrahls um einen kleinen Winkel oder bei der diffusen Ausstrahlung erfüllt, falls die Energie der diffusen Komponente klein gegenüber der Energie des Hauptfeldes ist.

[1]) Wir weisen darauf hin, daß die klassische Methode zur Lösung der Wellengleichung (1) mit Hilfe der Störungstheorie, die häufig bei Streuungsproblemen Anwendung findet, bei großen L wegen des Effekts, daß die Phase gegen einen mit π vergleichbaren Wert läuft, unbrauchbar wird (siehe [10]).

Setzen wir nun in (7) für ψ_0 die Funktion $\psi_0 = k_0 x$ ein, die einer ebenen sich in positiver Richtung der x-Achse ausbreitenden Welle entspricht, so bekommen wir

$$2k_0 \frac{\partial \psi'}{\partial x} + i\Delta\psi' = 2\mu k_0^2. \tag{8}$$

Aus dieser Gleichung kann man die von W. A. KRASILNIKOW [8] verwendete Näherung durch die geometrische Optik erhalten. Wir führen dazu die Änderung der optischen Länge $\theta' = \frac{S'}{k_0}$ ein und trennen den Real- und Imaginärteil von (8) nach vorheriger Division der gesamten Gleichung durch $2k_0^2$:

$$\frac{\partial \theta'}{\partial x} - \frac{1}{2k_0}\Delta\left(\ln\frac{A}{A_0}\right) = \mu, \tag{9}$$

$$\frac{\partial \ln (A/A_0)}{\partial x} + \frac{1}{2}\Delta\theta' = 0. \tag{10}$$

Unter der Voraussetzung, daß die Größen θ' und $\ln\frac{A}{A_0}$ für $k_0 \to \infty$ gegen einen endlichen Grenzwert streben, erhalten wir dann im Limes die Gleichungen von W. A. KRASILNIKOW:

$$\frac{\partial \theta'}{\partial x} = \mu,$$

d. h.

$$\theta' = \int_0^x \mu\, dx, \tag{11}$$

$$\ln\frac{A}{A_0} = -\frac{1}{2}\int_0^x \Delta\theta'\, dx, \tag{12}$$

oder, durch Einsetzen von (11) in (12),

$$\left[\ln\frac{A}{A_0}\right]_{x=L} = \frac{1}{2}[\mu(0) - \mu(L)] - \frac{1}{2}\int_0^L (L-x)\left(\frac{\partial^2\mu}{\partial y^2} + \frac{\partial^2\mu}{\partial z^2}\right) dx \approx$$

$$\approx -\frac{1}{2}\int_0^L (L-x)\,\Delta_1\mu\, dx, \tag{13}$$

wobei $\Delta_1 = \frac{\partial^2}{\partial y^2} + \frac{\partial^2}{\partial z^2}$ ist. Die Beibehaltung des Beugungsgliedes $-\frac{1}{2k_0}\Delta\left(\ln\frac{A}{A_0}\right)$ in der Gleichung (9) gestattet es, eine allgemeinere, die Wellenerscheinungen näherungsweise berücksichtigende Lösung des Problems zu gewinnen und damit die Grenzen für die Anwendbarkeit der KRASILNIKOWschen Theorie abzuschätzen.

Eine Lösung der Gleichung (8) setzen wir in der Form

$$\psi' = \exp(ik_0 x)w \tag{14}$$

an. Durch Einsetzen dieses Ansatzes in (8) erhalten wir dann für w die inhomogene Schwingungsgleichung

$$\Delta w + k_0^2 w = -f(x, y, z) \tag{15}$$

mit

$$f = 2i\mu k_0^2 \exp(-ik_0 x).$$

Bekanntlich läßt sich eine Lösung von (15) in der Form¹)

$$w(P) = \frac{1}{4\pi} \iiint_T \frac{\exp(-ik_0 r)}{r} f(M)\, dV_M \tag{16}$$

schreiben, wobei T das von den Schwingungen ausgefüllte Gebiet ist, während

$$r = \sqrt{(x-\xi)^2 + (y-\eta)^2 + (z-\zeta)^2}$$

den Abstand des Beobachtungspunktes $P(x, y, z)$ von dem veränderlichen Punkt $M(\xi, \eta, \zeta)$ bezeichnet. Gehen wir nun wieder zur Funktion ψ' über, so erhalten wir

$$\psi'(x, y, z) = \frac{ik_0^2}{2\pi} \iiint_T \frac{\exp\{-ik_0[r-(x-\xi)]\}}{r} \mu(\xi, \eta, \zeta)\, d\xi\, d\eta\, d\zeta. \tag{17}$$

Damit ist es uns gelungen, eine exakte Lösung der Gleichung (8) zu gewinnen, in der

$$-\frac{1}{4\pi} \frac{\exp\{-ik_0[r-(x-\xi)]\}}{r}$$

die GREENsche Funktion der Gleichung ist.

Bei der weiteren Untersuchung beschränken wir uns auf den Fall, daß die Wellenlänge, um einige Male kleiner als eine charakteristische Abmessung der Inhomogenitäten ist; dies ist typisch für die Behandlung von FRESNELscher Beugung. Dabei nimmt man naturgemäß an, daß auf den Zustand des Feldes im Punkt $(L, 0, 0)$ lediglich der Zustand des Mediums innerhalb eines engen mit der Öffnung $\varepsilon \ll 1$ zum Ausstrahler gerichteten Kegels einen Einfluß ausübt; d. h. mit anderen Worten, daß man die Dispersion bei großen Winkeln (insbesondere die Dispersion rückwärts) vernachlässigen kann²). Wir setzen nun

$$r^2 = (x-\xi)^2 + \varrho^2, \qquad \varrho = \sqrt{(y-\eta)^2 + (z-\zeta)^2};$$

unsere Annahme besagt dann, daß im Integral (17) die Integration über den Bereich, für den

$$x - \xi \geqslant 0 \quad \text{und} \quad \varrho \ll x - \xi,$$

¹) Auf die Frage nach den Bedingungen, die man an w stellen muß, damit man gerade diese spezielle Lösung bekommt, werden wir hier nicht eingehen. An Hand konkreter Beispiele prüft man leicht nach, daß andere Lösungen (die Glieder vom Typ „avancierter Potentiale" enthalten) auf physikalisch sinnlose Ausdrücke für ψ' führen.

²) Eine Abschätzung der zulässigen ε-Werte kann mit Hilfe der Dispersionsindikatrix gewonnen werden, die man für den Fall $\frac{L}{\lambda} > 1$ und schwacher Störungen nach der Methode von K. S. SCHIFRIN [10] berechnet.

d. h.

$$\frac{\varrho}{x-\xi} \ll 1$$

ist, von hauptsächlicher Bedeutung ist.

Daraus folgt, daß

$$r \approx (x-\xi) + \frac{\varrho^2}{2(x-\xi)} \tag{18}$$

ist.

Substituieren wir nun $\frac{1}{r}$ unter dem Integral in (17) gemäß $\frac{1}{r} \approx \frac{1}{x-\xi}$, und $r-(x-\xi)$ im Exponenten gemäß (18), so finden wir, daß in dem Bereich, der auf den Zustand des Feldes im Punkt $(L, 0, 0)$ einen wesentlichen Einfluß hat, die Näherungsbeziehung

$$\frac{\exp\{-i k_0 [r-(x-\xi)]\}}{r} \approx \frac{1}{x-\xi} \exp\left[-\frac{i k_0 \varrho^2}{2(x-\xi)}\right] \tag{19}$$

gilt.

Unter Verwendung dieser Näherung kann man den Ausdruck für $\psi'(x, y, z)$ in der Form

$$\psi'(x, y, z) = \frac{i k_0^2}{2\pi} \iiint_{T'} \frac{\exp\left[-\frac{i k_0 \varrho^2}{2(x-\xi)}\right]}{x-\xi} \mu(\xi, \eta, \zeta)\, d\eta\, d\zeta\, d\xi \tag{20}$$

schreiben, wobei T' das von Störungen ausgefüllte Teilgebiet bezeichnet, für das die Ungleichung $x-\xi \geqslant 0$ gilt (d. h. das zwischen dem Ursprung der Wellen und dem Beobachtungspunkt liegt)[1]). Wir weisen darauf hin, daß der Ausdruck (20) eine exakte Lösung der Gleichung

$$2k_0 \frac{\partial \psi'}{\partial x} + i\left(\frac{\partial^2 \psi'}{\partial y^2} + \frac{\partial^2 \psi'}{\partial z^2}\right) = 2\mu k_0$$

darstellt, die sich von der Gleichung (8) lediglich dadurch unterscheidet, daß hier der vollständige LAPLACEoperator $\Delta\psi'$ durch den Operator $\Delta_1\psi'$ ersetzt ist (d. h. das Glied $\frac{\partial^2 \psi'}{\partial x^2}$ fehlt). Die Berechtigung, das Glied $\frac{\partial^2 \psi'}{\partial x^2}$ zu vernachlässigen, ist von C. M. RYTOW [9] bei der Lösung eines analogen Problems im Falle rein periodischer Inhomogenitäten begründet worden.

Um die durch (20) gelieferten Resultate mit den Formeln der geometrischen Optik vergleichen zu können, rechnen wir als Beispiel die Phasen- und Amplitudenschwankung einer Welle im Punkt $(L, 0, 0)$ durch, falls die Schwankung des Brechungsindexes die Gestalt

$$\mu = \exp\left(-\frac{y^2+z^2}{2l^2}\right) \mu_1(x) \tag{21}$$

[1]) Formal können wir die Integration über den ganzen Bereich T erstrecken und nicht nur über das Innere des Kontrollkegels; da die GREENsche Funktion (sowohl die exakte als auch die angenäherte) außerhalb dieses Kegels schnell oszilliert, hat die Integration über den Bereich außerhalb des Kegels bei hinreichend glatter Änderung von $\mu(x, y, z)$ nur einen geringen Effekt.

hat (l ist dabei ein Maß für die Größe der Schwankung senkrecht zur Fortpflanzungsrichtung). Nach Integration des Ausdrucks (20) über η und ζ erhalten wir

$$\psi(L, 0, 0) = \int_0^L \frac{k_0 + i(L-\xi)/l^2}{1 + (L-\xi)^2/k_0^2 l^4} \mu_1(\xi)\, d\xi .$$

Diesen Ausdruck kann man wegen (21) in der Form

$$\psi(L, 0, 0) = \int_0^L \frac{k_0}{1 + \frac{(L-\xi)^2}{k_0^2 l^4}} \mu(\xi, 0, 0)\, d\xi - \frac{i}{2} \int_0^L \frac{L-\xi}{1 + \frac{(L-\xi)^2}{k_0^2 l^4}} \Delta_1 \mu(\xi, 0, 0)\, d\xi \quad (22)$$

schreiben.

Hierin stellt der erste Summand die Schwankung der Phase und der zweite Summand die Schwankung des Logarithmus der Amplitude dar. Das gewonnene Resultat unterscheidet sich von den Beziehungen (11) und (13) der geometrischen Optik durch das Auftreten des Faktors $\frac{1}{1 + \frac{(L-\xi)^2}{k_0^2 l^4}}$ unter dem Integralzeichen. Hieraus folgt, daß die Formeln der geometrischen Optik unter der Bedingung $\frac{L}{k_0 l^2} \ll 1$ ein mit der Wirklichkeit gut im Einklang stehendes Resultat liefern werden. Unter Benutzung der Wellenlänge $\lambda = \frac{2\pi}{k_0}$ kann man das erhaltene Kriterium auch in der Form

$$\sqrt{L\lambda} \ll \sqrt{2\pi}\, l$$

schreiben; es besagt also, daß die Größe der ersten FRESNELschen Zone bedeutend kleiner als das Maß l der Schwankung des Brechungsindexes sein muß. Bei gegebener Wellenlänge λ werden die Formeln der geometrischen Optik im allgemeinen nur für solche Abstände anwendbar sein, die wesentlich kleiner als eine bestimmte kritische Länge $L_{kr} = \frac{2\pi l^2}{\lambda}$ sind. Der Absolutbetrag der Phasen- und Amplitudenschwankung ist, wie auch zu erwarten war, in der die Beugung berücksichtigenden Theorie kleiner als in der geometrischen Optik. Auf diese Schlußfolgerung werden wir noch nach der statistischen Behandlung des Problems zurückkommen.

§ 2. Statistische Behandlung des Problems

Bisher haben wir vorausgesetzt, daß die Werte des Brechungsindexes $n(x, y, z)$ eine bekannte Funktion der Koordinaten darstellen. In Wirklichkeit ändern sich aber in einer turbulenten Strömung alle charakteristischen Größen des Mediums (unter ihnen auch n) sehr unregelmäßig mit der Zeit und im Raum; hierbei können wir nicht erwarten, daß wir die genauen Werte von $n(x, y, z, t)$ kennen, sondern wir müssen uns mit der statistischen Bestimmung der einfachsten charakteristischen Größen dieses Feldes begnügen. Die Rolle des

„ungestörten“ Wertes $n = 1$ übernimmt jetzt der Mittelwert des Brechungsindexes. Wir nehmen also an, daß

$$\overline{n(x, y, z)} = 1, \quad \mu = n - \bar{n}$$

ist.

Eine grundlegende statistische Größe des Schwankungsfeldes von $\mu(x,y,z) = \mu(M)$ ist die zugehörige Korrelationsfunktion

$$B(M_1, M_2) = \overline{\mu(M_1)\,\mu(M_2)}; \tag{23}$$

diese Funktion werden wir im weiteren als bekannt ansehen und annehmen, daß sie nur vom Abstand r der Punkte M_1 und M_2 abhängt: $B(M_1, M_2) = B(r)$ (statistische Isotropie des Feldes der μ-Werte).

Wir führen nun spezielle Bezeichnungen für den Real- und Imaginärteil des Integralkerns in (20) ein:

$$\Phi_1(a; \varrho) = \frac{1}{2\pi a} \sin \frac{\varrho^2}{2a}, \qquad \Phi_2(a; \varrho) = \frac{1}{2\pi a} \cos \frac{\varrho^2}{2a}.$$

Der Ausdruck (20) läßt sich dann folgendermaßen schreiben:

$$S'(L, 0, 0) = \operatorname{Re} \psi' = k_0 \int_0^L \int_{-\infty}^{\infty} \int_{-\infty}^{\infty} \Phi_1\left(\frac{L-\xi}{k_0}, \varrho\right) \mu(\xi, \eta, \zeta)\, d\xi\, d\eta\, d\zeta, \tag{24}$$

$$\left[\ln \frac{A}{A_0}\right]_{(L,0,0)} = \operatorname{Im} \psi' = k_0 \int_0^L \int_{-\infty}^{\infty} \int_{-\infty}^{\infty} \Phi_2\left(\frac{L-\xi}{k_0}, \varrho\right) \mu(\xi, \eta, \zeta)\, d\xi\, d\eta\, d\zeta. \tag{25}$$

Wenn man die linke und rechte Seite von (24) und (25) quadriert, den Mittelwert bildet und die Längen L, ϱ usw. durch die dimensionslosen Größen $\bar{L} = k_0 L$, $\bar{\varrho} = k_0 \varrho$ usw. ersetzt (d. h. alle Längen in den Einheiten $\frac{\lambda}{2\pi}$ mißt), ergeben sich folgende Ausdrücke für die statistischen Größen der Phasen- und Amplitudenschwankungen:

$$\overline{S'(L, 0, 0)^2} = \int_0^L \int_0^L \iiiint_{-\infty}^{+\infty} \Phi_1(\bar{L} - \bar{\xi}_1, \bar{\varrho}_1)\, \Phi_1(\bar{L} - \bar{\xi}_2, \bar{\varrho}_2)\, B(r)\, d\bar{\xi}_1\, d\bar{\xi}_2\, d\bar{\eta}_1\, d\bar{\eta}_2\, d\bar{\zeta}_1\, d\bar{\zeta}_2, \tag{26}$$

$$\overline{\left[\ln \frac{A}{A_0}\right]^2_{(L,0,0)}} = \int_0^L \int_0^L \iiiint_{-\infty}^{+\infty} \Phi_2(\bar{L} - \bar{\xi}_1, \bar{\varrho}_1)\, \Phi_2(\bar{L} - \bar{\xi}_2, \bar{\varrho}_2)\, B(r)\, d\bar{\xi}_1\, d\bar{\xi}_2\, d\bar{\eta}_1\, d\bar{\eta}_2\, d\bar{\zeta}_1\, d\bar{\zeta}_2 \tag{27}$$

mit

$$\bar{\varrho}_1^2 = \bar{\eta}_1^2 + \bar{\zeta}_1^2, \qquad \bar{\varrho}_2^2 = \bar{\eta}_2^2 + \bar{\zeta}_2^2,$$

$$r^2 = \frac{r^2}{k_0^2} = \frac{1}{k_0^2}\left[(\bar{\xi}_1 - \bar{\xi}_2)^2 + (\bar{\eta}_1 - \bar{\eta}_2)^2 + (\bar{\zeta}_1 - \bar{\zeta}_2)^2\right].$$

Gehen wir nun von den Veränderlichen $\bar{\eta}_1$, $\bar{\eta}_2$, $\bar{\zeta}_1$, $\bar{\zeta}_2$ zu den Veränderlichen $y = \frac{\bar{\eta}_1 + \bar{\eta}_2}{2}$; $\eta = \bar{\eta}_1 - \bar{\eta}_2$; $z = \frac{\bar{\zeta}_1 + \bar{\zeta}_2}{2}$; $\zeta = \bar{\zeta}_1 - \bar{\zeta}_2$ über, so kann man die

Integration über y und z ausführen. Zu diesem Zweck benutzen wir die in der Wahrscheinlichkeitsrechnung bekannte Identität

$$\frac{1}{4\pi^2 S_1 S_2}\int_{-\infty}^{+\infty}\int_{-\infty}^{\infty}\exp\left[-\frac{(y_1+y)^2+(z_1+z)^2}{2S_1}\right]\exp\left[-\frac{(y_2-y)^2+(z_2-z)^2}{2S_2}\right]dy\,dz =$$

$$=\frac{1}{2\pi(S_1+S_2)}\exp\left[-\frac{(y_1+y_2)^2+(z_1+z_2)^2}{2(S_1+S_2)}\right]$$

(das Ergebnis der Faltung zweier GAUSSscher Verteilungen ist wieder eine GAUSSsche Verteilung). Wenn wir in dieser Identität zunächst $y_1 = y_2 = \frac{\eta}{2}$; $z_1 = z_2 = \frac{\zeta}{2}$; $S_1 = i a_1$; $S_2 = -i a_2$ und danach $y_1 = y_2 = \frac{\eta}{2}$; $z_1 = z_2 = \frac{\zeta}{2}$; $S_1 = i a_1$; $S_2 = i a_2$ setzen, die erhaltenen Gleichungen addieren, voneinander subtrahieren und in beiden Fällen den Realteil abtrennen, so finden wir

$$\int_{-\infty}^{\infty}\int_{-\infty}^{\infty}\Phi_1\left(a_1;\sqrt{\left(y+\frac{\eta}{2}\right)^2+\left(z+\frac{\zeta}{2}\right)^2}\right)\Phi_1\left(a_2;\sqrt{\left(y-\frac{\eta}{2}\right)^2+\left(z-\frac{\zeta}{2}\right)^2}\right)dy\,dz =$$

$$=\frac{1}{2}\{\Phi_1(a_1-a_2;\varrho)+\Phi_1(a_1+a_2;\varrho)\}, \tag{28}$$

$$\int_{-\infty}^{\infty}\int_{-\infty}^{\infty}\Phi_2\left(a_1;\sqrt{\left(y+\frac{\eta}{2}\right)^2+\left(z+\frac{\zeta}{2}\right)^2}\right)\Phi_2\left(a_2;\sqrt{\left(y-\frac{\eta}{2}\right)^2+\left(z-\frac{\zeta}{2}\right)^2}\right)dy\,dz =$$

$$=\frac{1}{2}\{\Phi_1(a_1-a_2;\varrho)-\Phi_1(a_1+a_2;\varrho)\} \tag{29}$$

mit $\varrho = \eta^2 + \zeta^2$.

Hieraus erhalten wir wegen (26) und (27)

$$\overline{S'(L,0,0)^2} = \frac{1}{2}(I_1+I_2), \tag{30}$$

$$\overline{\left[\ln\frac{A(L,0,0)}{A_0}\right]^2} = \frac{1}{2}(I_1-I_2) \tag{31}$$

mit

$$I_1 = \int_0^{\bar L}\int_0^{\bar L}\int_{-\infty}^{\infty}\int_{-\infty}^{\infty}\Phi_1(\bar\xi_1-\bar\xi_2;\varrho)\,B(r)\,d\eta\,d\zeta\,d\bar\xi_1\,d\bar\xi_2, \tag{32}$$

$$I_2 = \int_0^{\bar L}\int_0^{\bar L}\int_{-\infty}^{\infty}\int_{-\infty}^{\infty}\Phi_1(2\bar L-(\bar\xi_1+\bar\xi_2);\varrho)\,B(r)\,d\eta\,d\zeta\,d\bar\xi_1\,d\bar\xi_2, \tag{33}$$

$$r^2 = \frac{1}{k_0^2}[(\bar\xi_1-\bar\xi_2)^2+\varrho^2].$$

Die vorstehenden Formeln sind hinreichend allgemein und können zur Berechnung der Phasen- und Amplitudenschwankungen bei beliebiger Gestalt der

Korrelationsfunktion verwendet werden[1]). Als ein konkretes Beispiel betrachten wir hier folgende Form dieser Funktion:

$$B(r) = \overline{\mu(M_1)\,\mu(M_2)} = B_0 \exp\left(-\frac{r^2}{2 l_1^2}\right), \tag{34}$$

wobei $B_0 = \overline{\mu^2}$ und r der Abstand zwischen den Punkten M_1 und M_2 ist.

Man kann annehmen, daß die für eine solche Korrelationsfunktion geltenden asymptotischen Gesetzmäßigkeiten auch für jede andere, genügend glatte und nach Unendlich hinreichend schnell abnehmende Funktion $B(r)$ ihre Gültigkeit (bis auf Zahlenfaktoren) beibehalten.

Durch Einsetzen der Funktion (34) in (32) und (33) kann man die Integration über η und ζ ausführen.

Kehrt man nun wieder zu den dimensionsbehafteten Größen zurück, so ergibt sich

$$I_1 = B_0 k_0^2 \int\limits_0^L\!\!\int\limits_0^L \frac{1}{1 + \frac{(\xi_1 + \xi_2)}{k_0^2 l_1^4}} \exp\left[-\frac{1}{2 l_1^2}(\xi_1 - \xi_2)^2\right] d\xi_1\, d\xi_2, \tag{35}$$

$$I_2 = B_0 k_0^2 \int\limits_0^L\!\!\int\limits_0^L \frac{1}{1 + \frac{2L - (\xi_1 + \xi_2)^2}{k_0^2 l_1^4}} \exp\left[-\frac{1}{2 l_1^2}(\xi_1 - \xi_2)^2\right] d\xi_1\, d\xi_2. \tag{36}$$

Wir weisen darauf hin, daß der unter dem Integralzeichen stehende Faktor $\exp\left[-\frac{1}{2 l_1^2}(\xi_1 - \xi_2)^2\right]$ die Korrelationsfunktion der Schwankungen des Brechungsindexes längs der Abszissenachse (d. h. längs der Fortpflanzungsrichtung der ungestörten Welle) darstellt.

Für $L \gg l_1$ können die in (35) und (36) auftretenden Doppelintegrale in einfache Integrale umgeformt werden, und zwar deswegen, weil der Integrand praktisch nur innerhalb eines schmalen Streifens, der die Halbierende $\xi_1 = \xi_2$ umgibt, nicht verschwindet. Die entsprechenden asymptotischen Darstellungen erhält man leicht durch Übergang zu den Veränderlichen $x = \frac{\xi_1 + \xi_2}{2}$ und $\xi = \xi_1 - \xi_2$. Für $L \gg l_1$ kann man das Integral über ξ, ohne einen großen Fehler zu begehen, durch das über $-\infty < \xi < \infty$ erstreckte Integral ersetzen; ist außerdem $k_0 l_1 \gg 1$, so kann man im Nenner des Integranden von (35) den Summanden $\frac{(\xi_1 + \xi_2)^2}{k_0^2 l_1^4}$ gegenüber Eins vernachlässigen (wegen des Vorhandenseins des Exponentialfaktors fallen die Werte dieses Nenners für

[1]) Das Problem der Berechnung von Phasen- und Amplitudenschwankungen bei beliebiger Gestalt der Korrelationsfunktion des Brechungsindexes (unter der Voraussetzung, daß für den Brechungsindex das „Zweidrittel-Gesetz" gilt) ist jetzt gründlich in der Abhandlung von W. I. TATARSKY, Über die Schwankungen der Amplituden und Phasen einer Welle, die sich in einer schwach inhomogenen Atmosphäre ausbreitet, Doklady Akad. Nauk SSSR, Bd. 107, Nr. 2, S. 245—248 (1956), untersucht worden. — Anmerkung zur deutschen Übersetzung.

$(\xi_1 - \xi_2) \gg l_1$ sowieso wenig ins Gewicht). Daraus gewinnt man mühelos folgende asymptotische Darstellungen der Integrale I_1 und I_2 für $L \gg l_1$ und $k_0 l_1 \gg 1$ $\left(\text{d. h. } l_1 \gg \frac{\lambda}{2\pi}\right)$:

$$I_1 \approx \sqrt{2\pi}\, B_0 l_1 k_0^2 L, \tag{37}$$

$$I_2 \approx \sqrt{\frac{\pi}{2}}\, B_0 l_1^3 k_0^3 \operatorname{arc\,tg}\left(\frac{2L}{k_0 l_1^2}\right). \tag{38}$$

Es ist zu bemerken, daß unter den von uns gemachten natürlichen Annahmen $L \gg l_1$ und $l_1 \gg \lambda$ der dimensionslose Parameter

$$D = \frac{2L}{k_0 l_1^2} \tag{39}$$

im allgemeinen beliebige Werte annehmen kann. Dementsprechend unterliegt der Wert dieses Parameters bei der Berechnung der asymptotischen Darstellungen für I_1 und I_2 keinen Einschränkungen.

Aus (30), (31), (37) und (38) ergeben sich folgende asymptotische Ausdrücke für die quadratischen Mittelwerte der Schwankungen der Phase und des Logarithmus der Amplitude einer Welle:

$$\overline{S^2} \approx \sqrt{\frac{\pi}{2}}\, B_0 l_1 k_0^2 L\left(1 + \frac{1}{D} \operatorname{arc\,tg} D\right), \tag{40}$$

$$\overline{\left(\ln \frac{A}{A_0}\right)^2} \approx \sqrt{\frac{\pi}{2}}\, B_0 l_1 k_0^2 L\left(1 - \frac{1}{D} \operatorname{arc\,tg} D\right). \tag{41}$$

An Stelle des bedingten „Korrelationsradius" l_1 kann man ein Integralmaß der Schwankung einführen — das Integral über die Korrelationsfunktion längs eines Strahls

$$\bar{l} = \frac{1}{B_0}\int_0^\infty B(\xi)\, d\xi = \int_0^\infty \exp\left(-\frac{\xi^2}{2 l_1^2}\right) d\xi = \sqrt{\frac{\pi}{2}}\, l_1. \tag{42}$$

Ersetzt man außerdem die Wellenzahl k_0 durch die Wellenlänge $\lambda = \frac{2\pi}{k_0}$, so kann man die sich ergebenden Ausdrücke folgendermaßen schreiben:

$$D = \frac{L\lambda}{2\bar{l}^2}, \tag{43}$$

$$\overline{S^2} \approx (2\pi)^2 B_0 \frac{\bar{l} L}{\lambda^2}\left(1 + \frac{1}{D} \operatorname{arc\,tg} D\right), \tag{44}$$

$$\overline{\left(\ln \frac{A}{A_0}\right)^2} \approx (2\pi)^2 B_0 \frac{\bar{l} L}{\lambda^2}\left(1 - \frac{1}{D} \operatorname{arc\,tg} D\right). \tag{45}$$

Wir erinnern daran, daß hierin $B_0 = \overline{\mu^2} = \overline{(n - \bar{n})^2}$ das quadratische Mittel der Schwankungen des Brechungsindexes ist.

Wir betrachten nun Grenzfälle. Für kleine Werte des Parameters $D (D \ll 1)$ ist

$$\operatorname{arc\,tg} D \approx D, \qquad 1 - \frac{1}{D} \operatorname{arc\,tg} D \approx \frac{D^2}{3}$$

und dementsprechend

$$\overline{S'^2} \approx (2\pi)^2 \frac{2 B_0 L \bar{l}}{\lambda^2}, \qquad \overline{\left(\ln \frac{A}{A_0}\right)^2} \approx \frac{\pi^2}{3} B_0 \frac{L^3}{\bar{l}^3},$$

$$\sigma_{S'} \approx \frac{\sqrt{2} \cdot 2\pi}{\lambda} \sigma_\mu \sqrt{L \bar{l}}, \tag{46}$$

$$\sigma_{\ln\left(\frac{A}{A_0}\right)} \approx \frac{\pi}{\sqrt{3}} \sigma_\mu \left(\frac{L}{\bar{l}}\right)^{3/2} \tag{47}$$

($\sigma_{S'}$, $\sigma_{\ln\left(\frac{A}{A_0}\right)}$, σ_μ, bezeichnen die quadratischen Mittelwerte der entsprechenden Größen). Wie zu erwarten war, erhalten wir die bekannten Formeln der geometrischen Optik [die Ausdrücke (46) und (47) stimmen mit den von W. A. KRASILNIKOW [8] gefundenen überein]. Der Fall $D \ll 1$ entspricht verhältnismäßig kleinen Werten für den Abstand L, und zwar: $L \ll L_{kr}$ mit $L_{kr} = \frac{\bar{l}^2}{\lambda/2}$.

Für $D \gg 1$ (d. h. für $L \gg L_{kr}$) gilt $\operatorname{arctg} D \approx \frac{\pi}{2}$, womit die asymptotischen Darstellungen (40) und (41)

$$\overline{S'^2} \approx (2\pi)^2 B_0 \frac{L \bar{l}}{\lambda^2}, \qquad \sigma_{S'} \approx \frac{2\pi}{\lambda} \sigma_\mu \sqrt{L \bar{l}}, \tag{48}$$

$$\overline{\left(\ln \frac{A}{A_0}\right)^2} \approx (2\pi)^2 B_0 \frac{L \bar{l}}{\lambda^2}, \qquad \sigma_{\ln\left(\frac{A}{A_0}\right)} \approx \frac{2\pi}{\lambda} \sigma_\mu \sqrt{L \bar{l}} \tag{49}$$

liefern.

Für große L ist die Formel für die Phasenschwankungen ähnlich der entsprechenden Formel der geometrischen Optik; sie unterscheidet sich von ihr lediglich um den Faktor $\frac{1}{\sqrt{2}}$ (insbesondere bleibt die Proportionalität von $\sigma_{S'}$ zur Quadratwurzel aus L erhalten). Gleichzeitig erfährt die Abhängigkeit der Amplitudenschwankungen von L eine schroffe Änderung beim Durchgang durch den Wert L_{kr}. Während die Größe $\sigma_{\ln\left(\frac{A}{A_0}\right)}$ bei kleinen Werten von L proportional zu $L^{3/2}$ wächst und von der Wellenlänge unabhängig ist (in Übereinstimmung mit der geometrischen Optik), unterliegen die Schwankungen des Logarithmus der Amplitude bei großen L-Werten demselben Änderungsgesetz wie die Phasenschwankungen: $\sigma_{\ln\left(\frac{A}{A_0}\right)}$ ist proportional zu $\sqrt{L}$, und überdies beginnt die Abhängigkeit der Größe $\sigma_{\ln\left(\frac{A}{A_0}\right)}$ von der Wellenlänge.

Wir bemerken noch, daß nach den erhaltenen Formeln in allen Fällen $\sigma_{\ln\left(\frac{A}{A_0}\right)} < \sigma_{S'}$ ist, wobei

$$\frac{\sigma_{\ln(A/A_0)}}{\sigma_{S'}} = \sqrt{\frac{D - \operatorname{arc\,tg} D}{D + \operatorname{arc\,tg} D}} \tag{50}$$

gilt. Der Hinweis der Theorie auf die Abhängigkeit der Amplitudenschwankungen von der Wellenlänge (Frequenz) bei großen L ist von besonderem Interesse wegen seiner Verwendungsmöglichkeit für die Erklärung der Farberscheinung bei der Szintillation der Sterne.

Abschließend werden wir die Größenordnung von L_{kr} bei der Szintillation der Sterne abschätzen. Wir nehmen $\lambda = 5 \cdot 10^{-5}$ cm (Länge einer Lichtwelle) und $\bar{l} = 2$ cm („inneres Maß" der atmosphärischen Turbulenz). Unter diesen Bedingungen ist $L_{kr} = 1{,}6 \cdot 10^5$ cm $= 1{,}6$ km. Diese Abmessung ist ihrer Größe nach vergleichbar mit der Dicke der Troposphärenschicht, in der man starke Schwankungen des Temperaturfeldes und damit zusammenhängende Schwankungen des Brechungsindexes zu erwarten hat. Somit können sogar beim Problem der Szintillation der Sterne, bei dem scheinbar äußerst günstige Verhältnisse für die Durchführung einer rein geometrischen Berechnung ($\lambda \ll l_1$) vorliegen, infolge der großen Ausdehnung der Schicht die in dieser Arbeit untersuchten Beugungserscheinungen (im Sinne der FRESNELschen Theorie) auftreten.

Die qualitativen Folgerungen aus der in dieser Arbeit entwickelten Theorie finden eine bestimmte Bestätigung in den bisher sehr gering vorhandenen, experimentellen Ergebnissen über Schwankungen der Schall- und Lichtamplitude bei ihrer Ausbreitung in der Atmosphäre. So zeigen Messungen von Schwankungen der Schallamplitude, die von KRASILNIKOW [2] durchgeführt wurden, daß die Schwankungen der Phase und des Logarithmus der Amplitude dieselbe Größenordnung haben; jedoch sind die Schwankungen des Logarithmus der Amplitude etwas geringer. Dabei macht sich bei Erhöhung der Frequenz eine Vergrößerung der Schwankungen des Logarithmus der Amplitude bemerkbar. Ebenfalls sei noch erwähnt, daß nach Messungen von KRASILNIKOW [2] die Schwankung des Logarithmus der Schallamplitude bei großen Werten von L etwa wie $\sqrt{L}$ wächst (und nicht wie $L^{3/2}$; diese Wachstumsordnung steht in krassem Widerspruch zu allen vorhandenen Beobachtungen). Eine analoge Schlußfolgerung kann man auch aus Messungen der Intensitätsschwankung des Lichts von einer fern gelegenen Lichtquelle ziehen, die von SIEDENTOPF [11] ausgeführt wurden[1]).

Wir beschränkten uns hier nur auf die Erörterung qualitativer Folgerungen aus der dargelegten Theorie. Zur quantitativen Analyse der vorhandenen

[1]) Die Arbeit von H. SCHEFFLER, Astronomische Szintillation und atmosphärische Turbulenz. Astron. Nachr., Bd. 282, S. 133 (1955), behandelt die Anwendung der hier gewonnenen Ergebnisse auf das Problem der Sternszintillation. — Anmerkung zur deutschen Übersetzung.

Experimente ist es notwendig, den Berechnungen konkrete Korrelationsfunktionen zugrunde zu legen, die das Feld der Brechungsindexschwankungen der Atmosphäre beschreiben. Von praktischem Interesse ist auch die Untersuchung des Umkehrproblems: auf Grund einer statistischen Analyse der beobachteten Schwankungen der Lichtintensität (Szintillation der Sterne) oder der charakteristischen Größen eines Schallfeldes bei der Ausbreitung in der turbulenten Atmosphäre eine Abschätzung für die charakteristischen Größen der atmosphärischen Turbulenz (Intensität, Maß der Turbulenz) zu gewinnen. Die Erörterung dieser Fragen geht jedoch weit über den Rahmen des vorliegenden Artikels hinaus.

Akademie der Wissenschaften der UdSSR
Geophysikalisches Institut

Eingegangen am 25. 11. 1952

LITERATURVERZEICHNIS

[1] Красильников, В. А., О распространении звука в турбулентной атмосфере. ДАН СССР. (Krassilnikow, W. A., Über die Ausbreitung des Schalls in der turbulenten Atmosphäre. Ber. Akad. Wiss. UdSSR), Bd. 47, Nr. 7 (1945).

[2] Красильников, В. А., Иванов-Шиц, К. М., Некоторые новые эксперименты по распространению звука в атмосфере. Вестн. Моск. ун-та, Физика. (Krassilnikow, W. A., Iwanow-Schitz, K. M., Einige neue Experimente über die Ausbreitung des Schalls in der Atmosphäre. Nachr. Moskauer Univ., Physik), Nr. 2 (1950).

[3] Красильников, В. А., О флуктуациях угла прихода в явлениях мерпания звезд. ДАН СССР. (Krassilnikow, W. A., Über Schwankungen des Einfallswinkels bei der Szintillation der Sterne. Ber. Akad. Wiss. UdSSR), Bd. 65, Nr. 3 (1949).

[4] Колчинский, И. Г., Об амплитуде дрожания изображений в телескопах в зависимости от зенитного расстояния. Астр. журн. (Koltschinski, I. G., Über die Amplitude der Vibration von Bildern in Teleskopen in Abhängigkeit vom Zenitabstand. Astronom. J.), Bd. 29, Nr. 3 (1952).

[5] Обухов, А. М., Структура температурного поля в турбулентном потоке. Изв. АН СССР, сер. геогр. и геофиз. (Obuchow, A. M., Die Struktur des Temperaturfeldes in einer turbulenten Strömung. Nachr. Akad. Wiss. UdSSR, Ser. Geograph. u. Geophys.), Nr. 1 (1949). [Siehe auch die S. 127—140 dieses Sammelbandes.]

[6] Яглом, А. М., О локальной структуре поля температур в турбулентном потоке. ДАН СССР. (Jaglom, A. M., Über die lokale Struktur des Temperaturfeldes in einer turbulenten Strömung. Ber. Akad. Wiss. UdSSR), Bd. 69, Nr. 6 (1949). [Siehe auch die S. 141—146 dieses Sammelbandes.]

[7] Кречмер, С. И., Исследование микропульсаций температурного поля в атмосфере. ДАН СССР. (Kretschmer, S. I., Untersuchung der Mikroschwankungen des Temperaturfeldes in der Atmosphäre. Ber. Akad. Wiss. UdSSR), Bd. 84, Nr. 1 (1952).

[8] Красильников, В. А., О влиянии пульсаций коэффициента преломления в атмосфере на рапространение ультракоротких радиоволи. Изв. АН СССР, сер. геогр. и геофиз. (Krassilnikow, W. A., Über die Einwirkung der Schwankungen des Brechungsindexes in der Atmosphäre auf die Ausbreitung von Ultrakurzwellen. Nachr. Akad. Wiss. UdSSR, Ser. Geograph. u. Geophys.), Nr. 1 (1949).

[9] Рытов, С. М., Диффракция света на ультразвуковых волнах. Изв. АН СССР. (Rytow, S. M., Die Diffraktion des Lichts auf Ultraschallwellen. Nachr. Akad. Wiss. UdSSR, Ser. Phys.), Nr. 2 (1937).

[10] Шифрин, К. С., Рассеяние света в мутной среде. (Schifrin, K. S., Die Dispersion des Lichts in einem trüben Medium), Гостехиздат, Moskau 1951.

[11] Siedentopf, H., und Wissnak, F., Die Szintillation der Strahlung terrestrischer Lichtquellen und ihr Gang mit der Tageszeit. Optik, Bd. 3, II, S. 5—6 (1948).

A. M. OBUCHOW

Untersuchung der Mikrostruktur des Windes in der bodennahen Schicht der Atmosphäre[1])

Es wird eine Methode zur Messung der Windgeschwindigkeitsschwankungen beschrieben. Weiter werden Untersuchungsergebnisse der Mikrostruktur des Windes in der bodennahen Schicht der Atmosphäre (bis zu 15 m) angeführt, Resultate direkter Messungen charakteristischer Größen der atmosphärischen Turbulenz werden mit den Folgerungen aus der Theorie der lokalisotropen Turbulenz verglichen. Ferner werden Messungen der Vertikalkomponente der Windgeschwindigkeit und Experimente zur Bestimmung der REYNOLDSschen Spannungen beschrieben.

Die realen Felder meteorologischer Größen (Windgeschwindigkeits-, Temperatur- und Feuchtigkeitsfeld) haben eine sehr komplizierte Struktur, was mit dem turbulenten Bewegungszustand in der Atmosphäre zusammenhängt. Die äußeren Merkmale der atmosphärischen Turbulenz (Scheinreibung, Transport von Wärme und Materialbeimischungen) sind den Meteorologen gut bekannt. Zur Berücksichtigung dieser Erscheinungen führt man bei theoretischen Untersuchungen gewöhnlich Koeffizienten der scheinbaren Zähigkeit, der turbulenten Diffusion und der Wärmeleitfähigkeit ein.

Neben diesen indirekten Methoden zur Untersuchung der Turbulenz in der atmosphärischen Physik ist auch ein direktes Studium der turbulenten Schwankungen und die Aufklärung der Struktur einer turbulenten Strömung unter atmosphärischen Bedingungen von großem Interesse. Sehr wichtig ist das Studium der Mikrostruktur meteorologischer Felder für die atmosphärische Akustik, die atmosphärische Optik und auch für die Entwicklung der Theorie der Koagulation von Aerosolen unter natürlichen Bedingungen.

Die statistische Theorie der ausgebildeten Turbulenz, die durch Arbeiten sowjetischer Wissenschaftler (A. A. FRIEDMANN, A. N. KOLMOGOROV und seine Schule, L. D. LANDAU) begründet wurde, liefert eine Reihe von Gesetzmäßigkeiten für die Struktur der atmosphärischen Turbulenz, die experimentell nur wenig untersucht wurden.

In der vorliegenden Arbeit werden Meßergebnisse von charakteristischen Strukturgrößen der atmosphärischen Turbulenz angeführt. Die Messungen wurden mit Hilfe einer speziellen Apparatur ausgeführt, die vom Verfasser

[1]) Übersetzt aus: Известия АН СССР, сер. геофиз. Nr. 3 (1951), S. 49.

gemeinsam mit S. I. Kretschmer im Geophysikalischen Institut der Akademie der Wissenschaften der UdSSR entworfen wurde[1]). Die gewonnenen Daten über die Struktur der Turbulenz in der bodennahen Schicht der Atmosphäre weisen eine befriedigende Übereinstimmung mit der Theorie der lokalisotropen Turbulenz auf. In dieser Arbeit sind auch Messungen (Registrierungen) der momentanen Werte der vertikalen Windgeschwindigkeitskomponente zur direkten Bestimmung der turbulenten Schubspannung in der bodennahen Schicht beschrieben.

§ *1. Die Strukturfunktion des Geschwindigkeitsfeldes einer turbulenten Strömung*

Schon 1925 hat A. A. Friedmann [1] vorgeschlagen, als charakteristische Strukturgrößen einer turbulenten Strömung die Korrelationen zwischen den momentanen Werten hydrodynamischer Größen in zwei Punkten der Strömung zu verwenden. Diese Methode fand in der experimentellen Aerodynamik bei der Untersuchung der Turbulenz in Windkanälen umfangreiche Anwendung. Bei der Anwendung dieser Methode auf geophysikalische Probleme stoßen wir jedoch auf die prinzipielle Schwierigkeit, das mittlere Geschwindigkeitsfeld, das mittlere Temperaturfeld und das mittlere Feld anderer charakteristischer Größen der Atmosphäre zu bestimmen. Diese Schwierigkeit ist mit der bekannten „Evolution des Niveaus“ geophysikalischer Felder verknüpft, derzufolge unsere Mittelwertbildungen wesentlich von der Auswahl des Mittelungsbereichs abhängen. Das Problem der Bestimmung des „gemittelten Feldes“ vereinfacht sich, wenn man die 1941 von A. N. Kolmogorov [2, 3] vorgeschlagene Methode heranzieht. Diese besteht darin, die Struktur einer turbulenten Strömung mit Hilfe charakteristischer statistischer Größen zu beschreiben, die sich nicht auf die Werte des Feldes selbst, sondern lediglich auf die Differenzen dieser Werte in zwei Punkten der Strömung beziehen. Wenn die beiden Beobachtungspunkte sich unter gleichartigen makroskopischen Bedingungen befinden (genügend nahe beieinander liegen und die Bodenfläche hinreichend homogen ist), dann ist die Differenz der Werte der Strömungsgeschwindigkeit oder der Temperatur eine statistisch stabile Größe — ihren Mittelwert kann man gleich Null annehmen. Die mittlere Amplitude der momentanen Differenz der charakteristischen Größen in zwei Punkten der Strömung, die den Abstand r voneinander haben, ist ein Maß für die Intensität der Turbulenzelemente, deren Abmessung kleiner oder vergleichbar mit r ist. Die Abhängigkeit des quadratischen Mittels der Differenz charakteristischer Feldgrößen in zwei Punkten vom Abstand der Punkte wird als Strukturfunktion des vorgegebenen Feldes bezeichnet.

Die Kenntnis der Strukturfunktion des Geschwindigkeits- und Temperaturfeldes liefert bestimmte Informationen über das Turbulenzspektrum und

[1]) Diese Apparatur ist in dem Artikel von S. I. Kretschmer, „Methodik der Messung von Mikroschwankungen der Windgeschwindigkeit und der Temperatur in der Atmosphäre“, Trudy Geophys. Inst. Akad. Nauk SSSR, Nr. 24 (151), S. 43—111 (1954) beschrieben. — Anmerkung zur deutschen Übersetzung.

gestattet es, eine Reihe konkreter geophysikalischer Probleme zu lösen. Als Beispiel nennen wir die Arbeiten von W. A. KRASILNIKOW [4, 5] über die Schall- und Lichtausbreitung in der turbulenten Atmosphäre und die Arbeit von JUDIN [6] über die Schwingungen eines Flugzeuges beim Fliegen. Der Begriff der Strukturfunktion des Windes (eines Vektorfeldes) bedarf noch einer zusätzlichen Erläuterung. M_1 und M_2 seien Beobachtungspunkte. Wir betrachten dann die Größen

$$D_{ll} = \overline{[(\Delta \mathfrak{v})_l]^2}, \quad D_{nn} = \overline{[(\Delta \mathfrak{v})_n]^2}, \tag{1}$$

wobei $(\Delta\mathfrak{v})_l = [\mathfrak{v}(M_2) - \mathfrak{v}(M_1)]_l$ die Projektion des Vektors der Geschwindigkeitsdifferenz in den Beobachtungspunkten auf die Richtung der Achse $M_1 M_2$ (die Basis) und $(\Delta \mathfrak{v})_n$ die Projektion derselben Differenz auf eine Richtung ist, die auf der Basisrichtung senkrecht steht. In Übereinstimmung mit der Hypothese von A. N. KOLMOGOROV über die lokale Isotropie einer turbulenten Strömung kann man die Größen $D_{ll}(r)$ und $D_{nn}(r)$ als Funktionen nur des Abstandes r (für ein r, das im Vergleich zum äußeren Maß der Turbulenz klein ist) ansehen, die nicht von der Orientierung der Basis und der speziellen Auswahl der Richtung in der zur Basis senkrechten Ebene abhängen. Diese Funktionen $D_{ll}(r)$ und $D_{nn}(r)$ werden wir als Längs- bzw. Querstrukturfunktion des Geschwindigkeitsfeldes (Windfeldes) bezeichnen. Unter atmosphärischen Bedingungen kann man das „äußere Maß“ der Turbulenz als eine Größe von der Ordnung des Mischungsweges — etwa $^1/_3$ des Abstandes von der Bodenfläche (Höhe) — ansehen.

Die Längs- und Querstrukturfunktion sind durch die bekannte Gleichung

$$D_{nn}(r) = D_{ll}(r) + \frac{r}{2} \frac{d D_{ll}(r)}{dr} \tag{2}$$

miteinander verknüpft, die sich aus der Kontinuitätsbedingung ergibt (siehe KOLMOGOROV [2]). Hieraus folgt insbesondere

$$D_{ll}(r) = \frac{2}{r^2} \int_0^r r\, D_{nn}(r)\, dr. \tag{3}$$

Wie wir weiter unten sehen werden, ist es bei einer experimentellen Untersuchung der Struktur eines Windfeldes bedeutend einfacher (aus technischen Gründen), die Quer- und nicht die Längsstrukturfunktion zu ermitteln.

In unseren Experimenten benutzten wir eine horizontale Basis senkrecht zur Windrichtung; dabei wurde $\Delta \mathfrak{v}_n$ (die Projektion der Geschwindigkeitsdifferenz auf die Richtung der Grundströmung) gemessen. Im weiteren werden wir der Kürze halber häufig von der Strukturfunktion des Windfeldes sprechen und denken dabei an die Querstrukturfunktion und das oben angegebene Meßschema[1]).

[1]) Bei kleinen Abständen hat die Wahl der Basisrichtung wegen der lokalen Isotropie der Strömung keine erhebliche Bedeutung. Bei Verwendung einer horizontalen Basis be-

Nach theoretischen Untersuchungen von A. N. KOLMOGOROV und des Verfassers [2, 7, 8] hat die Strukturfunktion des Geschwindigkeitsfeldes einer ausgebildeten turbulenten Strömung für Abstände r, die erheblich größer als das „innere Maß der Turbulenz" η sind, die sehr einfache Gestalt

$$D_{nn}(r) = b^2 r^{2/3}. \tag{4}$$

Dabei wird η lediglich durch die mittlere Dissipationsenergie ε und die Zähigkeit ν des Mediums bestimmt, während b eine charakteristische Größe für die Intensität der Mikroschwankungen (eine charakteristische Strukturgröße des Windfeldes) ist.

Für r-Werte, die erheblich kleiner als η sind, ist D_{nn} proportional dem Quadrat von r. Das innere Maß η der Turbulenz, das von A. N. KOLMOGOROV in die Turbulenztheorie eingeführt wurde, charakterisiert die Größe der „laminaren Elemente" der turbulenten Strömung. In Übereinstimmung mit der Arbeit [8][1]) werden wir eine Definition des inneren Maßes der Turbulenz η_1 benutzen, das dem Wendepunkt der Strukturfunktion entspricht (dieses Maß unterscheidet sich lediglich durch einen Zahlenfaktor der Größenordnung eins von dem durch A. N. KOLMOGOROV eingeführten Maß η):

$$\eta_1 = \frac{5{,}035}{\sqrt{|S_1|}} \sqrt[4]{\frac{\nu^3}{\varepsilon}}. \tag{5}$$

Dabei stellt S_1 einen Zahlenfaktor (die Asymmetrie der Verteilung für die Längskomponente der Geschwindigkeitsdifferenz in nahe gelegenen Punkten) dar. Nach Messungen von TOWNSEND [9] in Windkanälen ist $S_1 \approx 0{,}4$; diesen Wert darf man jedoch noch nicht als endgültig ermittelt ansehen und für jeden Fall einer turbulenten Bewegung vorbehaltlos verwenden. Im Einklang mit (5) und mit einer von GÖDECKE [10] vorgenommenen direkten Messung der Strukturfunktion eines Geschwindigkeitsfeldes hat das Maß η_1 die Größenordnung von einigen Millimetern. Von den unten angegebenen Meßergebnissen für die Geschwindigkeitsdifferenz in einem Abstand, der nicht kleiner als 2 cm ist, kann man folglich sagen, daß sie zu den „großen" Abständen gehören, und man hat sie mit den Werten der Strukturfunktion (4) zu vergleichen.

Die charakteristische Strukturgröße b des Windfeldes hängt nach der Theorie [2, 3, 8] unmittelbar mit der mittleren Dissipationsenergie ε zusammen:

$$b = C_1 \sqrt[3]{\varepsilon}. \tag{6}$$

hält der Begriff der Strukturfunktion jedoch nicht nur für sehr kleine Abstände seinen Sinn, sondern auch für Abstände r, die mit der Beobachtungshöhe vergleichbar und sogar noch größer sind, da man ein Windfeld über einer genügend homogenen Bodenfläche als statistisch homogen und isotrop in horizontaler Richtung ansehen kann. Bei einer solchen erweiterten Auffassung des Begriffes einer Strukturfunktion können wir die empirische Strukturfunktion natürlich nur für Abstände, die nicht größer als das äußere Maß der Turbulenz sind, mit den theoretischen Daten der lokalisotropen Turbulenz vergleichen.

[1]) Siehe auch auf den S. 97—125 dieses Sammelbandes die Arbeit von A. M. OBUCHOW und A. M. JAGLOM, „Die Mikrostruktur einer turbulenten Strömung". — Anmerkung zur deutschen Übersetzung.

Die Konstante C_1 kann man durch die Konstante C von KOLMOGOROV [3] ausdrücken:

$$C_1 = \sqrt{\frac{4}{3} C}.$$

Sie ist, wie die Theorie zeigt, mit der Asymmetrie S_1 für die Längskomponente der Geschwindigkeitsdifferenz verknüpft:

$$C_1 = \frac{1{,}072}{\sqrt[3]{|S_1|}}. \tag{7}$$

Wir weisen darauf hin, daß die Konstante C_1 nur dann aus dem Experiment ermittelt werden kann, wenn neben dem Wert b auch die Dissipationsenergie ε unabhängig bestimmt wird. Auf Grund einiger indirekter Angaben hat A. N. KOLMOGOROV in der Arbeit [3] die vorläufige Abschätzung $C = 1{,}5$ gegeben. Dem entspricht $C_1 = 1{,}4$. Nimmt man (nach TOWNSEND) $S_1 = 0{,}4$ an, so erhalten wir $C_1 = 1{,}45$. Diese Größe stimmt praktisch mit dem Wert der Konstanten C_1 nach KOLMOGOROV überein.

§ 2. *Theoretische Abschätzung der charakteristischen Strukturgrößen eines Windfeldes unter den Bedingungen der bodennahen Schicht*

Wie oben bereits angedeutet wurde, ist die Dissipationsenergie eine physikalische Grundgröße, welche die charakteristischen Größen der lokalen Struktur einer turbulenten Strömung bestimmt. Bei der Abschätzung dieser Größe in der bodennahen Schicht machen wir davon Gebrauch, daß man die Schicht der Atmosphäre bis zu einer Höhe von 10—15 m näherungsweise wie eine logarithmische Grenzschicht behandeln kann. Unter der Annahme einer logarithmischen Grenzschicht gewinnt man leicht einen Ausdruck für die Umwandlung der Energie der mittleren Strömung in die Energie der turbulenten Schwankungen. Wenn man unter den Bedingungen einer logarithmischen Grenzschicht die Energiediffusion der turbulenten Schwankungen vernachlässigt, kann man auf Grund der Stationarität des Vorganges annehmen, daß die mittlere Dissipationsenergie der turbulenten Schwankungen auf einem gegebenen Niveau mit der Transformation der Energie der mittleren Strömung in die Energie der turbulenten Schwankungen übereinstimmt[1]). Auf Grund dieser Überlegungen erhalten wir für den Wert der auf die Masseneinheit bezogenen Dissipationsenergie

$$\varepsilon = \frac{1}{\varrho}\left(\tau \frac{d\bar{v}}{dz}\right), \tag{8}$$

wobei τ die Schubspannung und $\bar{v}(z)$ die Verteilung der mittleren Strömungsgeschwindigkeit über der Höhe ist.

[1]) Daß es zulässig ist, die Energiediffusion der turbulenten Schwankungen zu vernachlässigen, kann man hinreichend exakt mit Hilfe von Ähnlichkeitsbetrachtungen über turbulente Vorgänge in einer logarithmischen Grenzschicht begründen.

In der logarithmischen Grenzschicht ist $\tau = \text{const.}$ Wir führen nun die Schubspannungsgeschwindigkeit v_* ein, indem wir

$$\varrho v_*^2 = \tau$$

setzen, und verwenden die aus der Theorie der logarithmischen Grenzschicht bekannte Darstellung der mittleren Geschwindigkeit $\bar{v}(z)$ durch v_* und die für die Rauhigkeit der Bodenfläche charakteristische Größe z_0

$$\bar{v}(z) = \frac{v_*}{\varkappa} \ln \frac{z}{z_0}, \tag{9}$$

mit der Kármánschen Konstanten $\varkappa = 0{,}4$. Aus (8) folgt dann auf Grund von (9)

$$\varepsilon = \frac{v_*^3}{\varkappa z}. \tag{10}$$

Zur Bestimmung von v_* und z_0 muß man über zuverlässige Messungen der mittleren Geschwindigkeit in mehreren (mindestens zwei) Höhen verfügen. Falls z_0 für die gegebenen Geländebedingungen ermittelt ist, kann man v_* unter Benutzung der Formel (9) aus einer Messung der mittleren Geschwindigkeit bestimmen. So ist beispielsweise $v_* = 0{,}083\, \bar{v}_{1,5}$ für die Rauhigkeit $z_0 = 1{,}2$ cm; dabei ist $\bar{v}_{1,5}$ die Windgeschwindigkeit in der Höhe 1,5 m.

Zieht man die Formel (10) und den Ausdruck (5) für das innere Maß der Turbulenz heran, so kann man eine Abschätzung für dieses Maß unter den Bedingungen der bodennahen Schicht gewinnen. Wenn wir für die Asymmetrie den Wert $S_1 = 0{,}4$ annehmen, so erhalten wir bei der Rauhigkeit $z_0 = 1{,}2$ cm und der Windgeschwindigkeit $\bar{v}_{1,5} = 3{,}5$ m/sec in der Höhe $z = 1{,}5$ m den Wert $\eta_1 \approx 0{,}5$ cm. Die Abhängigkeit des inneren Maßes von der Höhe ist sehr gering — η_1 ist der vierten Wurzel aus z proportional, so daß es erst auf das Doppelte zunimmt, wenn die Höhe von 1,5 auf 24 m wächst.

In analoger Weise kann man einen Ausdruck für die charakteristische Strukturgröße b erhalten, wenn man den Wert (10) für ε in (6) einsetzt:

$$b = \frac{C_1 v_*}{\sqrt[3]{\varkappa z}}; \tag{11}$$

demzufolge ist

$$\frac{\sigma_{\Delta v}}{v_*} = C_1 \sqrt[3]{\frac{r}{\varkappa z}}, \tag{12}$$

wobei $\sigma_{\Delta v}$ das quadratische Mittel der Quergeschwindigkeitsdifferenz in zwei Punkten ist. Diese Formel gilt für $\eta_1 \ll r \ll z$.

Wir weisen darauf hin, daß einzig und allein auf Grund von Ähnlichkeitsbetrachtungen für die logarithmische Grenzschicht bei beliebigen, mit z vergleichbaren $r \gg \eta_1$ die folgende „universelle" Abhängigkeit zu erwarten ist:

$$\frac{\sigma_{\Delta v}}{v_*} = f\left(\frac{r}{z}\right). \tag{13}$$

Die Formel (12) ist ein Spezialfall von (13). Drückt man v_* in (12) durch den Wert der mittleren Geschwindigkeit aus, so erhalten wir folgende Darstellung für das Verhältnis des quadratischen Mittels der Geschwindigkeitsdifferenz zur mittleren Geschwindigkeit auf einem gegebenen Niveau

$$\frac{\sigma_{\Delta v}}{\bar{v}} = C_1 \sqrt[3]{\frac{r}{\varkappa z}} \frac{1}{5{,}7 \lg \frac{z}{z_0}} \tag{14}$$

oder

$$\frac{b}{\bar{v}} = \frac{C_1}{\sqrt[3]{\varkappa z}\; 5{,}7 \lg \frac{z}{z_0}}. \tag{14a}$$

Bei einer experimentellen Untersuchung der Mikrostruktur eines Windfeldes unter den Bedingungen der bodennahen Schicht interessiert nicht nur eine Prüfung der Anwendbarkeit des „Zweidrittelgesetzes" auf die atmosphärische Turbulenz und eine Bestimmung der charakteristischen Strukturgröße b, sondern auch ein Vergleich der experimentell gefundenen Werte von b mit der theoretischen Abschätzung nach (14). Zu diesem Zweck müssen wir neben der Messung von turbulenten Schwankungen noch hinreichend zuverlässige Messungen über die Verteilung der mittleren Geschwindigkeit über der Höhe zur Verfügung haben.

§ 3. *Methoden zur Messung turbulenter Schwankungen*

Beim Studium der Turbulenz in Windkanälen findet das Hitzdrahtanemometer, das gegenwärtig praktisch die einzige Möglichkeit zur Messung schneller Geschwindigkeitsschwankungen bietet, umfangreiche Anwendung. Zur Untersuchung der Mikrostruktur des Windes verwendeten wir daher das Hitzdrahtanemometer[1]).

Die Wirkung eines Hitzdrahtanemometers beruht auf der Ausnutzung der Temperaturabhängigkeit eines dünnen, stromerhitzten Drahtes von der Geschwindigkeit des ihn umströmenden Mediums [11]. Eine ausführliche Beschreibung der Hitzdrahttechnik zur Messung der Strömungsgeschwindigkeit und der turbulenten Schwankungen geht über den Rahmen dieser Arbeit hinaus. Wir begnügen uns daher mit einer kurzen Beschreibung des Differential-Hitzdrahtanemometers, das im Geophysikalischen Institut der Akademie der Wissenschaften der UdSSR speziell für Untersuchungen der atmosphärischen Turbulenz konstruiert wurde[2]).

[1]) Ein erster Versuch in dieser Richtung wurde 1941 vom Verfasser in Gemeinschaft mit N. D. Jerschowa unternommen [12]. Über die Frage der Verwendung des Hitzdrahtanemometers bei der Untersuchung der atmosphärischen Turbulenz siehe auch [10].

[2]) Der experimentelle Teil der vorliegenden Arbeit wurde in Gemeinschaft mit S. I. Kretschmer angefertigt. [Siehe auch die Arbeit von S. I. Kretschmer, die in der Fußnote auf S. 174 dieses Sammelbandes zitiert ist. — Anmerkung zur deutschen Übersetzung.]

Der die Geschwindigkeitsschwankungen wahrnehmende Teil des Gerätes — die Hitzdrahtsonde — besteht aus einem dünnen Platindraht (Durchmesser 20 μ), der auf einem Halter (Abb. 1) gespannt ist. Während der Messung wird der Draht durch einen Heizstrom der Stärke 0,2—0,25 A erhitzt und vertikal in der Strömung angeordnet, wobei die Gabel des Halters dem Wind entgegengestellt wird, damit die aerodynamischen Störungen auf ein Minimum herabgesetzt werden.

Bei einer Messung der Differenz von momentanen Strömungsgeschwindigkeiten in zwei Punkten werden die Hitzdrahtsonden als Zweige einer Wheatstoneschen Brücke geschaltet. Wir haben eine Spezialschaltung (eine kombinierte Brücke) verwendet, mit der man gleichzeitig sowohl die Differenz der

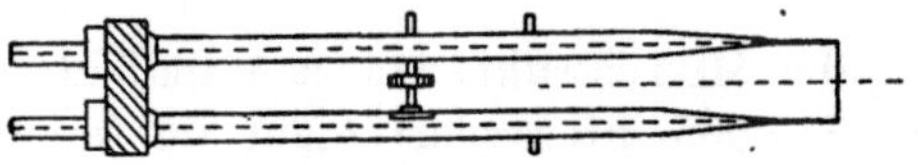

Abb. 1. Hitzdrahtsonde

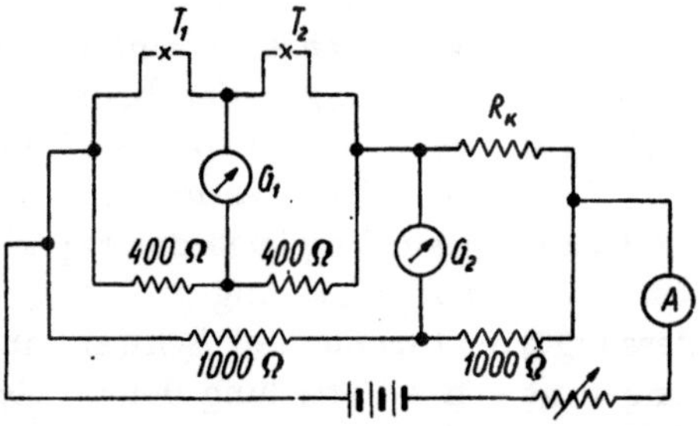

Abb. 2. Schaltbild eines Hitzdrahtanemometers; T_1 und T_2 sind Hitzdrahtsonden, das Galvanometer G_1 reagiert auf die Differenz der Widerstände und das Galvanometer G_2 auf die Summe der Widerstände

Widerstandsänderungen der Hitzdrahtsonden als auch ihre Summe bestimmen kann (Abb. 2). Eine solche Schaltung für die Hitzdrahtsonden gestattet es, sowohl die Geschwindigkeitsdifferenz als auch die mittlere Geschwindigkeit in den Meßpunkten gleichzeitig zu registrieren[1]).

Bei der Messung haben wir als registrierende Galvanometer die Schleifen eines zehnschleifigen Oszillographen des Geophysikalischen Instituts benutzt. Seine Empfindlichkeit beträgt $5 \cdot 10^{-6}$ A/mm bei einer Eigenfrequenz von 130 Hz. Die statischen Hitzdrahtcharakteristiken haben sich durch eine entsprechende Eichung im Windkanal ergeben. In Abb. 3 ist ein Beispiel einer Hitzdrahteichkurve aufgezeichnet. Da die Eichkurven voneinander etwas abweichen können, wurden in der Brückenschaltung korrigierende Potentiometer verwendet (in Abb. 2 sind sie nicht eingezeichnet), um die Empfindlichkeit der Hitzdrähte elektrisch ausgleichen zu können. Bei geeigneter Einstellung dieser Potentiometer bleibt das Galvanometer G_1 auf Null stehen, wenn die sehr nahe beieinander angeordneten Hitzdrähte mit veränderlicher Geschwindigkeit umströmt werden. In Abb. 3 ist auch die Kurve für die Empfindlichkeit K eines Gerätes gegenüber einer Geschwindigkeitsdifferenz eingezeichnet. Diese Kurve erhält man durch graphische Differentiation der Hitzdrahteichkurve und darauffolgender Berücksichtigung der Empfindlichkeit des Galvanometers G_1 gegen-

[1]) Die momentanen Werte der mittleren Strömungsgeschwindigkeit muß man kennen, um die Empfindlichkeit des Galvanometers G_1 gegenüber einer Geschwindigkeitsdifferenz zu bestimmen; da die Hitzdrahtcharakteristik nicht linear ist, ist diese nämlich wesentlich von der Strömungsgeschwindigkeit abhängig.

über kleinen Widerstandsänderungen der in Reihe geschalteten Hitzdrähte. Infolge des bedeutenden Temperaturunterschiedes zwischen den Hitzdrähten und dem umgebenden Medium ist der Einfluß der Lufttemperatur auf die Eichkurve im allgemeinen geringfügig, aber wir haben bei der Durchführung der Messungen unter natürlichen Bedingungen dennoch Korrekturen an der mittleren Lufttemperatur angebracht. Die Methodik zur Einführung dieser Korrekturen wurde von S. I. KRETSCHMER entwickelt.

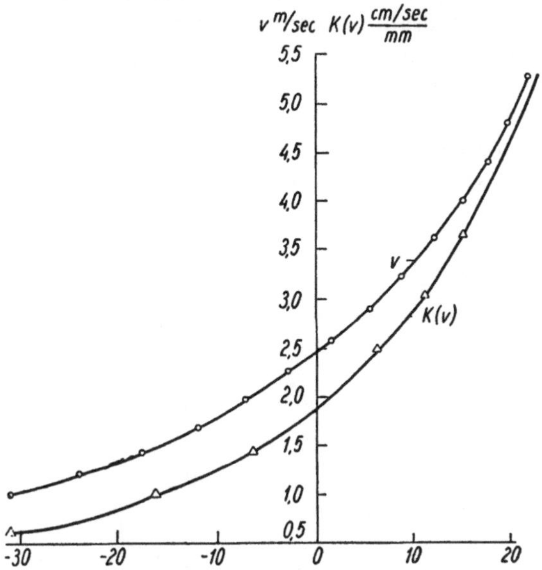

Abb. 3. Hitzdrahteichkurve und Kurve für die Empfindlichkeit gegenüber einer Geschwindigkeitsdifferenz

Neben den Eichkurven (der statischen Charakteristik) des Gerätes haben wir noch die „dynamische Charakteristik" des Gerätes — die Kurven für die Einstellung des Vorganges (Einstellkurven) bei sprunghafter Änderung der Betriebsbedingungen der Hitzdrahtsonden — aufgenommen. Wie von S. I. KRETSCHMER gezeigt wurde, fällt die Einstellkurve für den Drahtwiderstand bei sprunghafter Änderung der Strömungsgeschwindigkeit, deren Kenntnis für die Bestimmung der Zeitkonstanten erforderlich ist, mit der analogen Einstellkurve des Vorgangs bei sprunghafter Änderung des Heizstromes und konstanter Anströmgeschwindigkeit zusammen. Die letzte Kurve kann man mit Hilfe eines Oszillographen bei hinreichend schneller Rotation des Polygonspiegels bekommen. Durch diese Methode wurden Einstellkurven für alle Einstellungen der gesamten Meßapparatur gewonnen. In Abb. 4 ist ein Beispiel einer Einstellkurve für ein Hitzdrahtanemometer eingezeichnet; in derselben Abbildung ist auch die Einstellkurve für ein Galvanometer angeführt. Ein Vergleich dieser Kurven lehrt, daß die Trägheit der Einstellung im wesentlichen durch die Wärmeträgheit der Hitzdrahtsonde und in geringerem Maße durch die Trägheit des Galvanometers her-

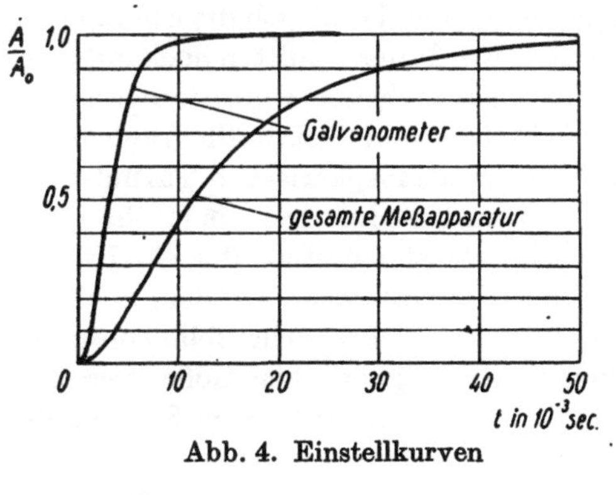

Abb. 4. Einstellkurven

vorgerufen wird. Die Ermittlung der dynamischen Charakteristik des Hitzdrahtanemometers hat es ermöglicht, den Wert der Zeitkonstanten des Gerätes, die von der Größenordnung 10—15 Millisekunden ist, abzuschätzen. Wie aus dem folgenden ersichtlich wird, ist eine direkte Bestimmung der Zeitkonstanten des Hitzdrahtanemometers für eine richtige Interpretation der gewonnenen Versuchsergebnisse sehr bedeutungsvoll.

Bei der Untersuchung der Struktur der Turbulenz in der bodennahen Schicht haben wir folgende Anordnung der Meßapparatur verwendet: die Hitzdrahtsonden wurden auf einem verstellbaren Spezialschlitten (Abb. 5) befestigt, so daß sie sich automatisch auf eine beliebige Entfernung zwischen 0,5 bis 60 cm

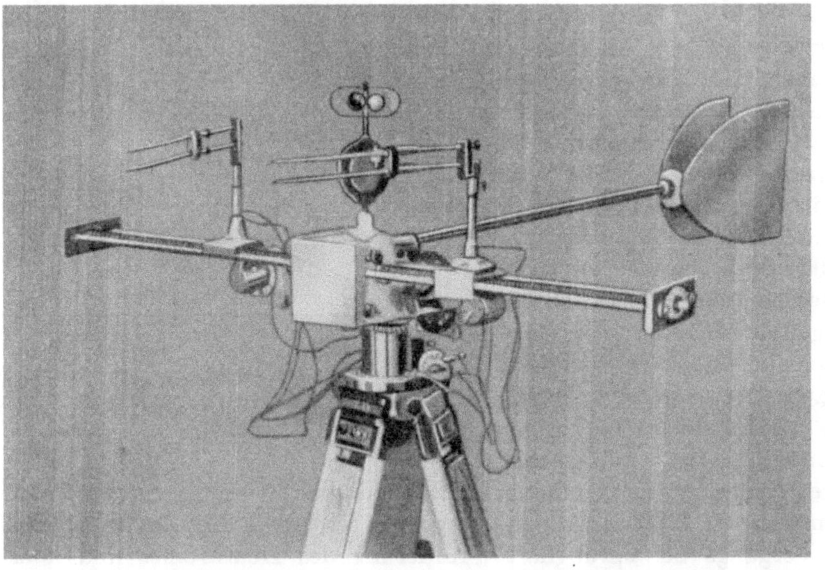

Abb. 5, Ausziehbarer Schlitten zur Befestigung der Hitzdrahtsonden

einstellen ließen. Um die Hitzdrahtsonden stets gegen den Wind einzustellen, wurde am Schlitten eine Windfahne angebracht, und damit sich die Stellung des Schlittens während der Meßzeit nicht ändert, wurde der Schlitten noch mit einer besonderen Sperrvorrichtung versehen. Dieses ganze System wurde ferngesteuert und durch ein Kabel mit der elektrischen Schaltung und dem Oszillographen verbunden. Bei der Untersuchung der Struktur der atmosphärischen Turbulenz in verschiedenen Höhen wurde der Schlitten auf ein Theodolitdreibein (Höhe 1,5 m) angebracht oder aber an einem teleskopischen Mast befestigt, der ein Hinaufziehen des Schlittens auf eine Höhe von 3 bis 15 m gestattete. Auf dem Schlitten wurde außer den Hitzdrahtsonden noch ein Fuessches Schaufelanemometer angebracht, welches mit einem speziellen elektromagnetischen Geber versehen war. Dieser gestattete es, die Umläufe des Anemometers auf einem Streifen des Oszillographen zu registrieren. Die gleichen Anemometer wurden in verschiedenen Höhen auf Stangen montiert. Dadurch hatten wir die Möglichkeit, die Verteilung der mittleren Windgeschwindigkeit in der niederen Schicht der Atmosphäre (bis zu 15 m) zu erhalten. In Abb. 6 ist ein Beispiel eines Oszillogramms (Maßstab 1 : 2) angeführt, das 1948 bei einer Untersuchung der Mikrostruktur des Windes in einer Höhe von 3 m über der Bodenfläche gewonnen wurde. Die obere Kurve entspricht der Differenz der Strömungsgeschwindigkeiten in den Endpunkten einer Basis von 8 cm (senkrecht zur Windrichtung) und die untere Kurve der Summe der Geschwindigkeiten in denselben Meßpunkten (der Maßstab ist nicht linear). Der Abstand der Vertikalen im Oszillogramm entspricht einem Zeitintervall von $^1/_7$ sec. Im unteren Teil des Oszillogramms sind die Angaben von vier FUESschen-Anemometern, die mit elektromagnetischen Gebern ausgestattet sind, registriert, — jedes Zeichen entspricht einer Umdrehung des Anemometers.

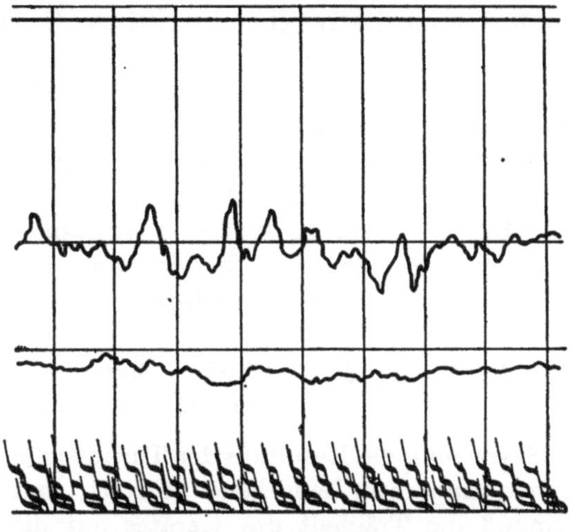

Abb. 6. Beispiel für die Aufzeichnungen eines Differential-Hitzdrahtanemometers (Differenz der Geschwindigkeiten in den Endpunkten einer Meßbasis von 8 cm Länge)

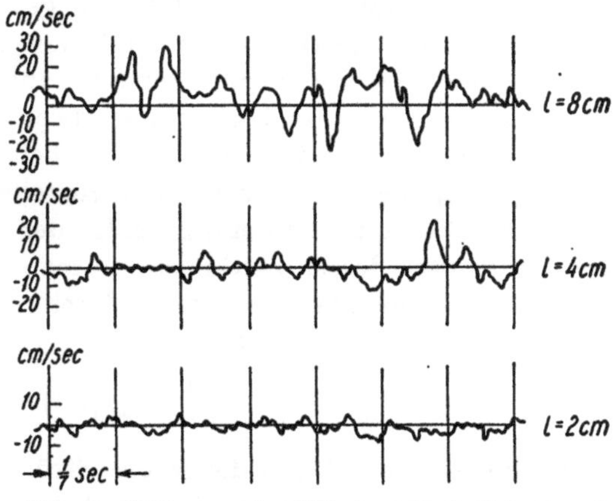

Abb. 7. Differenz der Windgeschwindigkeiten in Abständen von 2, 4, 8 cm

Zur empirischen Bestimmung der Strukturfunktion wurde der Schlitten in einer gegebenen Höhe (1,5, 3, 15 m) montiert und die Angaben des Hitzdrahtanemometers bei verschiedenen Abständen der Hitzdrahtsonden mit dem Oszillographen registriert. Die Messungen wurden für jede verwendete Basis (Abstand der Meßpunkte) 15—20 sec lang durchgeführt; dabei wurden, angefangen mit kleinen Meßbasen (2 cm), die Hitzdrahtsonden schrittweise bis auf 60 cm auseinandergerückt und dann wieder bis auf 2 cm zusammengerückt, wobei nochmalige Messungen durchgeführt wurden[1]).

[1]) Während der Meßperiode befand sich das ganze System in starrem Zustand.

In der Abb. 7 sind die Abschnitte der Aufnahmen eingezeichnet, die den Abständen 2, 4 und 8 cm zwischen den Hitzdrahtsonden entsprechen. Aus einem Vergleich dieser Aufzeichnungen geht klar hervor, daß die Amplitude der Windgeschwindigkeitsdifferenz in zwei Punkten der Strömung bei Vergrößerung der Basis zunimmt. Durch eine ziemlich mühselige Bearbeitung der Oszillogramme kann man qualitative charakteristische Größen der turbulenten Schwankungen gewinnen und insbesondere empirische Strukturfunktionen bilden.

In dieser Arbeit werden Meßresultate über charakteristische Strukturgrößen der Turbulenz in der bodennahen Schicht der Atmosphäre angegeben. Mit Hilfe derselben Meßmethodik wurde von seiten des Verfassers in Gemeinschaft mit N. S. PINUS und S. I. KRETSCHMER der Versuch unternommen, Daten über die Mikroturbulenz in der freien Atmosphäre während eines Fluges mit einem Freiballon zu erhalten. Die Ergebnisse dieser Expedition wurden in einer besonderen Arbeit [14] dargelegt.

§ 4. *Der Einfluß der Trägheit des Meßgerätes auf die experimentell zu bestimmende Strukturfunktion einer Strömung*

Bevor man die Resultate der Turbulenzmessung mit Hilfe der oben beschriebenen Apparatur eingehend erörtert, muß man die Frage klären, welchen Einfluß die Trägheit des Gerätes auf die Meßergebnisse für die Strukturfunktion der Strömung hat. Benutzt man in Windkanälen ein Hitzdrahtanemometer zur Messung der turbulenten Schwankungen der Strömungsgeschwindigkeit, so ist die Trägheit des Gerätes sehr wesentlich. Um diesen Einfluß auszuschalten, verwendet man gewöhnlich in der Schaltung des der Hitzdrahtsonde angeschlossenen Verstärkers spezielle kompensierende Elemente [11]. Bei der Messung turbulenter Schwankungen in der Atmosphäre können wir ohne Verstärker und ohne irgendwelche kompensierende Einrichtungen auskommen. Es ist jedoch notwendig, bei dieser Meßmethodik eine spezielle Untersuchung der Verzerrungen anzustellen, die bei der Bestimmung der Strukturfunktion der Strömung infolge der Schwankungsmessungen durch das Gerät auftreten, dessen Zeitkonstante man als bekannt ansieht. Die Trägheit des Einstellvorganges kann man durch die Zeitkonstante M des Gerätes charakterisieren, indem man

$$\frac{du}{dt} = \frac{1}{M}\left[v(t) - u(t)\right] \tag{15}$$

setzt. Dabei bedeutet $v(t)$ die wahre Strömungsgeschwindigkeit und $u(t)$ eine bedingte Strömungsgeschwindigkeit, die aus dem Stand des Hitzdrahtanemometers auf Grund seiner statischen Charakteristik berechnet ist[1]). Die Größe M

[1]) Die Gleichung (15) entspricht der Exponentialkurve des Einstellvorganges. Wenn die Einstellträgheit nicht nur durch die Erwärmungsträgheit des Hitzdrahtes, sondern auch durch die mechanische Trägheit des registrierenden Galvanometers bedingt ist, hat man die Gleichung (15) durch eine kompliziertere Gleichung dritter Ordnung zu ersetzen. Bei der Arbeit mit einem Galvanometer mit genügend kleiner Zeitkonstante ist es jedoch

hängt in der Regel von der Strömungsgeschwindigkeit ab; im Verlaufe der Messung kann man jedoch M als eine Konstante annehmen, die der mittleren Strömungsgeschwindigkeit $\bar{v}$ der Meßzeit entspricht. Wie oben angegeben wurde, kann man die Zeitkonstante M experimentell bestimmen. Bei unserer Apparatur war $M \approx 0{,}015$ sec für $\bar{v} = 3$ m/sec.

Durch Integration der Gleichung (15) erhält man ein Bildungsgesetz für den zeitlichen Mittelwert der momentanen Geschwindigkeiten, das zu einem Gerät mit gegebener Trägheit M gehört:

$$u(t) = \frac{1}{M} \int_0^\infty e^{-\frac{\tau}{M}} v(t - \tau)\, d\tau . \tag{16}$$

Da der Integrand schnell abklingt, kann man natürlich praktisch die obere Integralgrenze in (16) durch eine endliche Zahl der Größenordnung einiger M ersetzen. Den zeitlichen Mittelwert kann man durch den räumlichen Mittelwert der Strömung aus dem Grunde ersetzen, weil die Wirbel, welche die Geschwindigkeitsschwankungen hervorrufen, durch die Strömung mit einer Geschwindigkeit, die annähernd gleich $\bar{v}$ ist, transportiert werden. Durch Einführung der neuen Veränderlichen $\xi = v\tau$ erhalten wir

$$u(t) = \frac{1}{\lambda} \int_0^\infty e^{-\xi/\lambda} v(t, \xi)\, d\xi , \tag{17}$$

wobei

$$\lambda = M\bar{v} \tag{18}$$

ein der mittleren Strömung entsprechendes „Maß der Mittelung" des Gerätes ist; ξ bedeutet die Koordinate, die vom Gerät ab in Richtung der Strömung gerechnet wird. Für unsere Apparatur beträgt das Maß λ bei einer Strömungsgeschwindigkeit von 3 m/sec ungefähr 5 cm. Neben der Mittelung des Schwankungsfeldes in der Längsrichtung der Strömung, die durch die Trägheit des Gerätes hervorgerufen wird, findet auch eine Mittelung in der Querrichtung (längs des Hitzdrahtes) statt. Bei einer Drahtlänge von 2 cm spielt jedoch die Mittelung in der Längsrichtung die Hauptrolle; bei der Rechnung werden wir daher im folgenden lediglich den letzten Faktor berücksichtigen. Ist das Gesetz zur Mittelung des Schwankungsfeldes bekannt und nimmt man eine bestimmte Gestalt der theoretischen Strukturfunktion als Hypothese an, so läßt sich die Abhängigkeit der angezeigten Meßwerte des Differential-Hitzdrahtanemometers vom Abstand der Meßpunkte berechnen. Diese Abhängigkeit werden wir im vorliegenden Paragraphen unter Vorbehalt als „empirische Strukturfunktion" bezeichnen. Ein Vergleich dieser Berechnung mit den Daten direkter

für praktische Rechnungen zweckmäßig, die Einstellkurve durch ein Potenzgesetz zu approximieren und die Gleichung (15) unter der Annahme zu benutzen, daß M sowohl die Erwärmungsträgheit des Hitzdrahtes als auch die Trägheit des Galvanometers charakterisiert.

Messungen gestattet es, die Richtigkeit der gemachten Annahme über die Gestalt der theoretischen Strukturfunktion zu prüfen und zugleich die Parameter dieser Funktion auf Grund experimenteller Daten unter Berücksichtigung der Trägheit des Meßinstrumentes zu bestimmen.

Als theoretische Strukturfunktion nehmen wir das „Zweidrittel-Gesetz" an:

$$D_{nn}(r) = b^2 r^{2/3}, \tag{19}$$

$$D_{ll}(r) = \frac{3}{4} b^2 r^{2/3}. \tag{20}$$

Wir erinnern daran, daß die Hitzdrahtsonde die Projektion der Schwankungsgeschwindigkeit auf die Richtung der Strömung registriert. Für die weiteren Berechnungen benötigen wir einen Ausdruck für das quadratische Mittel der Differenz der oben angegebenen Projektionen der Schwankungsgeschwindigkeit an den Endpunkten einer Strecke, die mit der mittleren Strömungsrichtung den Winkel φ bildet:

$$\begin{aligned} D_\varphi(r) &= D_{nn}(r)\sin^2\varphi + D_{ll}(r)\cos^2\varphi = \\ &= D_{nn}(r) + (D_{ll} - D_{nn})\cos^2\varphi = b^2 r^{2/3}(1 - {}^1/_4\cos^2\varphi). \end{aligned} \tag{21}$$

Die Richtung der x-Achse wählen wir in Richtung der Strömung und die y-Achse in Richtung der Basis (senkrecht zur Strömungsrichtung). Mit u_1 bezeichnen wir dann den momentanen Meßwert des Gerätes im Punkt M_1 und mit u_2 den im Punkt M_2; v bedeutet die Komponente der Schwankungsgeschwindigkeit in Richtung der x-Achse. Dann läßt sich auf Grund von (17) die Differenz der Meßwerte des Gerätes, die in den Punkten M_1 und M_2 gewonnen werden, in folgender Form darstellen:

$$u_2 - u_1 = \frac{1}{\lambda}\int_0^\infty e^{-x/\lambda}\,[v(x, l) - v(x, 0)]\,dx.$$

Wir quadrieren nun beide Seiten und bilden den (statistischen) Mittelwert:

$$\overline{(u_2 - u_1)^2} = \frac{1}{\lambda^2}\int_0^\infty\int_0^\infty e^{-x/\lambda}\,e^{-x'/\lambda}\,\overline{[(v(x,l) - v(x,0))(v(x',l) - v(x',0))]}\,dx\,dx'. \tag{22}$$

Auf ähnliche Integrale stößt man bei einigen Problemen der atmosphärischen Akustik [4]. Im Falle isotroper oder lokalisotroper Strömung läßt sich das Korrelationsmoment der Geschwindigkeitsdifferenzen, die unter dem Integralzeichen in (22) auftreten, leicht durch die Strukturfunktion der Strömung ausdrücken:

$$\begin{aligned} \overline{(v(x,l) - v(x,0))(v(x',l) - v(x',0))} &= \frac{1}{2}\,[\overline{(v(x,l) - v(x',0))^2} + \\ + \overline{(v(x,0) - v(x',l))^2} &- \overline{(v(x,l) - v(x',l))^2} - \overline{(v(x,0) - v(x',0))^2}] = \\ &= D_\varphi(r) - D_{ll}(|x - x'|), \end{aligned} \tag{23}$$

mit

$$r^2 = l^2 + (x' - x)^2, \quad \cos^2 \varphi = \frac{(x' - x)^2}{r^2}.$$

Setzen wir nun die Ausdrücke (20) und (21) für D_{ll} und D_{φ} in (23) ein, so können wir $\overline{(u_2 - u_1)^2}$ folgendermaßen darstellen:

$$\overline{(u_2 - u_1)^2} = \frac{b^2}{\lambda^2} \int_0^\infty \int_0^\infty e^{-\frac{x'+x}{\lambda}} \left\{ [(x' - x)^2 + l^2]^{1/3} \left(1 - \frac{1}{4} \frac{(x' - x)^2}{l^2 + (x' - x)^2}\right) - \right.$$
$$\left. - \frac{3}{4} |x - x'|^{2/3} \right\} dx\, dx'. \tag{24}$$

Führt man hierin die neuen Veränderlichen $\frac{x' + x}{\lambda}$ und $\frac{x' - x}{\lambda}$ ein, dann läßt sich eine Integration explizit durchführen und das Endresultat nach einfachen Umformungen in der Gestalt

$$\overline{(u_2 - u_1)^2} = b^2 \lambda^{2/3} f(l/\lambda) \tag{25}$$

schreiben, wobei die Funktion $f(\eta)$ mit $\eta = \frac{l}{\lambda}$ durch ein Integral gegeben ist, in dem η als Parameter auftritt:

$$f(\eta) = \int_0^\infty e^{-v} \left\{ (v^2 + \eta^2)^{1/3} \left(1 - \frac{1}{4} \frac{v^2}{v^2 + \eta^2}\right) - \frac{3}{4} v^{2/3} \right\} dv. \tag{26}$$

Das die Funktion $f(\eta)$ definierende Integral wurde numerisch ausgewertet[1]).

Tab. 1

Die Funktionswerte von $f(\eta)$

η	0,01	0,05	0,1	0,2	0,3	0,4	0,5	1	1,5	2
$f(\eta)$	0,001	0,008	0,022	0,059	0,108	0,157	0,215	0,480	0,739	0,987
η	4	6	8	10	12	14	16	18	20	
$f(\eta)$	1,873	2,643	3,334	3,975	4,571	5,137	5,677	6,195	6,694	

In der Tab. 1 sind die Funktionswerte von $f(\eta)$ für η von 0,01 bis 20 angegeben. Für große Werte von η (wenn die Basis bedeutend größer ist als das Maß λ) gilt die asymptotische Darstellung

$$f(\eta) \approx \eta^{2/3} - \frac{3}{4} \Gamma\left(1 + \frac{2}{3}\right) + \frac{1}{6} \eta^{-4/3}.$$

[1]) Die Tabelle wurde von A. M. Jaglom und A. W. Perepelkina aufgestellt.

Für $\eta \geqslant 8$ kann man sich auf die ersten beiden Glieder beschränken und macht dabei einen Fehler, der nicht größer als 1% ist. Für eine Basis, die bedeutend größer als das Maß λ ist, gilt somit

$$\overline{(u_2 - u_1)^2} = b^2 l^{2/3} - 0{,}677\, b^2 \lambda^{2/3}. \tag{27}$$

Bei unseren Messungen variiert l von 2 bis 60 cm; das entspricht bei $\lambda = 4$ cm einem Variationsbereich von $\eta = 0{,}5$ bis $\eta = 15$. Um die oben angeführten Berechnungen mit direkten Versuchsergebnissen vergleichen zu können, ist es zweckmäßig, eine einfachere Darstellung für die Funktion $f(\eta)$ (mit einer Genauigkeit von etwa 1—2%) für den Variationsmeßbereich von η herzuleiten. Trägt man auf der Ordinatenachse $\sqrt{f(\eta)}$ (das entspricht dem quadratischen Mittel der Geschwindigkeitsdifferenz) und auf der Abszissenachse $\sqrt[3]{\eta}$ auf, so zeigt sich, daß die betreffende Kurve im Variationsbereich von $\eta = 0{,}5$ bis $\eta = 15$ mit großer Genauigkeit durch eine Gerade ersetzt werden kann (Abb. 8). Bei Benutzung der Gleichung dieser Geraden für den uns interessierenden Variationsbereich von η gewinnen wir die Darstellung

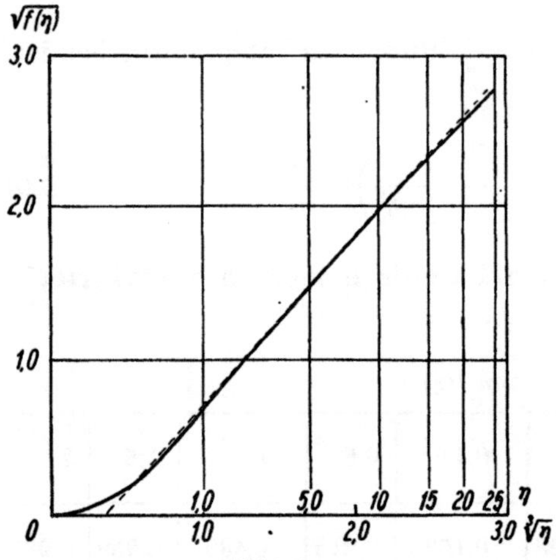

Abb. 8.
Graphische Darstellung der Funktion $\sqrt{f(\eta)}$

$$\sqrt{f(\eta)} = 1{,}11\, \left(\sqrt[3]{\eta} - 0{,}37\right),$$

und dementsprechend,

$$\sigma_{\Delta u} = \sqrt{\overline{(u_1 - u_2)^2}} =$$
$$= 1{,}11\, b \left(\sqrt[3]{l} - 0{,}37\, \sqrt[3]{\lambda}\right). \tag{28}$$

Die oben angeführte Berechnung zeigt, daß die bei unseren Messungen gewonnenen Versuchsergebnisse über die Strukturfunktion bequem zu bearbeiten sind, wenn man auf der Abszissenachse die Kubikwurzel aus den Basiswerten l und auf der Ordinatenachse die entsprechenden quadratischen Mittelwerte der Geschwindigkeitsdifferenz in den beiden Endpunkten der Basis l aufträgt. Wenn das „Zweidrittelgesetz" gilt, dann müssen die entsprechenden Meßpunkte auf einer Geraden liegen, deren Steigungsmaß sich von dem Wert der charakteristischen Strukturgröße der Strömung lediglich durch den konstanten Faktor 1,11 unterscheidet. Die Gerade muß dabei die Abszissenachse rechts vom Nullpunkt in dem zu $\sqrt[3]{l} = 0{,}37\, \sqrt[3]{\lambda}$ gehörigen Punkt schneiden. Zum Vergleich von Experiment und Theorie ist zu bemerken, daß immer die Möglichkeit einer unabhängigen Abschätzung der durch die Trägheit der Apparatur hervorgerufenen Verschiebung der experimentellen Geraden bezüglich des Koordinatenanfangspunktes gegeben ist. Beim Fehlen einer derartigen unabhängigen Abschätzung würde sich die Wahrscheinlichkeit einer zufälligen „Anpassung" der Versuchsergebnisse an die theoretische Formel (28) mit dem Exponenten $^1/_3$ bedeutend vergrößern.

§ 5. *Ergebnisse einer experimentellen Bestimmung der Strukturfunktion in der bodennahen Schicht der Atmosphäre*

In der vorliegenden Arbeit wurden Meßergebnisse von turbulenten Schwankungen benutzt, die im Verlaufe von drei Tagen im September 1948 bei Moskau durchgeführt wurden.

Die bei diesen Messungen verwendete Apparatur wurde im Paragraphen 3 beschrieben. Die Messungen wurden über einem genügend offenen Platz durchgeführt. Mit Hilfe FUESscher Anemometer, die mit Distanzgebern versehen waren, wurde das Profil der mittleren Windgeschwindigkeit bestimmt (Höhe 0,5, 1, 2, 15 m). Die Geschwindigkeitsdifferenzen wurden für die Basen 2, 4, 8, 16, 32 und 60 cm registriert. Die Messungen (Registrierungen) für diese Basen wurden bei einer Einstellung des Schlittens mit Gebern in den Höhen 1,5; 3 und 15 m durchgeführt.

Nach einer primären Auswertung der Oszillogramme (Abgreifen der Ordinaten alle $^1/_7$ sec und Bildung der Geschwindigkeitsdifferenz) wurden die absoluten Mittelwerte der Geschwindigkeitsdifferenz während der Meßzeit[1]) ausgerechnet. Bei der von uns gewählten Meßdauer betrug bei jeder Basis die Anzahl der bearbeiteten Punkte für jede Aufnahme 40—60. Die von uns verwendete Apparatur gestattete es nicht, synchronisierte Registrierungen der Geschwindigkeitsdifferenz bei verschiedenen Werten der Basis zu erhalten. Die Messungen bei verschiedenen Basen bezogen sich somit auf verschiedene Zustände der Atmosphäre; insbesondere änderte sich beim Übergang von einer Messung zur andern die mittlere Geschwindigkeit. Um besser vergleichbare Daten zu erhalten, benutzten wir das Verhältnis der mittleren absoluten Geschwindigkeitsdifferenz zur mittleren Windgeschwindigkeit während der Meßperiode und stützten uns dabei auf sehr allgemeine Ähnlichkeitsbetrachtungen[2]). Der praktische Wert der „mittleren relativen Amplitude", der jeder Basis und Meßhöhe entspricht, wurde aus einer graphischen Darstellung von $(\overline{v}, \overline{\Delta v})$ bestimmt, die aus den gesamten empirischen Daten unter den gegebenen Bedingungen (Basis, Meßhöhe) konstruiert wurde. Ein Beispiel dieser graphischen Darstellung

[1]) Die Lage der Nullinie für die Geschwindigkeitsdifferenzkurve wurde empirisch als der Ordinatenmittelwert der Geschwindigkeitsdifferenz während der Meßzeit festgelegt. Die Ersetzung der quadratischen Mittelwerte der Abweichungen durch absolute Mittelwerte ändert das Wesen der Sache nicht, vereinfacht aber erheblich die Bearbeitung der empirischen Daten.

[2]) Die Windgeschwindigkeit wurde in diesem Falle aus den Meßdaten des Hitzdrahtanemometers entnommen, um die Fehlerquellen zu verringern, die durch die Differenz der Skalen verschiedener Geräte hervorgerufen wird.

liefert die Abb. 9. Das der Geraden $|\overline{\Delta v}| = k\bar{v}$ und der „mittleren relativen Amplitude" der Geschwindigkeitsdifferenz entsprechende Steigungsmaß k wurde mit der Methode der kleinsten Quadrate ermittelt. In der Tabelle 2 sind die Werte der mittleren Verhältnisse $\frac{|\overline{\Delta v}|}{\bar{v}}$ angeführt; sie wurden mit dieser Methode unter Zugrundelegung des gesamten uns zur Verfügung stehenden Materials für die verschiedenen Werte der Basis l und der Höhe H bestimmt;

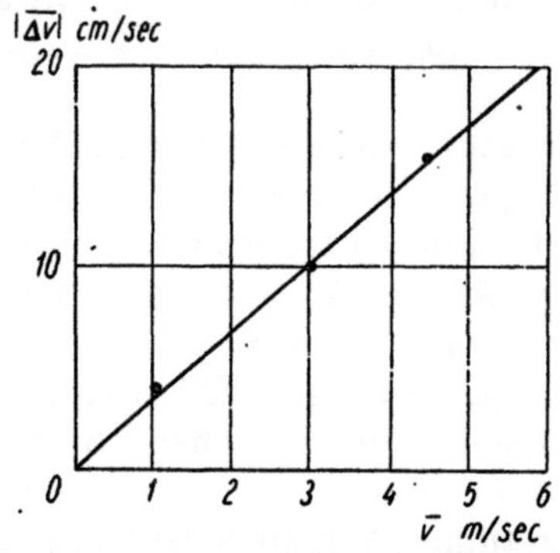

Abb. 9. Abhängigkeit der mittleren absoluten Geschwindigkeitsdifferenz von der Windgeschwindigkeit ($H = 3$ m, $l = 32$ cm)

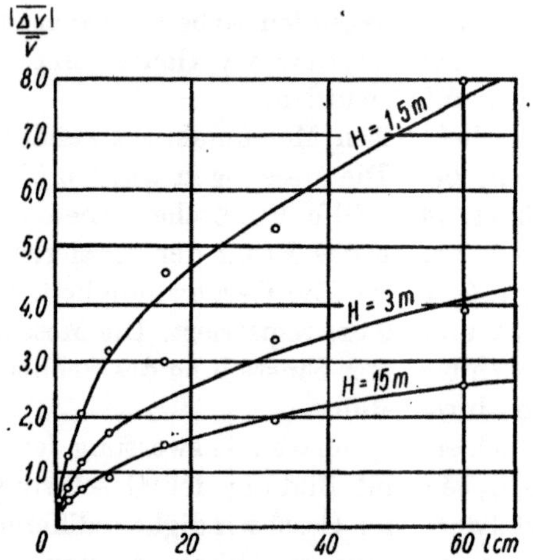

Abb. 10. Empirische Strukturfunktionen eines Windfeldes

in den Klammern ist die Anzahl der Messungen angegeben, mit deren Hilfe diese Größen ermittelt wurden. Die gewonnenen Resultate sind in Abb. 10 graphisch dargestellt. Wie aus der Tab. 2 ersichtlich ist, verringert sich bei

Tab. 2

Die mittleren absoluten Geschwindigkeitsdifferenzen in Prozenten bezogen auf die mittlere Geschwindigkeit

H, m	*l*, cm					
	2	4	8	16	32	60
1,5	1,3 (4)	2,1 (4)	3,2 (4)	4,6 (3)	5,4 (3)	8,0 (4)
3	0,7 (3)	1,2 (3)	1,7 (4)	3,0 (2)	3,4 (3)	3,9 (3)
15	0,5 (3)	0,7 (3)	0,9 (2)	1,5 (2)	1,9 (2)	2,6 (2)

fester Basis die relative Größe der Geschwindigkeitsdifferenz merklich, sobald die Höhe zunimmt, wie man es auf Grund theoretischer Überlegungen zu erwarten hat. Den Übergangsfaktor zur Bestimmung der quadratischen Mittelwerte $\sigma_{\Delta v}$ haben wir bei genügend großer Meßzeit für die Registrierung der Geschwindigkeitsdifferenz aus den mittleren Absolutbeträgen $|\overline{\Delta v}|$ ermittelt. Auf Grund statistischer Untersuchungen dreier Aufzeichnungen wurde folgende Formel zur Berechnung von $\sigma_{\Delta v}$ genommen:

$$\sigma_{\Delta v} = 1{,}29\,|\overline{\Delta v}|. \qquad (29)$$

Es ist zu bemerken, daß der Faktor 1,29 nicht viel vom Wert 1,25 abweicht, der dem GAUSSschen Gesetz entspricht.

Die in der Tab. 2 aufgeführten empirischen Daten kann man zum Vergleich mit dem theoretischen Gesetz für die Strukturfunktion und zur Bestimmung

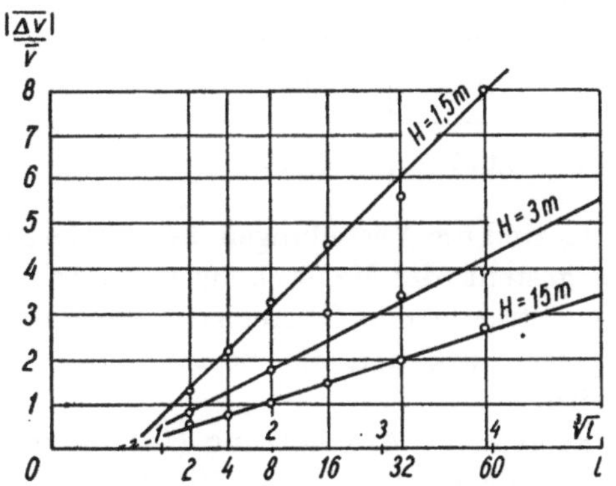

Abb. 11. Abhängigkeit der Werte $\frac{|\overline{\Delta v}|}{\bar{v}}$ von $\sqrt[3]{l}$ nach empirischen Daten

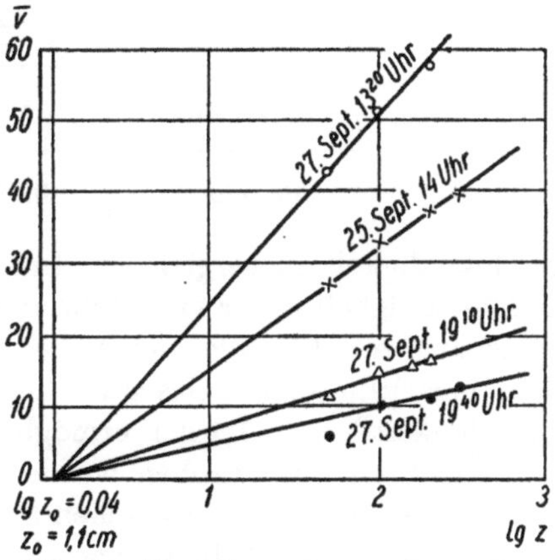

Abb. 12. Verteilung der mittleren Geschwindigkeiten über der Höhe

der Werte der charakteristischen Strukturgröße b heranziehen (das Verhältnis von b zur Strömungsgeschwindigkeit läßt sich bequemer ermitteln). In Abb. 11 ist die Abhängigkeit der empirischen Werte $\frac{|\overline{\Delta v}|}{\bar{v}}$ von $\sqrt[3]{l}$ (l ist die Basis) für drei Höhen aufgezeichnet. Die Geraden sind nach der Methode der kleinsten Quadrate durchgelegt. Alle Geraden schneiden die Abszissenachse rechts vom Koordinatenursprung. Die zugehörigen Abszissenwerte der Schnittpunkte liegen für die drei graphischen Darstellungen, die zu den Höhen 1,5; 3 und 15 m gehören, sehr nahe beieinander und stimmen mit $\sqrt[3]{l_1} = 0{,}63$ überein. Wenn wir die in Abb. 11 erkennbare Verschiebung der graphischen Darstellung als eine Folgerung aus der Einstellträgheit (entsprechend den Schlußfolgerungen des vorhergehenden Paragraphen) auffassen, dann können wir dem oben gefundenen Wert $\sqrt[3]{l_1} = 0{,}63$ gemäß (28) das Maß $\lambda \approx 5$ cm zuordnen. Dieser

Wert stimmt mit dem Maß λ, das auf Grund von Windkanaluntersuchungen der Einstellträgheit (Einstellkurve) direkt gewonnen wurde, vollkommen überein. Infolgedessen können wir mit genügender Sicherheit davon reden, daß die Resultate unserer Messungen die Anwendbarkeit des „Zweidrittelgesetzes" auf die Turbulenz unter den Bedingungen der bodennahen Schicht der Atmosphäre zeigen[1]). Unten sind die Werte $b/\bar{v}$ angeführt [b ist der Strukturkoeffizient in der Formel (28)], die aus experimentellen graphischen Darstellungen (siehe Abb. 11) ermittelt sind. Diese Werte wurden durch Multiplikation des Steigungsmaßes der betreffenden Geraden mit 1,29 (für den Übergang von den mittleren absoluten Differenzen zu ihren quadratischen Mitteln) und durch Division durch den Korrekturfaktor 1,11 gewonnen (siehe vorhergehenden Paragraphen). Es ist interessant, die aus direkten Messungen gewonnenen charakteristischen Größen der Mikrostruktur des Windes mit der Verteilung der mittleren Wind-

Tabelle 3

H, m	1,5	3	15
$b/\bar{v}$, cm$^{-1/3}$	0,029	0,015	0,010

geschwindigkeit zu vergleichen. In Abb. 12 sind die Verteilungen der mittleren Geschwindigkeiten für vier Meßreihen dargestellt (der Maßstab auf der z-Achse ist logarithmisch). Alle vier Fälle zeigen befriedigende Übereinstimmung mit dem logarithmischen Geschwindigkeitsgesetz, wodurch die Bestimmung der „Rauhigkeit" $z_0 = 1{,}1$ cm ermöglicht wird.

Im zweiten Paragraphen wurde die theoretische Abschätzung (14) für das Verhältnis der charakteristischen Strukturgröße b zur mittleren Windgeschwindigkeit unter den Bedingungen der logarithmischen Grenzschicht angegeben,

$$\frac{b}{\bar{v}} = C_1 F(z), \qquad (30)$$

wobei

$$F(z) = \frac{1}{\sqrt[3]{\varkappa z}\; 5{,}7 \lg \dfrac{z}{z_0}},$$

C_1 eine dimensionslose Konstante der Ordnung eins und $\varkappa = 0{,}4$ die KÁRMÁNsche Konstante ist.

[1]) Entscheidend ist beim Beweis dieser Behauptung die Übereinstimmung der Verschiebung der empirischen Strukturkurve mit der unabhängig gemessenen Einstellträgheit. Zur Kontrolle konstruieren wir die graphische $\left(\dfrac{|\overline{\Delta v}|}{\bar{v}}, l^{\alpha}\right)$-Darstellung mit den Exponenten $\alpha = 1/2$ und $\alpha = 1/4$. Obgleich die Meßpunkte auch bei diesen Exponenten fast auf Geraden liegen, befindet sich die Verschiebung der erhaltenen Geraden in bezug auf den Koordinatenursprung jedoch in krassem Widerspruch zu den Angaben über die Einstellträgheit (im ersten Falle fehlt die Verschiebung völlig und im zweiten ist sie mehr als doppelt so groß wie die berechnete).

Unter Benutzung des oben angegebenen Wertes für die Rauhigkeit $z_0 = 1{,}1$ cm haben wir die Werte von $F(z)$ für die Meßhöhen 1,5; 3, 15 m ausgerechnet und diese Werte mit den beobachteten Werten von $b/\bar{v}$ (Abb. 13) verglichen, um die dimensionslose Konstante C_1 abzuschätzen, welche die einzige skalare Konstante ist, die in den Bestimmungsformeln auftritt. Auf Grund unserer Messungen ist

$$C_1 \approx 1{,}1 .$$

Eine gewisse Streuung der Punkte in Abb. 13 ist völlig erklärlich, denn man kann die im Paragraphen 2 angeführte theoretische Berechnung der Dissipationsenergie bei Annahme einer der logarithmischen Schicht, angewandt auf die unbeständigen Verhältnisse in der wirklichen Atmosphäre, nur als eine verhältnismäßig grobe Abschätzung ansehen. Der Wert der Konstanten $C_1 \approx 1{,}1$ ist etwas kleiner als der den Messungen von TOWNSEND und DRYDEN [3, 9] entsprechende Wert 1,4. Man hat zu beachten, daß der Wert C_1 noch einen gewissen Fehler enthalten kann, der von der Nichtübereinstimmung der Skalen des Hitzdrahtanemometers und der FUESschen Anemometer, von der $|\overline{\Delta v}|$-Bestimmung in einer verhältnismäßig kurzen Zeitspanne, von dem Fehler im Übergangsfaktor von $|\overline{\Delta v}|$ zu $\sigma_{\Delta v}$ usw. herrührt. Jedoch dürfte der relative Gesamtfehler bei der Betimmung von C_1 kaum 20% überschreiten.

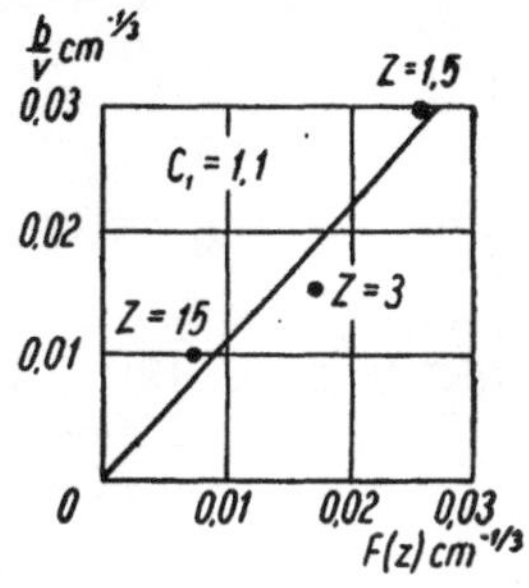

Abb. 13

§ 6. *Messung der Vertikalkomponente der Windgeschwindigkeit und Bestimmung der turbulenten Schubspannung*

Die bei der Untersuchung der Mikrostruktur des Windes verwendete Apparatur haben wir auch zur Messung (Registrierung) der Vertikalkomponente der Windgeschwindigkeit benutzt. Auf Grund dieser Messung wurde für einige Fälle die turbulente Schubspannung (REYNOLDSsche Spannung) in der bodennahen Schicht der Atmosphäre ermittelt.

Bei Messungen der Vertikalkomponente der Strömungsgeschwindigkeit wurde ein Geber spezieller Konstruktion — die Winkelhitzdrahtsonde — verwendet, die der oben beschriebenen elektrischen Schaltung angeschlossen ist (eine kombinierte Brücke mit Registrierung auf einem Schleifenoszillographen des Geophysikalischen Instituts der Akademie der Wissenschaften der UdSSR). In Abb. 14 ist die Konstruktion einer Winkelhitzdrahtsonde angegeben. Der die Windgeschwindigkeit wahrnehmende Teil besteht aus zwei Platindrähten (Durchmesser 20 μ), die einen Winkel von 45° mit der Achse der Sonde bilden und in der Brücke als Zweige geschaltet sind. Im Betrieb ist die Ebene der

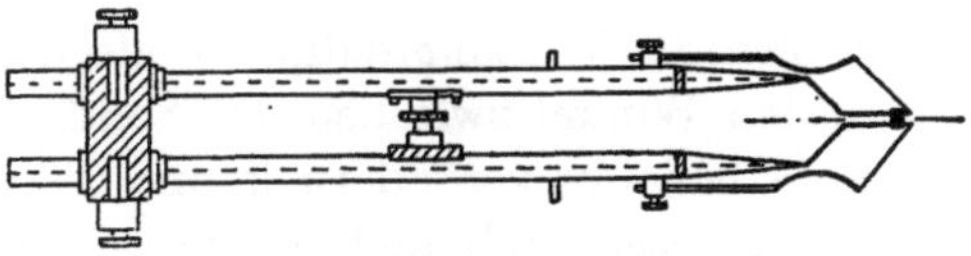
Abb. 14. Winkelhitzdrahtsonde

Sonde vertikal gelegen, so daß die Achse der Sonde sich in der Horizontalebene befindet; dabei wird die Sonde mit Hilfe einer besonderen Windfahne gegen den Wind eingestellt (Abb. 15). Bei genau horizontaler Strömung stehen beide Drähte der Winkelhitzdrahtsonde unter gleichen Abkühlungsbedingungen; die Brücke stellt sich in diesem Falle auf den Gleichgewichtszustand ein. Bei einer Neigung des Vektors der Strömungsgeschwindigkeit in bezug auf die Achse des

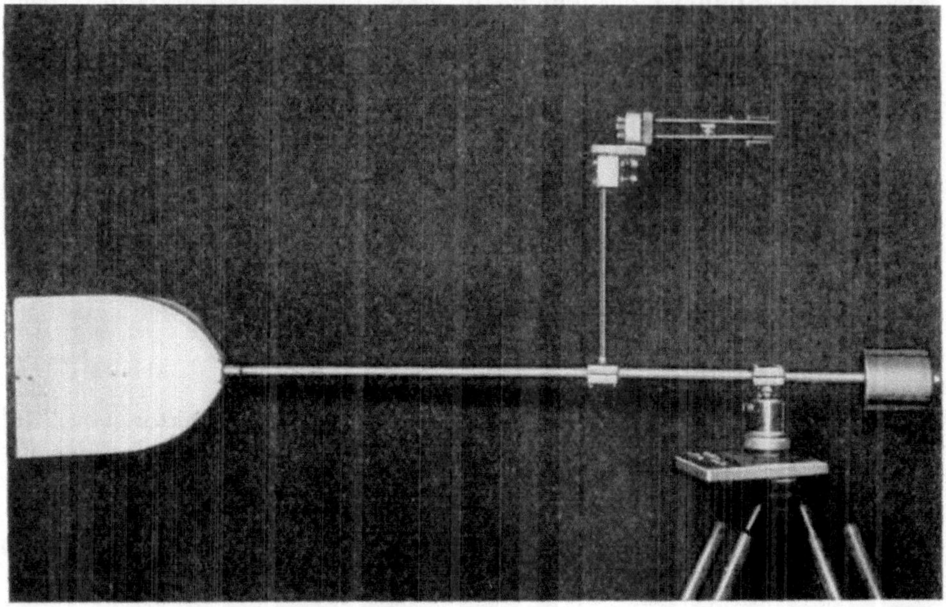

Abb. 15. Windfahne für die Winkelhitzdrahtsonde

Gerätes sind die Abkühlungsbedingungen für den oberen und unteren Draht verschieden, und in der Diagonale der Brücke fließt ein Strom, der vom Neigungswinkel des Geschwindigkeitsvektors abhängt; dabei ist diese Abhängigkeit im Bereich $\pm 15°$ praktisch linear; der entsprechende Proportinalitätsfaktor ist eine Funktion der Strömungsgeschwindigkeit. Die Strömungsgeschwindigkeit wird aus der Summe der Widerstände (siehe Brückenschaltung, § 3) mit Hilfe der Eichkurve bestimmt.

Bei der Eichung im Windkanal befindet sich die Winkelhitzdrahtsonde auf einem Spezialhalter, mit dessen Hilfe man den Winkel zwischen der Sondenachse und der Strömungsrichtung im Kanal beliebig verändern kann; diese Operation wird bei verschiedenen Strömungsgeschwindigkeiten wiederholt.

Die oben dargelegte Methode zur Messung der Vertikalkomponente des Windes wurde in der Arbeit von A. R. Konstantinow [15] verwendet; die Sonde unserer Konstruktion besitzt jedoch eine erheblich geringere Trägheit bei größerer Empfindlichkeit der ganzen Apparatur. Die Trägheit unserer

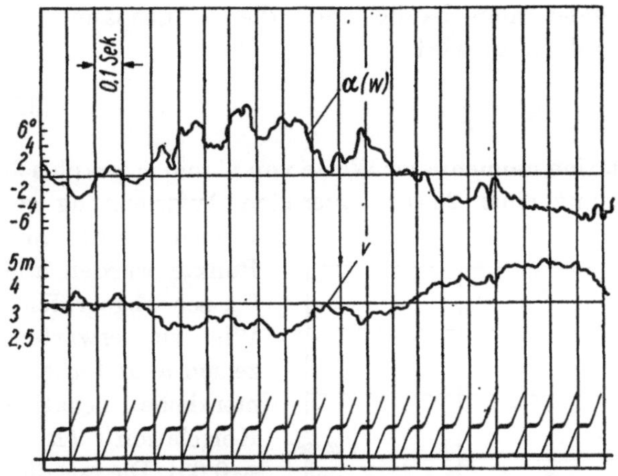

Abb. 16. Beispiel für die Registrierung der Vertikalkomponente der Windgeschwindigkeit

Apparatur wird als eine Größe von der Ordnung 0,02 sec gemessen; deshalb kann man sie bei der Lösung einer Reihe von meteorologischen Problemen als praktisch trägheitslos ansehen.

Bei der Arbeit mit der Winkelhitzdrahtsonde ergeben sich auf dem Oszillogramm zwei Kurven (Abbildung 16), von denen die untere der Änderung der Strömungsgeschwindigkeit (dem Betrag des Geschwindigkeitsvektors) und die obere der Vertikalkomponente (dem Neigungswinkel) entspricht. Bei der Auswertung der Aufzeichnungen, die mit Hilfe der Winkelhitzdrahtsonde gewonnen wurden, wird zunächst die Strömungsgeschwindigkeit ermittelt; daraufhin bestimmt man für die gegebene Geschwindigkeit die Empfindlichkeit gegenüber einer Änderung des Neigungswinkels. Praktisch haben wir ein Spezialnomogramm benutzt, das die Ergebnisse der Eichung einer Sonde im Windkanal bei verschiedenen Geschwindigkeiten und Neigungswinkeln verallgemeinert. Die Meßwerte für die Vertikalkomponente der Windgeschwindigkeit machen nach unseren Messungen in der Regel nicht mehr als 10% der mittleren Strömungsgeschwindigkeit aus, was einem Neigungswinkel von $\pm 6°$ entspricht. In Abb. 17 ist eine Verteilungskurve für die Neigungswinkel des Windes nach Messungen in einer Höhe von 1,5 m aufgezeichnet.

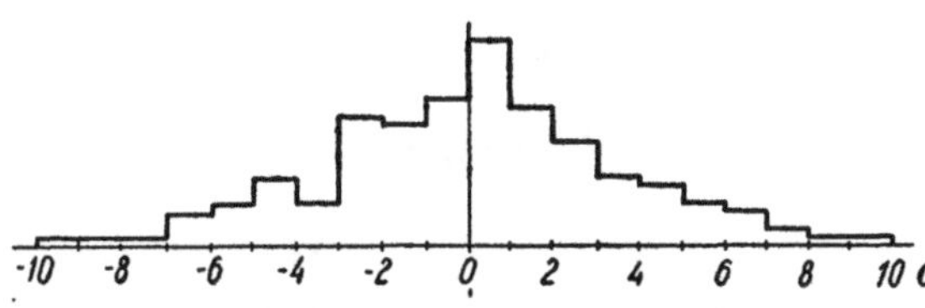

Abb. 17. Verteilungskurve für die Neigungswinkel des Windes

Verfügt man über synchronisierte Aufzeichnungen von Momentanwerten der Vertikal- und Horizontalkomponente der Windgeschwindigkeit, die man während genügend langer Zeit registriert hat, so kann man die Schubspannung τ der turbulenten Reibung berechnen, indem man sich auf die direkte, von REYNOLDS [16] gegebene Definition dieser Größe

$$\tau = -\varrho \overline{u' w'} \qquad (31)$$

stützt. Dabei sind ϱ die Dichte des Mediums, u' und w' die Schwankungen der Horizontal- und Vertikalkomponente der Windgeschwindigkeit. Zur Charakterisierung der Reibung verwendet man häufig auch die Schubspannungsgeschwindigkeit v_*, die durch τ definiert wird:

$$v_*^2 = \frac{\tau}{\varrho}. \tag{32}$$

In Abb. 18 wurde die Korrelation momentaner Werte von u' und w' graphisch angeführt, die durch Auswertung einer 20 sec dauernden Aufzeichnung gewonnen wurde (die Punkte wurden alle 0,1 sec abgegriffen). Wie zu erwarten, zeigen u' und w' eine merkliche negative Korrelation ($R = -0{,}65$). Die aus diesen Daten berechnete Schubspannungsgeschwindigkeit ist gleich

$$v_* = 0{,}33 \text{ m/sec}.$$

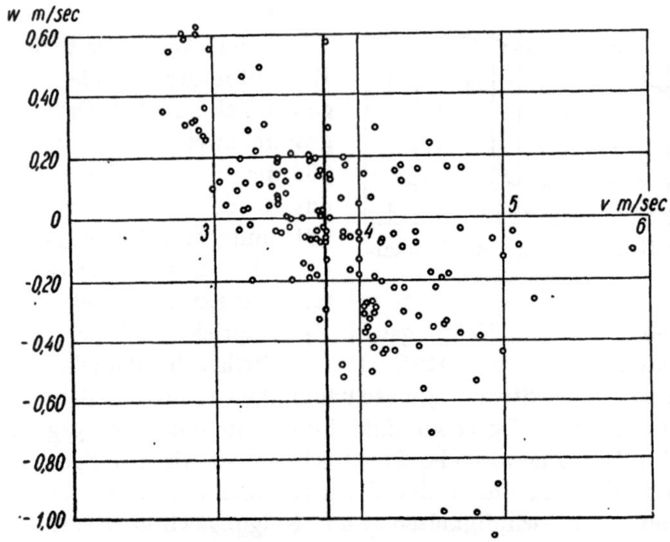

Abb. 18. Korrelation der Horizontal- und Vertikalkomponente der Windgeschwindigkeit

Es ist zu bemerken, daß die in der Meteorologie häufig verwendete, indirekte Methode zur Berechnung der Schubspannung aus der Verteilung der mittleren Windgeschwindigkeit

$$v_* = \varkappa z \frac{du}{dz} \tag{33}$$

im vorliegenden Fall $v_* = 0{,}45$ liefert (unter der Annahme $\varkappa \approx 0{,}4$). Für eine einzelne Messung ist die Abweichung nicht sehr groß.

Trägheitslose Messungen der Windgeschwindigkeitsschwankungen (der Längs- und Vertikalkomponente) eröffnen also die Möglichkeit einer direkten Bestimmung der Schubspannung in der bodennahen Schicht. „Absolute“ Messungen der Schubspannung haben prinzipielle Bedeutung für die Erforschung der physikalischen Beschaffenheit der bodennahen Schicht, da sie eine Kontrolle indirekter Methoden für die Berechnung der charakteristischen Größen der atmosphärischen Turbulenz ermöglichen, die gegenwärtig in der Meteorologie [17] viel verwendet werden.

Akademie der Wissenschaften der UdSSR
Geophysikalisches Institut

Eingegangen am 16. 1. 1951

LITERATURVERZEICHNIS

[1] KELLER, L., und FRIEDMANN, A., Differentialgleichungen für die turbulente Bewegung einer kompressiblen Flüssigkeit. Proc. of the first Int. Congr. for appl. mech. Delft 1925.

[2] Колмогоров, А. Н., Локальная структура турбулентности в несжимаемой жидкости при очень больших числах Рейнольдса. ДАН СССР.) (KOLMOGOROV, A. N., Die lokale Struktur der Turbulenz in einer inkompressiblen zähen Flüssigkeit bei sehr großen REYNOLDSschen Zahlen. Ber. Akad. Wiss. UdSSR), Bd. 30, Nr. 4 (1941). [Siehe auch die S. 71—76 dieses Sammelbandes.]

[3] Колмогоров, А. Н., Рассеяние энергии при локально-изотропной турбулентности. ДАН СССР. (KOLMOGOROV, A. N., Die Energiedissipation bei lokal-isotroper Turbulenz. Ber. Akad. Wiss. UdSSR), Bd. 32, Nr. 1 (1941). [Siehe auch die S. 77—81 dieses Sammelbandes].

[4] Красильников В. А., О влиянии пульсаций коэффициента преломления в атмосфере на рассеяние ультракоротких радиоволн. Изв. АН СССР, серия географ. и геофиз. (KRASSILNIKOW, W. A., Über den Einfluß der Schwankungen des Brechungsindex der Atmosphäre auf die Ausbreitung von Ultrakurzwellen. Nachr. Akad. Wiss. UdSSR, Ser. Geogr. u. Geophys.), Bd. 13, Nr. 1 (1949).

[5] Красильников, В. А., О флюктуациях угла прихода в явлении мерцания звезд. ДАН СССР. (KRASSILNIKOW, W. A., Über die Schwankungen des Einfallswinkels bei der Szintillation der Sterne. Ber. Akad. Wiss. UdSSR) Bd. 65, Nr. 3 (1949).

[6] Юдин, М. И., Вопросы теории турбулентности и структуры ветра с приложением к задаче о колебаниях самолета (JUDIN, M. I., Fragen der Turbulenztheorie und der Struktur des Windes mit einer Anwendung auf das Problem der Flugzeugschwingungen), Гидрометиздат, Leningrad 1946.

[7] Обухов, А. М., О распределении энергии в спектре турбулентного потока. Изв. АН СССР, серия географ. и геофиз. (OBUCHOW, A. M., Über die Energieverteilung im Spektrum einer turbulenten Strömung. Nachr. Akad. Wiss. UdSSR, Ser. Geogr. u. Geophys.), Nr. 4—5 (1941). [Siehe auch die S. 83—96 dieses Sammelbandes.]

[8] Обухов, А. М., Локальная структура атмосферной турбулентности. ДАН СССР. (OBUCHOW, A. M., Die lokale Struktur der atmosphärischen Turbulenz. Ber. Akad. Wiss. UdSSR), Bd. 66, Nr. 1 (1949).

[9] TOWNSEND, A. A., Experimental evidence for the theory of local isotropy. Proc. Cambr. Phil. Soc., Bd. 41, Nr. 4 (1948).

[10] GÖDECKE, Messungen der atmosphärischen Turbulenz. Annalen der Hydrographie, H. 10 (1935).

[11] Попов, С. Г., Измерение воздушных потоков. (POPOW, S. G., Messung von Luftströmungen), Гостехиздат, 1947.

[12] Обухов, А. М., Об атмосферной турбулентности. Изв. АН СССР, серия физич. (OBUCHOW, A. M., Über atmospärische Turbulenz. Nachr. Akad. Wiss. UdSSR, Ser. Physik), Bd. 6, Nr. 1—2 (1942).

[13] Кречмер, С. И., Экспериментальное определение тепловой инерции термоанемометра. ДАН СССР. (Kretschmer, S. I., Experimentelle Bestimmung der Erwärmungsträgheit eines Hitzdrahtanemometers. Ber. Akad. Wiss. UdSSR), Bd. 61, Nr. 6 (1948).

[14] Кречмер, С. И., Обухов, А. М., Пинус, Н. З., Труды Центральной аэрологической обсерватории ГУГМС. (Kretschmer, S. I., Obuchow, A. M., Pinus, N. S., Die Ergebnisse der experimentellen Forschungen der Mikroturbulenz in der freien Atmosphäre. Arbeiten des Zentr. aerologischen Observatoriums d. hydrometeorologischen Dienstes), Nr. 6 (1951).

[15] Константинов, А. Р., Исследование турблентной структуры ветра в приземном слое атмосферы. Труды Главной геофизической обсевратории ГУГМС. (Konstantinow, A. R., Untersuchung der turbulenten Struktur des Windes in der bodennahen Schicht der Atmosphäre. Arbeiten des geophysikalischen Haupt-Observatoriums d. hydrometeorologischen Dienstes), H. 16 (78) (1949).

[16] Reynolds, O., On the Dynamical Theory of Incompressible Viscous Fluids, Phil. Trans. Roy. Soc. London 1895.

[17] Лайхтман, Д. Л. и Чудновский, А. Ф., Физика приземного слоя атмосферы. (Leichtmann, D. L., und Tschudnowski, A. F., Physik der bodennahen Schicht der Atmosphäre), Гостехиздат, 1949.

A. S. MONIN und A. M. OBUCHOW

Fundamentale Gesetzmäßigkeiten der turbulenten Vermischung in der bodennahen Schicht der Atmosphäre [1])

Der Artikel enthält eine Untersuchung der Vermischungsvorgänge in der turbulenten Atmosphäre, die auf Grund einer systematischen Anwendung von Ähnlichkeitsbetrachtungen durchgeführt wurde. Es sind empirische Angaben über die Windgeschwindigkeitsverteilung unter verschiedenen Bedingungen der Wärmeschichtung verallgemeinert und es ist eine Methode entwickelt worden, die charakteristischen Austauschgrößen auf Grund von Windgeschwindigkeits- und Temperaturgradientmessungen zu berechnen.

EINLEITUNG

In den letzten 10—15 Jahren stehen Fragen über die physikalische Beschaffenheit der bodennahen Schicht bei meteorologischen Untersuchungen im Vordergrund. Die Gesetze der bodennahen Schicht sind nicht nur für die Agrometeorologie von Interesse, die den Einfluß der „meteorologischen Umwelt" auf die Entwicklung der Pflanzen untersucht, sondern sie haben auch allgemeine geophysikalische Bedeutung, weil durch die bodennahe Schicht eine dynamische Wechselwirkung zwischen der Atmosphäre und der Bodenfläche (die „Versorgung" der Atmosphäre mit Feuchtigkeit und Wärme) stattfindet.

Eine große Anzahl von Untersuchungen zur physikalischen Beschaffenheit der bodennahen Schicht wurde im Geophysikalischen Hauptobservatorium durchgeführt — die Arbeiten von S. A. SAPOSHNIKOWA [1], D. L. LEICHTMANN und A. F. TSCHUDNOWSKI [2], M. I. BUDYKO [3] und M. T. TIMOFEJEW [4] sind den sowjetischen Meteorologen gut bekannt.

Auf Grund dieser Untersuchungen wurde vor kurzem wertvolles Beobachtungsmaterial über die Wind-, die Temperatur- und die Feuchtigkeitsverteilung in der bodennahen Schicht erhalten und eine Reihe konkreter Vorschläge zur Methodik der Berechnung der charakteristischen Größen des turbulenten Austausches zusammengestellt (M. I. BUDYKO, D. L. LEICHTMANN).

Bei der Untersuchung der Vermischungsvorgänge in der bodennahen Schicht gibt es aber noch eine Reihe von umstrittenen Fragen. Das einfache Schema

[1]) Übersetzt aus: Труды геофизического института АН СССР № 24 (151) (1954), S. 163.

der „logarithmischen Grenzschicht", das der technischen Aerodynamik entnommen ist, beschreibt zwar gut die Erscheinungen in einer indifferent geschichteten Atmosphäre, was durch umfangreiches empirisches Material bestätigt wird, jedoch zur Beschreibung der Vorgänge in der realen Atmosphäre ist dieses Schema unzulänglich. Dort ist die Inhomogenität der Temperatur ein wesentlicher Faktor, der auf die Ausbildung der Turbulenz einwirkt, wodurch die besondere Stellung der atmosphärischen Turbulenz in Anwendung auf die physikalische Beschaffenheit der bodennahen Schicht festgelegt ist.

In den Arbeiten von D. L. LEICHTMANN [5] und M. I. BUDYKO [3] sowie in einer Reihe von Untersuchungen ausländischer Verfasser (SVERDRUP, ROSSBY und MONTGOMERY, siehe z. B. [6]) ist eine Berechnung des Einflusses der Wärmeschichtung auf den turbulenten Austausch durchgeführt worden. Einzelne Resultate dieser Arbeiten stehen jedoch im Widerspruch zueinander; die physikalische Bedeutung der Ausgangshypothesen ist in vielem noch unklar. So schlägt beispielsweise M. I. BUDYKO vor, die Schichtung der Atmosphäre in dem sehr einfachen Schema der logarithmischen Grenzschicht dadurch zu berücksichtigen, daß man formal die „universelle Konstante" von KÁRMÁN durch einen von der Schichtung abhängigen Parameter ersetzt. Bei M. I. BUDYKO erweist sich aber auch die „Rauhigkeit" des Geländes — eine grundlegende charakteristische Größe der Bodenfläche — als abhängig von den meteorologischen Bedingungen. Der rein formale Charakter dieser Abhängigkeit ist eine der Unzulänglichkeiten des von M. I. BUDYKO eingeschlagenen Weges. Es ist auch noch zu erwähnen, daß die beobachteten vertikalen Windprofile bei einer nicht indifferenten Schichtung stets vom logarithmischen Gesetz abweichen.

In der Arbeit von D. L. LEICHTMANN wird eine vollkommenere Methode zur Approximation von Wind- und Temperaturprofilen (durch ein Potenzgesetz mit veränderlichem Exponenten) vorgeschlagen, die es gestattet, den Charakter der Abweichungen vom logarithmischen Gesetz unter verschiedenen Schichtungsbedingungen der Atmosphäre zu erfassen. Die Methode von LEICHTMANN enthält jedoch zu viele freie Parameter, die in jedem Einzelfall festgelegt werden müssen. Dies ruft gewisse Schwierigkeiten bei der Bestimmung dieser Parameter aus empirischen Daten hervor und verringert die Rechengenauigkeit.

Diese kritischen Bemerkungen beeinträchtigen durchaus nicht den Wert der Resultate, die von M. I. BUDYKO und D. L. LEICHTMANN bei der Lösung spezieller Aufgaben erzielt wurden, sie zeigen aber die Notwendigkeit einer weiteren Entwicklung der Theorie und einer Präzisierung der ursprünglichen physikalischen Hypothesen.

Bei der Analysierung der äußerst komplizierten Turbulenzerscheinungen in der bodennahen Schicht, wobei der Temperaturfaktor eine wesentliche Rolle spielt, verwendet man zweckmäßigerweise Ähnlichkeitsbetrachtungen, die in der Aerodynamik und Wärmephysik weit verbreitet sind und auf diesem Gebiet eine allgemein anerkannte Untersuchungsmethode darstellen.

Im Jahre 1943 machte A. M. OBUCHOW Versuche zur Anwendung von Ähnlichkeitsbetrachtungen auf Probleme der physikalischen Beschaffenheit der bodennahen Schicht [7]. Die von A. M. OBUCHOW gewonnenen Ergebnisse wurden später von A. S. MONIN [8] ausgebaut. Die in den Arbeiten [7] und [8] entwickelte Theorie liefert anscheinend eine befriedigende qualitative Charakterisierung der Vorgänge.

Dabei sind in der Arbeit [7] keine genügend zuverlässigen Daten zur Bestimmung der dimensionslosen Parameter verwendet worden (die kritische RICHARDSONsche Zahl wurde auf Grund der Angaben von SVERDRUP irrtümlicherweise gleich $\frac{1}{11}$ angenommen). Dies machte eine direkte Verwertung der in dieser Arbeit erhaltenen Beziehungen für praktische Berechnungen unmöglich.

In der vorliegenden Arbeit wurde eine Analyse der turbulenten Vermischung in der bodennahen Schicht der Atmosphäre auf Grund einer systematischen Anwendung von Ähnlichkeitsbetrachtungen durchgeführt und es wurden die Werte der dimensionslosen Parameter präzisiert; dabei wurde umfangreiches empirisches Material über Messungen des Temperaturgradienten herangezogen, das bei Expeditionen des Geophysikalischen Hauptobservatoriums und des Geophysikalischen Instituts der Akademie der Wissenschaften der UdSSR gewonnen wurde. Auf dieser Grundlage sind Formeln zur Berechnung grundlegender charakteristischer Größen der bodennahen Schicht — des turbulenten Wärmetransports, der Reibung, des Austauschkoeffizienten sowie der Feuchtigkeitsströmung — aus den vorliegenden Gradientmessungen gewonnen worden. Die Methodik der Berechnung wird an konkreten Beispielen illustriert.

1. Die logarithmische Grenzschicht

Bei der theoretischen Behandlung der Vorgänge in der bodennahen Schicht der Atmosphäre gehen wir von einer Strömung im üblichen Sinne längs einer unbegrenzten rauhen Oberfläche aus, die in horizontaler Richtung hinreichend homogen ist. Die mittleren charakteristischen Größen der Strömung hängen dann nur von der vertikalen z-Koordinate ab. Wichtige charakteristische Größen sind der Impuls-, Wärme- und Feuchtigkeitsstrom.

Für den Impulsstrom kann man die turbulente Schubspannung betrachten. An Stelle der Schubspannung

$$\tau = -\varrho \overline{u'w'}, \tag{1}$$

wobei u' und w' die Horizontal- bzw. Vertikalschwankungen der Windgeschwindigkeit, ϱ die Luftdichte und der Querstrich Mittelwertbildung bedeuten, führt man zweckmäßigerweise die Schubspannungsgeschwindigkeit

$$v_* = \sqrt{\frac{\tau}{\varrho}} \tag{2}$$

ein.

Innerhalb der bodennahen Schicht kann man die Schubspannung und den turbulenten Wärmestrom q praktisch als unabhängig von der Höhe z ansehen.

Die Konstanz (in gewissen Grenzen) von τ und q kann als definierende Bedingung der bodennahen Schicht dienen. Wir versuchen jetzt, die Höhe der bodennahen Schicht auf Grund von Messungen der Schubspannung τ ungefähr abzuschätzen. Dabei gehen wir von den gemittelten hydrodynamischen Gleichungen im Coriolis-Kraftfeld aus. Die entsprechende Gleichung für die x-Koordinate (die Richtung der Windgeschwindigkeit am Erdboden) hat im quasistationären Falle die Form

$$\frac{\partial \overline{u'w'}}{\partial z} = -\frac{1}{\varrho}\frac{\partial \overline{p}}{\partial x} + l\,\overline{v}, \tag{3}$$

wobei $\frac{\partial \overline{p}}{\partial x}$ der Druckgradient, l der Coriolis-Parameter und $\overline{v}$ die mittlere Windgeschwindigkeit in Richtung der y-Achse sind.

Wir integrieren nun beide Seiten der Gleichung über die Höhe innerhalb einer Schicht der Dicke H und schätzen die rechte Seite ab:

$$\frac{\tau(0) - \tau(H)}{\varrho} = \int_0^H \left| \frac{1}{\varrho}\frac{\partial \overline{p}}{\partial x} - l\overline{v} \right| dz < \int_0^H \frac{1}{\varrho}\left|\frac{\partial \overline{p}}{\partial x}\right| dz. \tag{4}$$

Das Fortlassen des Gliedes $l\overline{v}$ führt zu einer Verschärfung der Ungleichung, da die Coriolis-Kraft die Wirkung des Druckgradienten teilweise kompensiert. Führt man dann die Schubspannungsgeschwindigkeit v_* und die Geschwindigkeit $v_g = \frac{1}{\varrho l}\left|\frac{\partial \overline{p}}{\partial x}\right|$ des geostrophischen Windes ein, so kann man die gewonnene Ungleichung folgendermaßen schreiben:

$$v_*^2(0) - v_*^2(H) < H l v_g. \tag{5}$$

H bestimmen wir dabei so, daß die relative Veränderung von v_*^2 in einer Schicht der Dicke H eine Schranke α nicht überschreitet, d. h.

$$\frac{v_*^2(0) - v_*^2(H)}{v_*^2(0)} \lessdot \alpha \tag{6}$$

ist.

Wegen der Ungleichung (5) ist (6) jedenfalls dann erfüllt, wenn

$$H < \frac{\alpha\, v_*^2(0)}{l v_g} \tag{7}$$

gilt. Das Verhältnis der Schubspannungsgeschwindigkeit zur Geschwindigkeit des geostrophischen Windes ist schätzungsweise von der Größenordnung 0,05,

$$\frac{v_*}{v_g} \sim 0{,}05,$$

woraus folgt, daß

$$H \lessdot 2{,}5 \cdot 10^{-3}\, \alpha \frac{v_g}{l}$$

ist. Für $v_g \sim 10$ m/sec und $l = 10^{-4}$ sec^{-1} erhält man

$$H \sim \alpha \cdot 250\ \text{m}.$$

Für die Schranke $\alpha = 20\%$ gewinnen wir dann die gesuchte Abschätzung der Höhe der bodennahen Schicht:

$$H = 50\ \text{m}.$$

Innerhalb dieser Schicht kann man die Schubspannungsgeschwindigkeit v_* praktisch als konstant ansehen und die Wirkung der CORIOLIS-Kraft (die Drehung des Windes mit der Höhe) vernachlässigen. Die gewonnene Abschätzung zeigt eine recht gute Übereinstimmung mit Beobachtungen.

Unter der Bedingung einer indifferenten Schichtung kann die turbulente Vermischung in der bodennahen Schicht durch das Schema der logarithmischen Grenzschicht beschrieben werden. Die betreffenden Gesetzmäßigkeiten sind in der experimentellen Aero-Hydrodynamik gründlich untersucht worden und finden in der Meteorologie breite Anwendung.

Wir erinnern dabei an die Herleitung des logarithmischen Windverteilungsgesetzes auf Grund der Ähnlichkeitshypothese. Machen wir nun die Annahme, daß für $z \gg h_1$, wobei h_1 die Bewuchshöhe (das charakteristische Maß für die Mikroinhomogenitäten der Bodenfläche) ist, die charakteristischen statistischen Größen für die Relativbewegungen in der Strömung invariant gegenüber Ähnlichkeitstransformationen $x' = kx$, $y' = ky$, $z' = kz$, $t' = kt$ sind. Bei diesen Transformationen geht der Halbraum $z > 0$ in sich über, und die Bewegungsgleichungen bleiben unverändert.

In diesem Zusammenhang weisen wir darauf hin, daß auch das natürliche Maß der Schubspannungsgeschwindigkeit $v_* = \sqrt{\frac{\tau}{\varrho}}$ gegenüber den genannten Transformationen invariant bleibt. Wir betrachten nun einen stationären Vorgang und bilden das Verhältnis der Differenz der mittleren Geschwindigkeiten in den Höhen z_2 und z_1 zur Schubspannungsgeschwindigkeit. Die betreffende dimensionslose Größe ist eine Funktion von z_1 und z_2 und kann wegen der Voraussetzung über die Ähnlichkeit der Strömung nur von dem Verhältnis $\frac{z_2}{z_1}$ abhängen:

$$\frac{\bar{v}(z_2) - \bar{v}(z_1)}{v_*} = f\left(\frac{z_2}{z_1}\right). \tag{8}$$

Wir bestimmen dann die Gestalt der Funktion $f(\zeta)$. Offensichtlich gilt für alle Höhen $z_3 > z_2 > z_1$

$$\bar{u}(z_3) - \bar{u}(z_1) = \bar{u}(z_3) - \bar{u}(z_2) + \bar{u}(z_2) - \bar{u}(z_1) \tag{9}$$

und gleichzeitig

$$\frac{z_3}{z_1} = \frac{z_3}{z_2} \cdot \frac{z_2}{z_1}. \tag{10}$$

Daraus folgt, daß die Funktion f der Funktionalgleichung

$$f(\zeta_1 \cdot \zeta_2) = f(\zeta_1) + f(\zeta_2) \qquad \left(\zeta_1 = \frac{z_2}{z_1}, \zeta_2 = \frac{z_3}{z_2}\right) \tag{11}$$

genügt. Die einzige Lösung dieser Funktionalgleichung ist der Logarithmus $f(\zeta) = C \ln \zeta$. Setzt man $C = \frac{1}{\varkappa}$, so ergibt sich

$$\frac{\bar{v}(z_2) - \bar{v}(z_1)}{v_*} = \frac{1}{\varkappa} \ln \frac{z_2}{z_1} \tag{12}$$

mit der bekannten KÁRMÁNschen Konstanten $\varkappa$. Aus empirischen Daten ergibt sich $\varkappa \approx 0{,}4$. Für infinitesimal benachbarte Werte z_1 und z_2 läßt sich die Gleichung (12) als gewöhnliche Differentialgleichung schreiben:

$$\frac{d\bar{v}}{dz} = \frac{v_*}{\varkappa z}. \tag{13}$$

In den Gleichungen (12) und (13) sind die charakteristischen Größen der Bodenfläche nicht enthalten, weshalb sie für jedes beliebige Gelände gelten, falls die Bedingung $z_1, z_2 \gg h_1$ erfüllt ist[1]). Die Gleichung (13) bestimmt dabei lediglich die Änderung der mittleren Windgeschwindigkeit mit der Höhe. Die Ermittlung des absoluten Wertes von $\bar{v}(z)$ erfordert eine Berücksichtigung der Beschaffenheit des Geländes.

Wir setzen nun voraus, daß die Beobachtungen der Windgeschwindigkeit in einer festen Höhe H über einem bestimmten Gelände durchgeführt werden. Weiter nehmen wir an, daß unabhängige Messungen der Schubspannung τ durchgeführt werden können, so daß wir infolgedessen in jedem Einzelfall $v_* = \sqrt{\frac{\tau}{\varrho}}$ ermitteln können. Beispielsweise kann der Wert von v_* aus hitzdrahtanemometrischen Messungen der Schwankungen u' und w' oder summarisch auf Grund einer Messung der Schubspannung τ_0 am Erdboden bestimmt werden. Der letzten Methode bedient man sich praktisch bei der Untersuchung einer turbulenten Bewegung in Rohren. Unter atmosphärischen Bedingungen wurde ein Versuch zur Anwendung der dynamometrischen Methode für die Messung von τ von SHEPPARD [9] gemacht.

Durch Vergleich einer Reihe von Beobachtungen der Windgeschwindigkeit $\bar{v}(H)$ und der Schubspannung τ kann man eine Abhängigkeit zwischen diesen Größen feststellen. Experimentell findet man in der Aerodynamik, daß bei großen REYNOLDSschen Zahlen und „rauher“ Oberfläche die Abhängigkeit der Schubspannung τ von der mittleren Windgeschwindigkeit $\bar{v}$ quadratischen Charakter hat, woraus folgt, daß

$$v_* = \gamma(H)\,\bar{v}(H) \tag{14}$$

ist; dabei bedeutet $\gamma(H)$ einen dimensionslosen Koeffizienten, der von der Oberflächenbeschaffenheit abhängig ist. Bei fester Höhe H kann der „Reibungskoeffizient“ $\gamma(H)$ als charakteristische Größe für die Oberflächenbeschaffenheit bezüglich ihrer dynamischen Einwirkung auf die Strömung dienen. Die Ver-

[1]) Die Bestimmung der Höhenwerte z in (13) ist mit einer gewissen Willkür in der Wahl des Ausgangspunktes behaftet (innerhalb der Bewuchshöhe h_1). Doch für $z \gg h_1$ hat diese Unbestimmtheit keine nennenswerte Bedeutung.

wendung von $\gamma(H)$ hat jedoch den Nachteil, daß wir an eine bestimmte Wahl der Beobachtungshöhe gebunden sind. In welcher Weise $\gamma(H)$ von der Beobachtungshöhe H abhängt, kann man leicht feststellen, wenn man $\bar{v}(H) = \frac{v_*}{\gamma(H)}$ in (12) einsetzt. Für zwei beliebige Höhen $H_1, H_2 \gg h_1$ erhalten wir

$$\frac{1}{\gamma(H_2)} - \frac{1}{\gamma(H_1)} = \frac{1}{\varkappa} \ln \frac{H_2}{H_1}. \tag{15}$$

Insbesondere ergibt sich aus (15), daß $\gamma(H)$ mit der Höhe abnimmt. Durch Übergang zur Exponentialfunktion und Vereinigung der Größen, die H_1 bzw. H_2 enthalten, gewinnen wir

$$H_1 e^{-\frac{\varkappa}{\gamma(H_1)}} = H_2 e^{-\frac{\varkappa}{\gamma(H_2)}} = h_0, \tag{16}$$

d. h. eine von der Höhe unabhängige Größe. Somit wird die Größe h_0, welche die Dimension einer Länge hat, lediglich durch die Oberflächenbeschaffenheit bestimmt; sie trägt die Bezeichnung „dynamische Rauhigkeit“[1]). Drücken wir nun den Reibungskoeffizienten $\gamma(z)$ durch die dynamische Rauhigkeit h_0 aus,

$$\gamma(z) = \frac{\varkappa}{\ln \frac{z}{h_0}}, \tag{17}$$

so erhalten wir gemäß (14) die gesuchte Windgeschwindigkeitsverteilung

$$\bar{v}(z) = \frac{v_*}{\varkappa} \ln \frac{z}{h_0}. \tag{18}$$

Das oben angeführte Verfahren zur Einführung des Begriffes der Bodenrauhigkeit hat den Vorzug, daß es sich ausschließlich auf Strömungseigenschaften in genügend großer Höhe stützt, wo man mit guter Begründung die universellen Gesetze der ausgebildeten Turbulenz anwenden kann. In den meisten Fällen verfügt man aber nicht über Mittel zur direkten Messung von τ [bzw. $\gamma(H)$]. Zur praktischen Bestimmung der dynamischen Rauhigkeit muß man dann die Eigenschaften des unmittelbar aus Beobachtungen entnommenen Windprofils heranziehen. Bei der Arbeit über einer entwickelten Bodenbewachsung treten noch zusätzliche Schwierigkeiten auf, die mit der Wahl des Anfangspunktes für z zusammenhängen. Eine Reihe von Verfassern (Paeschke [10], Konstantinow [11]) empfehlen als Anfangspunkt für die Höhenrechnung eine gewisse Höhe z_1 zu nehmen, die zwischen dem Boden und der Bewuchshöhe h_1 liegt. Diese Höhe kann man als Verdrängungsdicke bezeichnen.

Den Begriff der „Verdrängungsdicke“ z_1 kann man im Rahmen des allgemeinen Schemas folgendermaßen einführen: die Gleichung (13) beschreibt die asymptotischen Gesetze, die für $z \gg h_1$ gelten, und ist in diesem Bereich unempfindlich gegenüber kleinen Nullpunktverschiebungen auf der z-Achse (innerhalb der Bewuchshöhe h_1). Wir betrachten jetzt den Bereich der z-Werte,

[1]) Von einigen Verfassern wird die dynamische Rauhigkeit auch als Rauhigkeitshöhe bezeichnet. — Anmerkung zur deutschen Übersetzung.

die zwar größer als h_1, aber doch sämtlich mit h_1 vergleichbar sind, so daß das Verhältnis $\frac{h_1}{z}$ als eine Größe angesehen werden kann, die von erster Ordnung klein wird. Um etwas Bestimmtes vor Augen zu haben, werden wir z vom Erdboden ab rechnen. In diesem Falle hat man in (13) einen Korrekturfaktor $f\left(\frac{h_1}{z}\right)$ einzuführen, der die mit der unmittelbaren Einwirkung der Bodenbewachsung zusammenhängende Abweichung vom unbebauten Gelände beschreibt:

$$\frac{d\bar{v}}{dz} = \frac{v_*}{\varkappa z} f\left(\frac{h_1}{z}\right). \tag{19}$$

Offenbar muß die Beziehung (19) für $z \to \infty$ in (13) übergehen, woraus sich $f(0) = 1$ ergibt. Durch Entwicklung der Funktion f in eine Reihe erhalten wir

$$\frac{d\bar{v}}{dz} = \frac{v_*}{\varkappa z}\left[1 + \alpha\left(\frac{h_1}{z}\right) + \beta\left(\frac{h_1}{z}\right)^2 + \cdots\right]. \tag{20}$$

Wir führen nun einen neuen Anfangspunkt auf der z-Achse ein, indem wir $z = z' + z_1$ setzen, wobei z' mit h_1 vergleichbar ist, und schreiben die Gleichung auf die neue Veränderliche um:

$$\frac{d\bar{v}}{dz'} = \frac{v_*}{\varkappa z'}\left[1 + \left(\alpha - \frac{z_1}{h_1}\right)\left(\frac{h_1}{z'}\right) + \beta'\left(\frac{h_1}{z'}\right)^2 + \cdots\right]. \tag{21}$$

z_1 wählen wir so, daß das Glied erster Ordnung in der Darstellung (21) verschwindet. Bei einer derartigen Wahl von z_1 erhalten wir bis auf Glieder zweiter Ordnung

$$\frac{d\bar{v}}{dz} = \frac{v_*}{\varkappa(z - z_1)}. \tag{22}$$

Man kann somit die Verdrängungsdicke als Höhe eines bestimmten bedingten Anfangspunktes definieren, bei dessen Benutzung wir in einer Schicht, die höher als die Schicht der Bodenbewachsung liegt, die beste Approximation des Windprofils durch das logarithmische Geschwindigkeitsgesetz erhalten. Zu bemerken ist, daß die oben gegebene physikalische Definition der dynamischen Rauhigkeit h_0 unempfindlich gegenüber einer Substitution von z durch $z - z_1$ ist (sobald $H \gg h_1$ ist); in der Endformel für das Windgeschwindigkeitsprofil müssen wir jedoch die Höhe vom Niveau der Verdrängungsschicht an rechnen, d. h. z durch $z - z_1$ ersetzen:

$$\bar{v}(z) = \frac{v_*}{\varkappa} \ln \frac{z - z_1}{h_0}. \tag{23}$$

Die charakteristischen Größen z_1 und h_0 des Geländes können empirisch auf Grund von Messungen des Windprofils in einer Schicht über der Höhe der Bodenbewachsung unter angenäherten Gleichgewichtsbedingungen bestimmt werden. Eine Erhöhung der Rechengenauigkeit ergibt sich unter Benutzung von Daten, die über eine Anzahl gleichartiger Fälle gemittelt sind.

Als Beispiel führen wir die Werte für z_1 und h_0 aus der Arbeit [10] von PAESCHKE an (Tab. 1).

Tabelle 1
Charakteristische Größen der Bodenfläche

	z_1 (cm)	h_0 (cm)
Schneefläche	3	0,5
Flugplatz	10	2,5
Rübenfeld	45	6,5
Weizenfeld	130	5

Einige Angaben über die Frage der Auswahl des Anfangspunktes z_1 kann man in dem Artikel von A. R. KONSTANTINOW [11] finden. Beachtung verdient die Tatsache, daß die dynamische Rauhigkeit eines Weizenfeldes kleiner ist als die eines Rübenfeldes, während die Bewuchshöhe im ersten Fall dreimal größer ist. Bei niedriger Bodenbewachsung (Steppe) spielt der Wert z_1 keine wesentliche Rolle, und bei der Berechnung von h_0 und v_* aus Beobachtungen, die in Höhen über 1 m durchgeführt werden, kann man formal $z_1 = 0$ setzen, d. h. die Höhen unmittelbar vom Erdboden an rechnen.

In den weiteren Abschnitten der Arbeit werden wir bei der Untersuchung des Schichtungseinflusses annehmen, daß die Höhe von einem gewissen bedingten Niveau („Verdrängungsschicht"), von dem nicht besonders gesprochen werden soll, gerechnet wird, während wir die dynamische Rauhigkeit h_0 als eine gegebene charakteristische Größe des Geländes ansehen, die von den meteorologischen Bedingungen unabhängig ist.

2. Charakteristische Fundamentalgrößen eines turbulenten Vorganges in einem temperatur-inhomogenen Medium

Eine der für die Praxis wichtigsten charakteristischen Größen eines turbulenten Vorgangs in der bodennahen Schicht der Atmosphäre ist der vertikale turbulente Wärmestrom

$$q = c_p \varrho \overline{w'T'}, \tag{24}$$

wobei c_p die spezifische Wärme der Luft bei konstantem Druck, ϱ die Dichte, w' und T' die Vertikalschwankungen der Windgeschwindigkeit bzw. der Temperatur sind, die beim Durchgang der Turbulenzelemente durch einen gegebenen Punkt hervorgerufen werden, während der Querstrich Mittelwertbildung bedeutet. Die Größe q stellt die mittlere Wärmemenge dar, die von den turbulenten Schwankungen pro Flächeneinheit und Zeiteinheit transportiert wird. Mit guter Begründung kann man annehmen, daß der turbulente Wärmestrom in der bodennahen Schicht unter stationären Bedingungen praktisch von der Höhe unabhängig ist[1]). An Stelle von q kann man auch den „Temperaturstrom"

$$\frac{q}{c_p \varrho} = \overline{w'T'} \tag{25}$$

verwenden.

[1]) Dabei sehen wir von einer Betrachtung der Strahlungsenergieströme ab. Genau gesagt, ist der Gesamtstrom $q + q_1$ mit dem Strahlungsstrom q_1 von der Höhe unabhängig. Dabei kann man die Änderungen des Strahlungsstromes q_1 in der bodennahen Schicht kaum als erheblich ansehen. Diese Frage muß jedoch der Gegenstand spezieller Untersuchungen sein.

Den turbulenten Wärmestrom q kann man experimentell direkt bestimmen, wenn man praktisch trägheitslose Messungen der Temperaturschwankungen T' und der Schwankungen der vertikalen Windgeschwindigkeitskomponente w' ausführt. Die moderne Technik eröffnet die prinzipielle Möglichkeit solcher Messungen [12, 13]. Dennoch ist man in der Praxis gleichzeitig genötigt, indirekte Methoden zur Bestimmung von q heranzuziehen, die sich auf einfachere Gradientmessungen stützen. Für die richtige Interpretation dieser Messungen ist es erforderlich, den Zusammenhang der charakteristischen Turbulenzgrößen q und v_* mit der mittleren Windgeschwindigkeitsverteilung und der Temperaturverteilung zu untersuchen. Zur Lösung dieses Problems werden wir Ähnlichkeitsbetrachtungen anstellen und uns bemühen, möglichst wenig Parameter bei der Beschreibung eines turbulenten Vorgangs in einem temperatur-inhomogenen Medium einzuführen.

Systematische Inhomogenitäten eines Temperaturfeldes (die Änderung der mittleren Temperatur mit der Höhe) üben einen bestimmten Einfluß auf den allgemeinen Turbulenzvorgang aus (die Wirkung des archimedischen Auftriebs). Unter der Bedingung, daß die Temperaturschwankungen klein sind gegenüber der mittleren Temperatur T_0 der bodennahen Schicht, lassen sich die Bewegungsgleichungen eines temperatur-inhomogenen Mediums folgendermaßen schreiben:

$$\begin{aligned}
\frac{du}{dt} &= -\frac{1}{\varrho}\frac{\partial p_1}{\partial x},\\
\frac{dv}{dt} &= -\frac{1}{\varrho}\frac{\partial p_1}{\partial y},\\
\frac{dw}{dt} &= -\frac{1}{\varrho}\frac{\partial p_1}{\partial z} + \frac{g}{T_0}T_1,\\
\frac{\partial u}{\partial x} &+ \frac{\partial v}{\partial y} + \frac{\partial w}{\partial z} = 0,\\
\frac{dT_1}{dt} &= 0.
\end{aligned} \tag{26}$$

In diesem System bedeuten p_1 und T_1 die Abweichungen von den Standardwerten[1]). Die bei der Herleitung des Gleichungssystems gemachten Vereinfachungen laufen auf die Vernachlässigung der CORIOLIS-Kraft und des Zuflusses an Strahlungswärme sowie auf eine Linearisierung der standardisierten statischen Druck- und Temperaturverteilung hinaus. Dies besagt, daß die Dichteänderungen zugunsten der Druckänderungen vernachlässigt werden, und angenommen wird, daß die Dichte- und die Temperaturabweichungen von den Standardwerten proportional sind (siehe L. D. LANDAU und E. M. LIFSCHITZ [14], Kap. V). Diese in der Theorie der Konvektionsströmungen üblichen Vereinfachungen gestatten es, den archimedischen Auftrieb durch den Summanden $\frac{g}{T_0}T_1$ zu beschreiben. In der Gleichung tritt somit die dimensions-

[1]) Als Standardwert bezeichnet man den Mittelwert der Temperatur oder des Druckes in der bodennahen Schicht der Atmosphäre. — Anmerkung zur deutschen Übersetzung.

behaftete Konstante $\frac{g}{T_0}$ auf, die wir im folgenden bei der Aufstellung von Ähnlichkeitskriterien berücksichtigen müssen.

Wir weisen darauf hin, daß die Linearisierung der Gleichungen in bezug auf die Geschwindigkeitsschwankungen unzulässig ist, weil dabei die Turbulenz verlorengehen würde. In den Gleichungen sind außerdem die Glieder fortgelassen, welche die Zähigkeit und die Wärmeleitfähigkeit enthalten[1]). Man nimmt natürlich an, daß die Änderungen der mittleren Geschwindigkeit und Temperatur mit der Höhe durch die Koordinate z, den Parameter $\frac{g}{T_0}$ und die „äußeren Parameter" v_* und q ausgedrückt werden können, wobei sich die betreffenden Gleichungen in dimensionsloser Form schreiben lassen und keine anderen dimensionsbehafteten Konstanten enthalten. Diese Annahme stellt die auf den Fall eines temperatur-inhomogenen Mediums verallgemeinerte, fundamentale Ähnlichkeitshypothese dar, die im ersten Abschnitt der vorliegenden Arbeit formuliert wurde. Die von uns angenommene Ähnlichkeitshypothese steht im Einklang mit (26) und ist gleichwertig mit der Annahme, daß das Gleichungssystem (26) zusammen mit den Bedingungen

$$\begin{aligned} \overline{w' T'} &= \frac{q}{c_p \varrho} = \text{const}, \\ -\overline{\varrho u' w'} &= \tau = \text{const}, \end{aligned} \tag{27}$$

die ein Analogon zu den Randbedingungen darstellen, die charakteristischen statistischen Größen des turbulenten Vorganges eindeutig bestimmen. Somit kann man die drei Parameter $\frac{g}{T_0}$, v_* und $\frac{q}{c_p \varrho}$ als Turbulenzgrößen ansehen, die zur Charakterisierung der bodennahen Schicht (oberhalb der Bewuchshöhe) ausreichen. Aus diesen Parametern kann man eindeutig (bis auf einen Zahlenfaktor) ein Längenmaß L und ein Temperaturmaß T_* aufbauen, die in folgender Form geschrieben werden können:

$$L = -\frac{v_*^3}{\varkappa \frac{g}{T_0} \frac{q}{c_p \varrho}}, \quad T_* = -\frac{1}{\varkappa v_*} \frac{q}{c_p \varrho}. \tag{28}$$

Als charakteristisches Geschwindigkeitsmaß nimmt man naturgemäß die Schubspannungsgeschwindigkeit v_*; das Minuszeichen und die KÁRMÁNsche Konstante $\varkappa$ wurden aus Bequemlichkeitsgründen eingeführt. Die Vorzeichen von L und T_* werden durch den Charakter der Schichtung bestimmt. Bei stabiler Schichtung ist der turbulente Wärmestrom nach unten gerichtet — $q < 0$ und dementsprechend ist $L > 0$ und $T_* > 0$. Bei instabiler Schichtung

[1]) Unter den Bedingungen der ausgebildeten Turbulenz hat man diese Glieder nur bei der Untersuchung sehr feiner Einzelheiten der Mikrostruktur eines Wind- und Temperaturfeldes zu berücksichtigen. Der vertikale Impuls- und Wärmetransport wird durch Inhomogenitäten eines gewissen „mittleren Maßes" hervorgerufen, für die der direkte Einfluß der Zähigkeit und Wärmeleitfähigkeit hinreichend klein ist.

hat man umgekehrt $q > 0$, $L < 0$ und $T_* < 0$. Man hat also zwei qualitativ verschiedene Fälle zu betrachten, die bei Annäherung an die indifferente Schichtung ($q = 0$) ineinander übergehen müssen.

Wir betrachten jetzt die dimensionslosen Größen $\frac{\varkappa z}{v_*} \frac{d\bar{v}}{dz}$ und $\frac{z}{T_*} \frac{d\bar{T}}{dz}$ (im folgenden werden wir den Querstrich, der die Mittelwertbildung andeutet, fortlassen). Diese dimensionslosen charakteristischen Größen des gemittelten Geschwindigkeits- und Temperaturfeldes müssen bestimmte Funktionen der „äußeren Parameter" und der Koordinate z sein. Die einzige dimensionslose Kombination, die man aus $\frac{q}{c_p \varrho}$, v_*, $\frac{g}{T_0}$ und z bilden kann, ist $\frac{z}{L}$. Daraus folgt, daß

$$\frac{\varkappa z}{v_*} \frac{dv}{dz} = \varphi_1(z/L), \tag{29}$$

$$\frac{z}{T_*} \frac{dT}{dz} = \varphi_2(z/L) \tag{30}$$

oder

$$\frac{dv}{dz} = \frac{v_*}{\varkappa z} \varphi_1(z/L) \tag{29'}$$

und

$$\frac{dT}{dz} = \frac{T_*}{z} \varphi_2(z/L) \tag{30'}$$

gilt, wobei T_* und L durch (28) definiert werden.

Wir führen nun den Begriff des Austauschkoeffizienten ein. Formal setzen wir

$$\tau = \varrho K \frac{dv}{dz}, \qquad q = - c_p \varrho K_T \frac{dT}{dz} \tag{31}$$

und bezeichnen die Größen K und K_T als dynamischen Austauschkoeffizienten bzw. als Koeffizienten der turbulenten Temperaturleitfähigkeit. Wenn wir an Stelle von τ und q die Größen $v_* = \sqrt{\frac{\tau}{\varrho}}$ und $T_* = - \frac{1}{\varkappa v_*} \frac{q}{c_p \varrho}$ einführen und die Gleichungen (29) und (30) verwenden, erhalten wir

$$K = \frac{\varkappa v_* z}{\varphi_1(z/L)}, \quad K_T = \frac{\varkappa v_* z}{\varphi_2(z/L)}. \tag{32}$$

Jetzt stellen wir eine Hypothese auf, die von der Mehrheit der Meteorologen akzeptiert wird, und zwar nehmen wir an, daß für meteorologische Beobachtungen $K = K_T$ ist[1]), woraus sich

$$\varphi_1\left(\frac{z}{L}\right) = \varphi_2\left(\frac{z}{L}\right) = \varphi\left(\frac{z}{L}\right) \tag{33}$$

[1]) Im allgemeinen ist $K > K_T$, da beim Impulsaustausch außer der Vermischung auch der Effekt der Druckschwankungen in Erscheinung treten kann. Bis jetzt hat man jedoch noch keine überzeugenden Beweise dafür erhalten, daß dieser Unterschied wesentlich ist. Die in dieser Arbeit dargelegte Theorie kann auf den Fall $\frac{K_T}{K} = \alpha \neq 1$ verallgemeinert werden, wenn man überall T durch $\frac{T}{\alpha}$ ersetzt.

ergibt. Aus der Annahme $K = K_T$ folgt unmittelbar die Ähnlichkeit des Temperatur- und Windprofils. Nach Division von (30) durch (29) erhalten wir

$$\frac{dT}{dv} = -\frac{q}{c_p \tau} = \frac{\varkappa T_*}{v_*} \tag{34}$$

und infolgedessen für beliebige H_1 und H_2

$$T(H_2) - T(H_1) = \frac{\varkappa T_*}{v_*} [v(H_2) - v(H_1)]. \tag{35}$$

Das Verhältnis der mittleren Temperaturdifferenz in den beiden Höhen H_1 und H_2 zur Geschwindigkeitsdifferenz in denselben Höhen hängt also nicht von der Auswahl der Höhen H_1 und H_2 ab, sondern wird ausschließlich durch äußere Bedingungen bestimmt — nämlich durch das Verhältnis des turbulenten Wärmestromes q zur turbulenten Schubspannung τ.

Wir zeigen nun, daß der dimensionslose Faktor $\varphi\left(\frac{z}{L}\right)$ mit $L = \frac{v_*^3}{\varkappa \frac{g}{T_0} \frac{q}{c_p \varrho}}$ unmittelbar mit der RICHARDSONschen Zahl für eine gegebene Höhe verknüpft ist. Setzt man in den Ausdruck für die RICHARDSONsche Zahl[1])

$$\mathrm{Ri} = \frac{g}{T_0} \frac{\frac{dT}{dz}}{\left(\frac{dv}{dz}\right)^2}, \tag{36}$$

die durch (29) und (30) definierten Werte $\frac{dv}{dz}$ und $\frac{dT}{dz}$ ein, so erhält man

$$\mathrm{Ri} = \frac{g \varkappa^2}{T_0} \frac{T_* z}{v_*^2 \varphi\left(\frac{z}{L}\right)} \tag{37}$$

oder bei Benutzung der Definition (28) des Maßes L,

$$\mathrm{Ri} = \frac{z}{L} \cdot \frac{1}{\varphi\left(\frac{z}{L}\right)}. \tag{38}$$

Daraus folgt, daß die Abhängigkeit der RICHARDSONschen Zahl von der Höhe durch einen einzigen Parameter — durch das Maß L — bestimmt wird.

Durch einen Vergleich der Formel (32) für den Austauschkoeffizienten mit dem Ausdruck für die RICHARDSONsche Zahl gewinnen wir einen wichtigen Zusammenhang zwischen dem Austauschkoeffizienten, dem Maß L und der RICHARDSONschen Zahl:

$$K = \varkappa v_* L \cdot \mathrm{Ri}. \tag{39}$$

[1]) Unter T hat man die potentielle Temperatur zu verstehen, da sich T bei vertikalen Verschiebungen der Turbulenzelemente (deren Zustand man als adiabatisch ansehen kann) nicht ändert. In der bodennahen Schicht liegen die Zahlenwerte der potentiellen und absoluten Temperatur sehr nahe beieinander. Bei den gewöhnlich zu beobachtenden riesigen Temperaturgradienten in der bodennahen Schicht ist der Unterschied zwischen den Gradienten der potentiellen und der absoluten Temperatur unwesentlich, während er bei nahezu isothermen Zuständen bedeutsam ist.

Wir wollen jetzt die physikalische Bedeutung des Maßes L erklären. Unter beliebigen Schichtungsbedingungen haben wir:

$$\frac{dv}{dz} = \frac{v_*}{\varkappa z}\,\varphi\left(\frac{z}{L}\right). \tag{40}$$

Bei festem z werden wir uns nun den indifferenten Schichtungsbedingungen annähern, indem wir q gegen Null gehen lassen. Dies entspricht einem unbegrenzten Anwachsen (dem Betrage nach) des Maßes L. Im Limes müssen wir offenbar (22) erhalten, woraus sich

$$\varphi(0) = 1$$

ergibt.

Unter vorgeschriebenen äußeren Bedingungen, die durch die Werte v_* und q sowie den entsprechenden Wert L charakterisiert werden, wird $\varphi\left(\frac{z}{L}\right)$ im Bereich der z-Werte, die genügend klein im Vergleich zu L sind, hinreichend nahe an Eins kommen. Das bedeutet, daß sich die Austauschbedingungen für $z \ll L$ von den Austauschbedingungen in der indifferent geschichteten Atmosphäre wenig unterscheiden, und demzufolge wird die Turbulenz im wesentlichen durch rein dynamische Faktoren bedingt. Somit ist das Maß L, das zum erstenmal von A. M. OBUCHOW eingeführt wurde, eine wichtige charakteristische physikalische Größe der bodennahen Schicht und kann als Höhe der Unterschicht der dynamischen Turbulenz bezeichnet werden. Auf Grund der Bedingung $\varphi(0) = 1$ und (38) erhalten wir für $z \to 0$:

$$\frac{1}{L} = \left(\frac{\partial \mathrm{Ri}}{\partial z}\right)_{z=0}. \tag{41}$$

Diese Beziehung kann als Grundlage zur Bestimmung des Maßes L aus empirischen Daten (über Wind- und Temperaturprofile) dienen.

Die Funktion $\varphi\left(\frac{z}{L}\right)$ muß im allgemeinen aus einer Gesamtheit von empirischen Ergebnissen ermittelt werden. Es ist zu erwähnen, daß die gegenwärtig vorhandenen Meßdaten für eine zuverlässige Bestimmung der Funktion φ in einem genügend großen Meßbereich des Argumentes $\frac{z}{L}$ noch unzureichend sind. Eine Reihe wichtiger Probleme kann man jedoch für den Fall $\frac{z}{L} < 1$ lösen, in dem man sich mit den ersten Gliedern der Entwicklung von φ in eine Reihe begnügen kann. Dieser Fall ist einer besonderen Untersuchung wert.

3. *Die Bestimmung der charakteristischen Größen der Turbulenz aus Gradientmessungen*

Im Falle $\left|\frac{z}{L}\right| < 1$ können wir uns auf die ersten Glieder der Entwicklung von $\varphi\left(\frac{z}{L}\right)$ in eine Potenzreihe beschränken und setzen

$$\varphi\left(\frac{z}{L}\right) = 1 + \beta\,\frac{z}{L}\,, \tag{42}$$

wobei β eine universelle Konstante ist, deren Bestimmung aus empirischen Daten erfolgt. Aus (29), (30) und (42) gewinnen wir dann durch Integration über z

$$\begin{aligned} v(z) &= \frac{v_*}{\varkappa}\left(\ln\frac{z}{h_0} + \beta\frac{z}{L}\right), \\ T(z) - T(h_0) &= T_*\left(\ln\frac{z}{h_0} + \beta\frac{z}{L}\right). \end{aligned} \tag{43}$$

Dabei haben wir die Summanden $\beta\frac{z-h_0}{L}$ durch $\beta\frac{z}{L}$ ersetzt, da wir beabsichtigen, die Relation (43) nur für $z \gg h_0$ anzuwenden.

Es ist noch zu bemerken, daß analoge Beziehungen auch zur Beschreibung von Profilen der Konzentration einer beliebigen passiven Substanz in der bodennahen Luftschicht Verwendung finden können. Man kann beispielsweise bei einem stationären turbulenten Vorgang, wenn in der Luft keine Phasenveränderung der Feuchtigkeit eintritt, den vertikalen Feuchtigkeitsstrom $E = \varrho\overline{w'Q'}$ (Q ist die spezifische Feuchtigkeit) als von der Höhe unabhängig ansehen und, analog zu (30), kann man

$$\frac{dQ}{dz} = \frac{Q_*}{z}\,\varphi\left(\frac{z}{L}\right), \qquad Q_* = -\frac{1}{\varkappa v_*}\frac{E}{\varrho} \tag{44}$$

setzen, woraus

$$Q(z) - Q(h_0) = Q_*\left(\ln\frac{z}{h_0} + \beta\frac{z}{L}\right) \tag{45}$$

folgt. Schließlich nimmt der Ausdruck für den Austauschkoeffizienten $K = \varkappa v_* L\,\mathrm{Ri}$ in der Näherung (42) gemäß (38) die Form

$$K(z) = \frac{\varkappa v_* z}{1 + \beta\frac{z}{L}} \tag{46}$$

an.

Bei Gleichgewichtsschichtung ($|L| = \infty$) ergeben sich aus (43) die gewöhnlichen logarithmischen Formeln für die Wind- und Temperaturverteilung über der Höhe. Die nicht indifferente Schichtung wird in (43) durch den Summanden $\beta\frac{z}{L}$ beschrieben und führt auf systematische Abweichungen vom logarithmischen Gesetz. Bei instabiler Schichtung ($L < 0$) bewirkt die intensive turbulente Vermischung eine Ausgleichung der Windgeschwindigkeit in den verschiedenen Luftschichten, so daß die Windgeschwindigkeit mit der Höhe langsamer zunehmen muß als bei indifferenter Schichtung, d. h. es muß $\beta\frac{z}{L} < 0$ sein, woraus $\beta > 0$ folgt.

Die Ausdrücke (43) für $v(z)$ und $T(z)$ befinden sich in guter qualitativer (und bei geeigneter Wahl der Parameter auch quantitativer) Übereinstimmung mit den beobachteten Windgeschwindigkeits- und Temperaturprofilen in der bodennahen Schicht. Messungen bestätigen tatsächlich das Vorhandensein und den Charakter der in (43) angegebenen systematischen Abweichungen des logarithmischen Gesetzes von der Wind- und Temperaturverteilung über der Höhe. Dies kann man beispielsweise aus der Tab. 2 entnehmen (siehe S. 221), in der Windprofile angeführt sind, die über eine Anzahl gleichartiger Fälle mit ein und demselben Stabilitätsparameter $B = \frac{g}{T_0} \frac{\Delta T}{v^2}$ gemittelt sind (sie stammen aus Messungen einer Expedition des Geophysikalischen Hauptobservatoriums im Jahre 1945 [15], 1947 [16], 1950 [17] und einer Expedition des Geophysikalischen Instituts der Akademie der Wissenschaften im Jahre 1951 [18]). In Abb. 1 ist die Gestalt der den Beziehungen (43) entsprechenden $v(z)$- und $T(z)$-Profile angegeben, während in den Abb. 2 und 3 die gemittelten Windgeschwindigkeits- und Temperaturprofile aufgezeichnet sind, die 1951 durch eine Expedition des geophysikalischen Instituts der Akademie der Wissenschaften gewonnen wurden[1]).

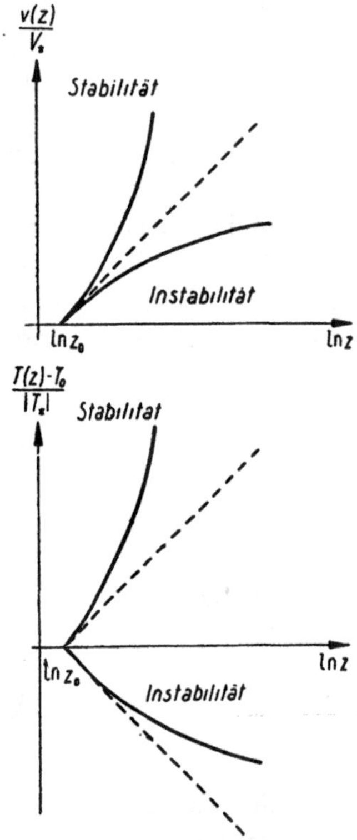

Abb. 1. Die Gestalt der Wind- und Temperaturprofile

Eine Berechnung des Schichtungseinflusses durch Einführung von Korrekturen an logarithmischen Formeln, die zu (43) analog sind, wurde von HALSTEAD [19] vorgelegt, jedoch ohne eine Analysierung der Koeffizienten mit Hilfe von Ähnlichkeitsbetrachtungen.

Wenn wir die gemessenen Wind- und Temperaturprofile durch (43) approximieren, erhalten wir die Möglichkeit, die charakteristischen Turbulenzgrößen aus den vorliegenden Gradientenmessungen zu gewinnen. Praktisch hat man bei einer derartigen Approximation zunächst den Ausgangspunkt der Höhenrechnung z_1 (die Dicke der Verdrängungsschicht) zu ermitteln. Die Größe z_1 kann man durch Versuche derart bestimmen, daß die Windprofile, die den Fällen mit Gleichgewichtsschichtung (d. h. praktisch den isothermen Fällen) entsprechen, in der graphischen Darstellung bei logarithmischer Auftragung für die Höhe als Geraden erscheinen. Extrapoliert man die gefundene geradlinige Darstellung des Windprofils bis zur Geschwindigkeit Null, so ergibt sich der Wert für die dynamische Rauhigkeit h_0.

Die Größe h_0 und die Parameter $\frac{v_*}{\varkappa}$ und $\frac{\beta}{L}$, die in (43) auftreten, kann man am genauesten bestimmen, wenn man die Windprofile, die in ein und derselben Station unter, im allgemeinen, verschiedenen Schichtungsbedingungen

[1]) Die gestrichelten geraden Linien in den Abb. 1 und 2 entsprechen dem logarithmischen Profil. Die Ziffern $-1, -2, \ldots, 3$ bei den Kurven in den Abb. 2 und 3 bedeuten die Nummern der entsprechenden Gruppe von Profilen in der Tab. 2.

gemessen worden sind, nach der Methode der kleinsten Quadrate behandelt. Wir setzen für jedes Profil

$$v_i(z) = A_i(\gamma + \lg z) + C_i z,$$

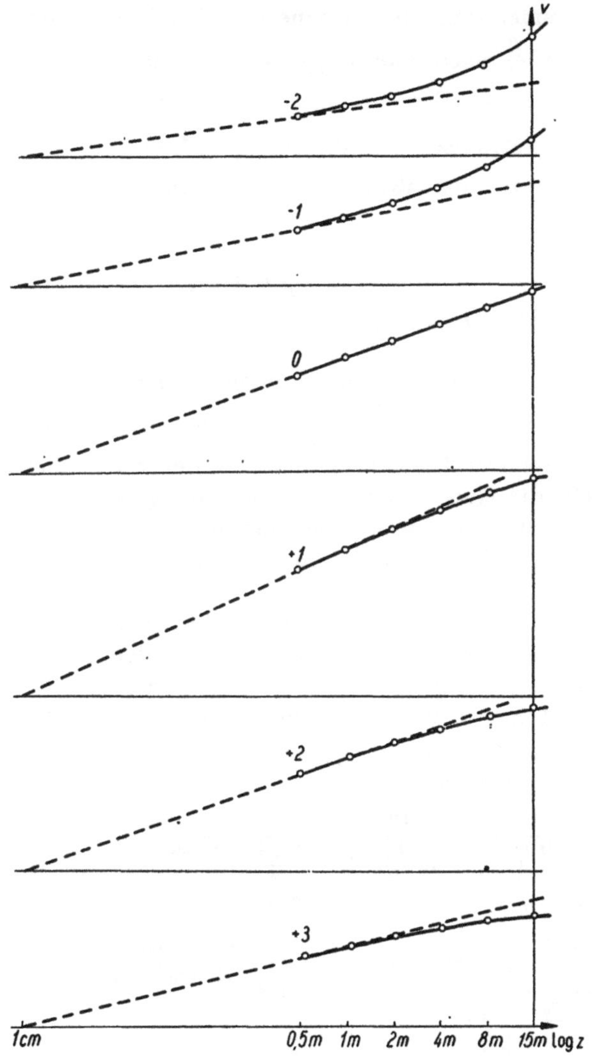

Abb. 2. Die gemittelten Windprofile aus empirischen Daten

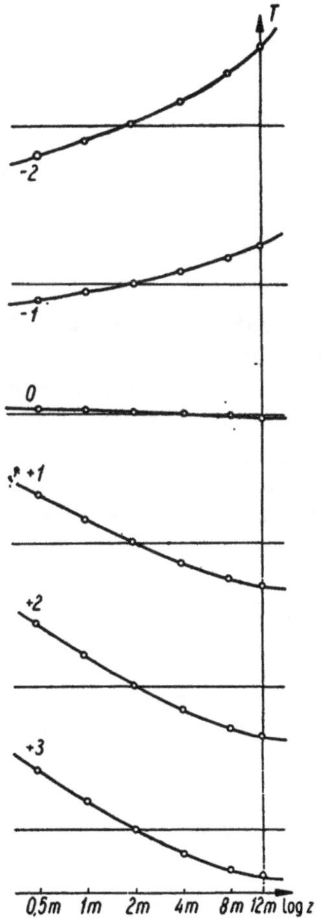

Abb. 3. Die gemittelten Temperaturprofile aus empirischen Daten

wobei i die Nummer des Profils ist, und wählen A_i, γ und C_i so, daß die Summe der Differenzenquadrate

$$\Delta^2 = \sum_{i,k} [A_i(\gamma + \lg z_k) + C_i z_k - v_i(z_k)]^2 \tag{47}$$

ein Minimum wird. Damit erhalten wir für jedes Profil

$$\frac{v_*}{\varkappa} = \frac{A_i}{\ln 10}, \quad \frac{\beta}{L} = \frac{C_i}{A_i} \ln 10$$

und finden eine für alle Profile gemeinsame dynamische Rauhigkeit $h_0 = 10^{-\gamma}$.

Für jedes Profil bestimmt man $\frac{\beta}{L}$ nach dem angegebenen Verfahren. Dann kann man bei Kenntnis von h_0 und nach Berechnung des Stabilitätsparameters $B = \frac{g}{T_0} \frac{T(z_1) - T(z_3)}{v^2(z_2)}$ (wobei beispielsweise $z_1 = 0{,}5$ m, $z_2 = 1$ m, $z_3 = 2$ m ist) auch β bestimmen, sobald man die aus (43) folgende Relation

$$B = \frac{1}{\beta} \left[\frac{\beta}{L} \frac{\ln z_1/z_3}{\left(\ln \frac{z_2}{h_0}\right)^2} \frac{1 + \frac{\beta}{L} \frac{z_1 - z_3}{\ln z_1/z_3}}{\left(1 + \frac{\beta}{L} \frac{z_2}{\ln z_2/h_0}\right)^2} \right] = \frac{1}{\beta} \Phi\left(\frac{\beta}{L}\right) \tag{48}$$

heranzieht. Den Koeffizienten β kann man also bestimmen, nachdem man B und mit Hilfe der gefundenen $\frac{\beta}{L}$ die Werte $\Phi\left(\frac{\beta}{L}\right)$ berechnet hat. Aus den in der Tab. 2 angeführten Daten von vier Expeditionen wurde der Regressionskoeffizient berechnet: $\beta = 0{,}62$; die Genauigkeit der Bestimmung von β geht dabei wahrscheinlich nicht über 10% hinaus; die Bestimmung von β aus den Daten von nur einer Expedition des Geophysikalischen Hauptobservatoriums [16] ergab den Wert $\beta = 0{,}57$.

Mit Hilfe von (43) kann man die Schubspannungsgeschwindigkeit v_* und die für die Praxis am meisten interessierende Turbulenzgröße — den Wärmestrom — berechnen, wenn man die Meßergebnisse für die Windgeschwindigkeit und Temperatur in nur zwei Höhen benutzt. Sei beispielsweise $z_1 = H/2$, $z_2 = H$, $z_3 = 2H$ und werden die Werte $T_1 = T(z_1)$, $T_3 = T(z_3)$ und $v_2 = v(z_2)$ gemessen, dann erhalten wir aus (43)

$$\begin{aligned} v_* &= \frac{\varkappa v_2}{\ln \frac{z_2}{h_0}\left(1 + \frac{\beta}{\ln \frac{z_2}{h_0}} \frac{H}{L}\right)} = -\frac{0{,}19}{\lg \frac{h_0}{H}} \cdot \frac{v_2}{1 - \frac{0{,}26}{\lg \frac{h_0}{H}} \cdot \frac{H}{L}} \frac{\text{m}}{\text{sec}}, \\ q &= -\frac{c_p \varrho \varkappa v_2 (T_3 - T_1)}{\ln \frac{z_3}{z_1}\left(1 + \beta \frac{z_3 - z_1}{H \ln \frac{z_3}{z_1}} \cdot \frac{H}{L}\right)} = -0{,}58 \frac{v_2 (T_3 - T_1)}{1 + 0{,}65 \frac{H}{L}} \frac{\text{cal}}{\text{cm}^2 \text{ min}}. \end{aligned} \tag{49}$$

Hierbei haben wir für die KÁRMÁNsche Konstante den Wert $\varkappa = 0{,}43$ genommen. Die Größe $\frac{H}{L}$ läßt sich aus der Relation (48) bestimmen, welche die Form

$$\frac{L}{H} = \frac{0{,}26}{\lg \frac{h_0}{H}} + \frac{1}{2B_1}\left[1 + \sqrt{1 + 4B_1\left(0{,}65 + \frac{0{,}26}{\lg \frac{h_0}{H}}\right)}\right] \tag{50}$$

annimmt, wobei $B_1 = 0{,}107\ H\left(\lg\frac{z_0}{H}\right)^2 \cdot \frac{T_3 - T_1}{v_2^2}$ ist, während H und v_2 in Metern bzw. m/sec ausgedrückt werden.

Der Einfluß der Schichtung auf die Schubspannungsgeschwindigkeit v_* und den Wärmestrom q kommt durch das Auftreten der Summanden mit $\frac{H}{L}$ in (49) zum Ausdruck. Die auf die Schichtung zurückzuführende Korrektur erweist sich jedoch in der Regel als geringfügig $\left(\frac{H}{L} \sim 10^{-1}\right)$. Dies ist ohne weiteres einzusehen, da die Turbulenz im unteren Teil der bodennahen Schicht im wesentlichen durch dynamische Faktoren bestimmt wird.

Die Beziehungen (49) und (50) können bei der Auswertnng von Gradientmessungen von Nutzen sein. In konkreten Fällen erlangen diese Beziehungen bei festem h_0 und H eine relativ einfache Gestalt. Beispielsweise haben wir für $h_0 = 1$ cm und $H = 1$ m:

$$B_1 = 0{,}43\,\frac{T_3 - T_1}{v_2^2}; \qquad L = -\,0{,}13 + \frac{1}{2B_1}\left(1 + \sqrt{1 + 2{,}1\,B_1}\right)\ \mathrm{m};$$
$$v_* = \frac{0{,}095\,v_2}{1 + \frac{0{,}13}{L}}\ \frac{\mathrm{m}}{\mathrm{sec}}; \qquad q = 0{,}58\,\frac{v_*\,(T_1 - T_3)}{1 + \frac{0{,}65}{L}}\ \frac{\mathrm{cal}}{\mathrm{cm}^2\,\mathrm{min}}. \tag{51}$$

Beispiele zur Berechnung des turbulenten Wärmestromes q (aus Messungen einer Expedition des geophysikalischen Instituts der Akademie der Wissenschaften im Jahre 1951) sind in [18] angeführt. Die Rechnungen zeigen an Hand konkreten Materials, daß das Maß L gewöhnlich von der Größenordnung 10 m ist und nur in einzelnen Fällen bei starker Instabilität oder starken Inversionen auf 3—4 m herabgeht. Für nahezu isotherme Zustände erreicht L einige 10 m. Die Schubspannungsgeschwindigkeit v_* macht etwa 8% der Windgeschwindigkeit in der Höhe 8 m bei instabiler Schichtung aus und etwa 5% bei stabiler Schichtung. Der turbulente Wärmestrom erreicht in der Sommerzeit in Kasachstan an heißen Sonnentagen 0,25—0,35 kal/cm² min, während er nachts Werte von der Größenordnung 0,06 kal/cm² min hat.

Unter Berücksichtigung der Tatsache, daß einige Wissenschaftler bei der Bestimmung der charakteristischen Turbulenzgrößen aus Daten der Gradientmessungen Formeln verwenden, die von M. I. Budyko [3] und D. L. Leichtmann [5] angegeben wurden, leiten wir nun Beziehungen zwischen dem Maß L und den grundlegenden Parametern der Formeln von Budyko und Leichtmann her. M. I. Budyko approximiert die Windprofile durch das logarithmische Gesetz

$$v(z) = \frac{v_*}{\varkappa m} \ln \frac{mz}{h_0}, \tag{52}$$

wobei m ein von der Schichtung der Atmosphäre abhängiger Parameter ist (bei indifferenter Schichtung wird m gleich Eins). Setzen wir die nach (43) und

(52) berechneten Ausdrücke für $\frac{v(z_2)}{v(z_1)}$ einander gleich, so erhalten wir die Beziehung

$$\frac{\beta}{L} = \frac{\ln m \cdot \ln \frac{z_2}{z_1}}{z_1 \ln \frac{z_2}{h_0} - z_2 \ln \frac{z_1}{h_0} + (z_1 - z_2) \ln m}. \tag{53}$$

Durch den Grenzübergang $z_2 \to z_1 = H$ ergibt sich dann

$$\beta \frac{H}{L} = \frac{\ln m}{1 - \ln m + \ln \frac{h_0}{H}}. \tag{54}$$

D. L. LEICHTMANN approximiert die Windprofile durch das Potenzgesetz

$$v(z) = v(z_1) \frac{z^\varepsilon - h_0^\varepsilon}{z_1^\varepsilon - h_0^\varepsilon}, \tag{55}$$

wobei ε ein von der Schichtung der Atmosphäre abhängiger Parameter ist (bei indifferenter Schichtung wird ε gleich Null). Durch Gleichsetzen der Ausdrücke für $\frac{v(z_2)}{v(z_1)}$, die nach (43) und (55) berechnet wurden, erhalten wir die Beziehung

$$\frac{\beta}{L} = \frac{(z_2^\varepsilon - h_0^\varepsilon) \ln \frac{z_1}{h_0} - (z_1^\varepsilon - h_0^\varepsilon) \ln \frac{z_2}{h_0}}{z_2 (z_1^\varepsilon - h_0^\varepsilon) - z_1 (z_2^\varepsilon - h_0^\varepsilon)}. \tag{56}$$

Der Grenzübergang $z_2 \to z_1 = H$ liefert dann

$$\beta \frac{H}{L} = \frac{\varepsilon \ln \frac{H}{h_0} - \left[1 - \left(\frac{h_0}{H}\right)^\varepsilon\right]}{1 - \varepsilon - \left(\frac{h_0}{H}\right)^\varepsilon}. \tag{57}$$

Da ε sehr klein ist, erhalten wir durch Entwicklung der rechten Seite von (57) in eine Reihe nach Potenzen von ε näherungsweise

$$\beta \frac{H}{L} \approx -\frac{\varepsilon}{2} \frac{\ln^2 \frac{h_0}{H}}{\ln \frac{H}{h_0} + 1}. \tag{58}$$

4. Asymptotische Darstellungen für die universelle Funktion

Aus (30) und (40) folgt, daß die Wind- und Temperaturprofile in der stationären, turbulenten, bodennahen Schicht mit Hilfe einer universellen Funktion von $\frac{z}{L}$ beschrieben werden können. Integriert man nämlich (30) über z und führt man die Bezeichnung $f(\xi) = \int^{\xi} \frac{\varphi(\xi)\, d\xi}{\xi}$ ein, so ergibt sich

$$v(z) = \frac{v_*}{\varkappa} \left[f\left(\frac{z}{L}\right) - f\left(\frac{h_0}{L}\right)\right],$$

$$T(z) = T(h_0) + T_* \left[f\left(\frac{z}{L}\right) - f\left(\frac{h_0}{L}\right)\right]. \tag{59}$$

In diesem Abschnitt untersuchen wir die Form der universellen Funktion $f\left(\frac{z}{L}\right)$.

Sobald $\varphi(\xi) \to 1$ geht für $\xi \to 0$, hat die Funktion $f\left(\frac{z}{L}\right)$ für kleine $\frac{z}{L}$ asymptotisch logarithmischen Charakter

$$f\left(\frac{z}{L}\right) \sim \ln\left|\frac{z}{L}\right| + \text{const} \quad \text{für} \quad \left|\frac{z}{L}\right| \ll 1. \tag{60}$$

Bei großen $\frac{z}{L}$ wird das asymptotische Verhalten der Funktion $f\left(\frac{z}{L}\right)$ verschieden sein, je nachdem, ob die Schichtung instabil ($L < 0$) oder stabil ($L > 0$) ist; denn es existieren dann faktisch zwei qualitativ verschiedene Fälle turbulenter Bewegungen.

Um die instabile Schichtung zu untersuchen, betrachten wir zunächst den Grenzfall der rein thermischen Turbulenz (wobei der Wind fehlt). Wegen des Fehlens des mittleren Windes ist in diesem Fall auch die Schubspannung im Mittel gleich Null ($v_* = 0$), und der turbulente Vorgang wird lediglich durch die Parameter q und $\frac{g}{T_0}$ charakterisiert (die Turbulenz empfängt ihre Energie ausschließlich aus der Energie der instabilen Schichtung, und deshalb hängt sie lediglich von dem durch den Wärmestrom $q > 0$ charakterisierten Instabilitätsgrad und von dem durch den Parameter $\frac{g}{T_0}$ charakterisierten archimedischen Auftrieb ab).

Aus den Parametern q und $\frac{g}{T_0}$ ist es unmöglich, ein Längenmaß zu bilden. Infolgedessen ist ein rein thermischer Turbulenzvorgang ein idealisiertes Modell: alle seine charakteristischen Größen sind Kombinationen von q, $\frac{g}{T_0}$ und z. Aus Dimensionsbetrachtungen gewinnen wir

$$T(z) = T_\infty + \frac{C}{\varkappa^{4/3}}\left(\frac{q}{c_p\varrho}\right)^{2/3}\left(\frac{g z}{T_0}\right)^{-1/3}, \tag{61}$$

wobei C eine dimensionslose (universelle) Konstante ist, der Faktor $\varkappa^{-4/3}$ aus Bequemlichkeitsgründen eingeführt wurde und T_∞ eine Konstante ist, welche die Dimension einer Temperatur hat.

Wie man aus (61) ersieht, nähert sich die Temperaturverteilung bei Zunahme der Höhe dem isothermen Zustand[1]). Das ist natürlich, denn bei instabiler Schichtung bilden sich in großen Höhen riesige Turbulenzelemente (deren Abmessungen lediglich durch den Abstand von der Erdoberfläche beschränkt sind). Diese bewirken eine sehr intensive Vermischung der Luft, die zur Ausgleichung des Temperaturprofils führt.

Aus (61) folgt, daß der Austauschkoeffizient

$$K = \frac{-q}{c_p\varrho\frac{dT}{dz}} = \frac{3}{C}\left(\frac{q}{c_p\varrho}\right)^{1/3}\left(\frac{g}{T_0}\right)^{1/3}(\varkappa z)^{4/3} \tag{62}$$

[1]) In (61) ist von der Annäherung an den „Zustand der Isothermie der potentiellen Temperatur“ bei Zunahme der Höhe die Rede (siehe die Fußnote auf S. 211).

mit der Höhe schnell anwächst. Damit erklärt sich die Vergrößerung der Turbulenzelemente bei Zunahme der Höhe und die gleichzeitige Verstärkung der Schwankungsintensität[1]).

Die Beziehung (61) kann man formal in der Form

$$\frac{T(z) - T(h_0)}{T_*} = C\left(\frac{z}{L}\right)^{-1/3} - C\left(\frac{h_0}{L}\right)^{-1/3} \tag{63}$$

schreiben, so daß bei rein thermischer Turbulenz die universelle Funktion $f\left(\frac{z}{L}\right)$ (die bis auf einen konstanten Summanden bestimmt ist) die Form $f\left(\frac{z}{L}\right) = C\left(\frac{z}{L}\right)^{-1/3} + \text{const}$ hat.

Den Fall rein thermischer Turbulenz kann man aus dem allgemeinen Fall instabiler Schichtung durch den Grenzübergang $v_* \to 0$ erhalten. Dabei geht $L \to 0$ und $\frac{z}{L} \to -\infty$. Darum wird das asymptotische Verhalten der universellen Funktion $f\left(\frac{z}{L}\right)$ durch die Beziehung

$$f\left(\frac{z}{L}\right) \sim C\left(\frac{z}{L}\right)^{-1/3} + \text{const} \quad \text{für} \quad \frac{z}{L} \ll -1 \tag{64}$$

festgelegt. Dieses Ergebnis besagt, daß der turbulente Vorgang in großen Höhen $z \gg |L|$ (innerhalb der bodennahen Schicht) bei instabiler Schichtung im wesentlichen durch thermische Faktoren bestimmt wird (das Windprofil gleicht sich aus, und die Turbulenz wird in der Hauptsache nicht durch die Energie der mittleren Bewegung, sondern durch die Energie der Temperaturinstabilität gespeist).

Die Bestimmung des asymptotischen Verhaltens der Funktion $f\left(\frac{z}{L}\right)$ für $z \gg L$ bei stabiler Schichtung macht es erforderlich, ergänzende Überlegungen anzustellen. Im Grenzfall einer starken Inversion bei verschwindend schwachem Wind entartet die Turbulenz. Bei stabiler Schichtung wird die Existenz großer Turbulenzelemente unmöglich (da sie zu viel Energie aufwenden müssen, um dem archimedischen Auftrieb entgegenzuwirken) und die Turbulenz kann nur in Form kleiner Wirbel existieren. Vom Standpunkt der Stabilitätstheorie ist dies natürlich: die großen Wellen können ihre Stabilität nicht einbüßen. Der turbulente Austausch zwischen den verschiedenen Luftschichten ist dabei erschwert, und die Turbulenz nimmt lokalen Charakter an: in hinreichend großen Höhen $z \gg L$ (oder, was dasselbe ist, bei großer Stabilität, d. h. bei

[1]) Die angestellten Überlegungen über einen rein thermischen Turbulenzvorgang stimmen mit dem Schema überein, das von A. A. SKWORZOW [20] vorgeschlagen wurde. Es besteht lediglich der Unterschied, daß SKWORZOW den Begriff eines diskreten Spektrums der Maße einführt, während in dem vorliegenden Schema das Spektrum der Maße als kontinuierlich angenommen wird.

kleinem $L > 0$) brauchen die charakteristischen Turbulenzgrößen nicht explizit vom Abstand z über dem Boden abzuhängen. Dies bezieht sich insbesondere auf den Vermischungskoeffizienten K und folglich auch auf die RICHARDSONsche Zahl Ri.

Man kann also annehmen, daß der Vermischungskoeffizient K und die RICHARDSONsche Zahl Ri im Falle stabiler Schichtung bei Vergrößerung der Höhe z (oder, was dasselbe ist, bei Erhöhung der Stabilität, d. h. bei Verkleinerung von L) gegen eine bestimmte Konstante streben. Dies ist selbstverständlich, denn bei Erhöhung der Stabilität kann K offenbar nicht zunehmen und Ri nicht abnehmen. Folglich existiert ein (universeller) Wert R der RICHARDSONschen Zahl derart, daß für $\frac{z}{L} \gg 1$

$$\mathrm{Ri} \sim R = \mathrm{const}, \quad K \sim \varkappa v_{*} L \cdot R \tag{65}$$

ist.

Tabelle 2

Windprofile, die gruppenweise mit ein und demselben Stabilitätsparameter B ermittelt sind

Expedition des Geoph. Hauptobserv. im Jahre 1945; $z_0 = 0{,}2$ cm

Ziffer	Zahl der Profile	100 B	Windgeschwindigkeit (in m/sec) über der Höhe (in m)						$\frac{v_*}{\varkappa}$	$\frac{\beta}{L}$	L
			0,2	0,5	1,0	2,0	5,0	10,8			
−2	18	−3,47	0,55	0,74	0,94	1,21	1,72	2,40	0,13	0,94	0,68
−1	6	−,052	1,21	1,49	1,76	2,10	2,78	3,80	0,25	0,57	1,0
0	30	0,25	2,41	2,90	3,25	3,60	4,10	4,56	0,50	0,01	46,2
1	21	0,56	1,69	2,00	2,24	2,43	2,68	2,85	0,36	−0,07	−8,2
2	10	1,49	1,32	1,58	1,70	1,82	1,97	2,02	0,27	−0,11	−5,6

Expedition des Geoph. Hauptobserv. im Jahre 1947; $z_0 = 0{,}5$ cm

Ziffer	Zahl der Profile	100 B	Windgeschwindigkeit (in m/sec) über der Höhe (in m)						$\frac{v_*}{\varkappa}$	$\frac{\beta}{L}$	L
			0,5	1,0	2,0	5,0	9,0	14,5			
−4	8	−5,73	0,74	0,91	1,08	1,40	1,61	1,86	0,16	0,23	2,6
−3	13	−0,91	1,09	1,32	1,48	1,76	1,88	2,08	0,25	0,04	16,2
−2	9	−0,37	1,24	1,50	1,67	1,93	2,03	2,03	0,28	0,002	300,0
−1	13	−0,18	1,68	2,00	2,22	2,57	2,73	2,92	0,37	−0,01	−54,5
0	22	0	1,90	2,24	2,51	2,84	2,95	3,26	0,42	−0,02	−30,0
1	37	0,09	3,36	3,93	4,41	4,88	5,14	5,57	0,75	−0,65	−11,1
2	41	0,26	2,66	3,15	3,50	3,80	3,98	4,18	0,60	−0,07	−9,1
3	38	0,44	2,44	2,91	3,18	3,54	3,63	3,84	0,56	−0,07	−8,8
4	19	0,57	2,24	2,61	2,85	3,12	3,16	3,36	0,50	−0,08	−7,0
5	24	0,74	2,02	2,35	2,60	2,81	2,82	3,00	0,45	−0,08	−6,4
6	14	0,55	1,85	2,13	2,34	2,56	2,60	2,75	0,41	−0,09	−6,8
7	9	1,47	1,32	1,53	1,64	1,83	1,80	1,89	0,29	−0,11	−5,7

Expedition des Geophys. Hauptobserv. im Jahre 1950; $z_0 = 0{,}8$ cm

Ziffer	Zahl der Profile	100 B	Windgeschwindigkeit (in m/sec) über der Höhe (in m)						$\frac{v_*}{\varkappa}$	$\frac{\beta}{L}$	L
			0,5	1,0	2,0	4,0	8,0	15,0			
−6	19	−8,42	0,54	0,65	0,80	1,00	1,31	1,80	0,12	0,46	1,3
−5	9	−1,92	0,89	1,04	1,22	1,50	1,94	2,50	0,20	0,29	2,1
−4	16	−1,18	1,05	1,25	1,45	1,76	2,16	2,58	0,25	0,18	3,3
−3	15	−0,46	1,52	1,79	2,04	2,34	2,74	3,25	0,36	0,09	6,4
−2	17	−0,24	1,80	2,12	2,42	2,76	3,19	3,66	0,43	0,06	10,3
−1	14	−0,13	2,02	2,38	2,70	3,06	3,50	4,00	0,49	0,04	14,3
0	25	−0,03	2,76	3,21	3,69	4,14	4,59	5,00	0,66	−0,01	−66,7
1	27	−0,09	3,35	3,90	4,48	5,00	5,52	6,08	0,75	−0,01	−66,7
2	25	0,14	2,48	2,90	3,33	3,94	4,10	4,40	0,60	−0,03	−20,0
3	29	0,22	2,40	2,80	3,20	3,55	3,88	4,15	0,58	−0,04	−17,1
4	26	00,26	2,46	2,86	3,25	3,60	3,88	4,10	0,60	−0,05	−11,5
5	26	0,29	2,40	2,75	3,10	3,45	3,80	4,10	0,57	−0,03	−12,4
6	32	0,36	2,28	2,50	2,84	3,16	3,46	3,42	0,52	−0,04	−15,0
7	116	00,46	2,04	2,38	2,69	2,98	3,20	3,40	0,50	−0,05	−11,5
8	18	0,66	1,68	1,94	2,19	2,40	2,62	2,80	0,41	−0,05	−12,5
9	22	0,25	1,44	1,65	1,88	2,04	2,20	2,34	0,35	−0,06	−10,2
10	15	1,22	1,25	1,44	1,61	1,76	1,90	2,00	0,30	−0,06	−9,2
11	19	1,83	1,00	1,14	1,30	1,43	1,53	1,56	1,56	−0,08	−7,7
12	15	4,06	0,73	0,84	0,94	1,02	1,08	1,10	1,18	−0,09	−6,4

Expedition des Geophys. Inst. der Akad. d. Wiss. im Jahre 1951; $z_0 = 1$ cm

Ziffer	Zahl der Profile	100 B	Windgeschwindigkeit (in m/sec) über der Höhe (in m)						$\frac{v_*}{\varkappa}$	$\frac{\beta}{L}$	L
			0,5	1,0	2,0	4,0	8,0	15,0			
−2	6	−0,64	1,32	1,65	1,91	2,31	2,93	3,91	0,33	0,32	1,8
−1	11	−0,21	1,83	2,14	2,55	3,05	3,71	4,62	0,45	0,20	3,0
0	10	0,02	2,97	3,53	4,04	4,72	5,20	5,86	0,76	0,02	24,0
1	7	0,17	4,01	4,64	5,25	5,80	6,41	6,88	1,01	−0,03	−18,2
2	19	0,36	3,09	3,60	4,04	4,45	4,77	5,07	0,79	−0,06	−10,3
3	8	0,81	2,23	2,55	2,86	3,10	3,28	3,45	0,56	−0,08	−7,6

Der Grenzwert R kann offensichtlich nicht größer als der kritische Wert $\mathrm{Ri}_{\mathrm{kr}}$ sein; da aber asymptotisch $K \neq 0$, d. h. die Turbulenz nicht völlig entartet ist, muß $R < \mathrm{Ri}_{\mathrm{kr}}$ sein. Den gewonnenen Grenzwert werden wir stationäre Richardsonsche Zahl nennen.

Aus (65) folgt, daß $f'(\xi) \sim \frac{1}{R}$, oder

$$f\left(\frac{z}{L}\right) \approx \frac{1}{R}\,\frac{z}{L} + \text{const} \qquad (66)$$

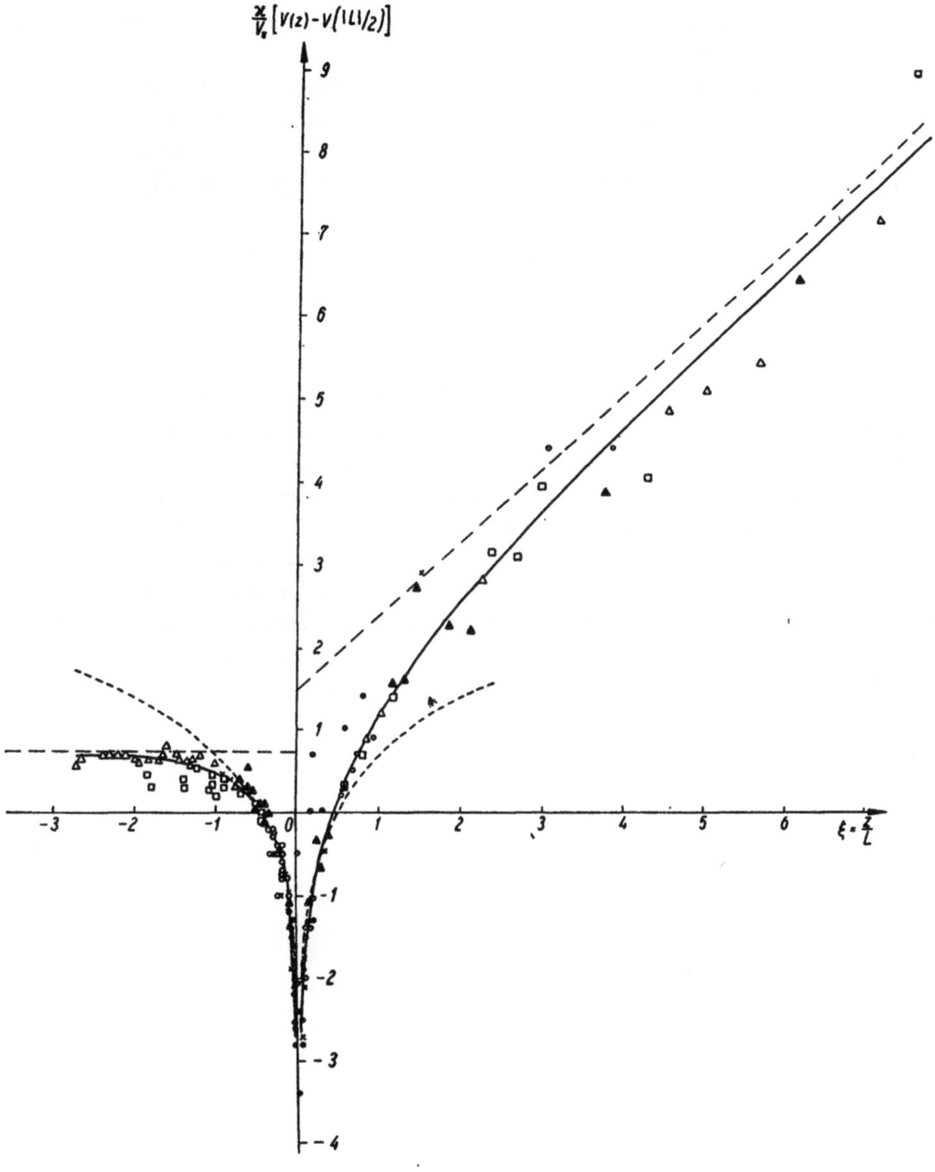

Abb. 4. Die Windgeschwindigkeitsverteilung in dimensionslosen Koordinaten

für $\frac{z}{L} \gg 1$ ist. Dabei haben wir

$$v(z) \sim -\frac{1}{R}\frac{g}{T_0}\frac{q}{c_p\varrho}\frac{z}{v_*^2} + \text{const}, \tag{67}$$

$$T(z) \sim \frac{1}{R}\frac{g}{T_0}\left(\frac{q}{c_p\varrho}\right)^2\frac{z}{v_*^4} + \text{const}. \tag{68}$$

Die Darstellungen (60), (64) und (66) geben das Verhalten der Funktion $f(\xi)$ für $|\xi| \ll 1$, $\xi \ll -1$ bzw. $\xi \gg 1$ an.

Zur empirischen Bestimmung der universellen Funktion $f(\xi)$ in einem hinreichend großen Meßbereich des Parameters ξ konstruieren wir unter Verwendung der in Tab. 2 aufgeführten Daten von vier Messungen und nach Ermittlung von v_* und L für jedes Windprofil (bei $\beta = 0{,}6$) die empirische universelle Funktion

$$\frac{\varkappa}{v_*}\left[v(z) - v\left(\frac{|L|}{2}\right)\right] = f\left(\frac{z}{L}\right) - f\left(\pm\frac{1}{2}\right),$$

wobei das Pluszeichen der stabilen und das Minuszeichen der instabilen Schichtung entspricht.

Die empirisch gewonnenen Punkte sind in der Abb. 4 eingetragen. Die graphische Darstellung zeigt überzeugend die Brauchbarkeit der in dieser Arbeit benutzten Ähnlichkeitshypothesen, die auf die Existenz einer eindeutigen universellen Funktion führen. Die empirischen Punkte liegen auf glatten Kurven mit sehr geringer Streuung trotz der Ungenauigkeit in der Messung des Windes und in der Berechnung von L und v_* durch die oben erwähnten Näherungsmethoden. Eine gewisse Streuung der Punkte erhält man nur in stark stabilen Fällen. In der Zeichnung ist das asymptotische Verhalten der Kurve bei großer Stabilität (Annäherung an ein lineares Profil) und bei starker Instabilität (Annäherung an eine Konstante) gut zu erkennen.

LITERATURVERZEICHNIS

[1] Сапожникова, С. А., Изменение скорости ветра с высотой в нижнем слое атмосферы. Труды НИУ ГУГМС. (SAPOSHNIKOWA, S. A., Die Änderung der Windgeschwindigkeit mit der Höhe in der niederen Schicht der Atmosphäre. Arb. wiss. Forsch. Inst. d. Hauptverw. d. hydrometeorologischen Dienstes). Nr. 33 (1946).

[2] Лайхтман, Д. Л., Чудновский, А. Ф., Физика приземного слоя атмосферы. (LEICHTMANN, D. L., TSCHUDNOWSKI, A. F., Die physikalische Beschaffenheit der bodennahen Schicht der Atmosphäre), ГТТИ, 1949.

[3] Будыко, М. И., Испарение в естественных условиях. (BUDYKO, M. I., Die Verdunstung unter natürlichen Bedingungen), Гидрометеоиздат, 1948.

[4] Тимофеев, М. Т., О методике определения компонент теплового баланса подстилающей поверхности. Труды ГГО. (TIMOFEJEW, M. I., Über die Bestimmung der Wärmebilanzkomponenten einer Bodenfläche. Nachr. d. geophysikalischen Haupt-Observatoriums), Heft 27 (89) (1951).

[5] Лайхтман, Д. Л., Профиль ветра и обмен в приземном слое атмосферы. Изв. АН СССР, сер. геогр. и геофиз. (LEICHTMANN, D. L., Windprofil und Austausch in der bodennahen Schicht der Atmospäre. Nachr. Akad. Wiss. UdSSR, Ser. Geograph. u. Geophys.), Bd. 8, Nr. 1 (1944).

[6] SUTTON, O. G., Atmospheric Turbulence. London 1949.

[7] Обухов, А. М., Турбулентность в температурно-неоднородной атмосфере. Тр. Института теоретической геофизики. (OBUCHOW, A. M., Turbulenz in der temperatur-inhomogenen Atmosphäre. Arb. d. Inst. theor. Geophys.), Изв. АН СССР, Bd. 1, 1946.

[8] Монин, А. С., Температурный режим в приземном слое воздуха. Информационный сборник ГУГМС. (MONIN, A. S., Ein Temperaturvorgang in der bodennahen Luftschicht. Inform. Sammelbd. d. Arb. wiss. Forsch. Inst. der Hauptverw. des hydrometeorologischen Dienstes), Nr. 1 (1950).

[9] SHEPPARD, P. A., The aerodynamic drag of the earth's surface and the value of von KÁRMÁN's constant in the lower atmosphere. Proc. Roy. Soc., A, Bd. 188, Nr. 1013 (1947).

[10] PAESCHKE, W., Experimentelle Untersuchungen zum Rauhigkeits- und Stabilitätsproblem in der bodennahen Luftschicht. Beitr. Phys. fr. Atm., Bd. 24, Nr. 3 (1937).

[11] Константинов, А. Р., Расчет испарения с сельскохозяйственных полей с учетом влияния лесных полос. Тр. Гос. гидрологического института. (KONSTANTINOW, A. R., Berechnung der Verdunstung über landwirtschaftlichen Feldern unter Berücksichtigung des Einflusses von Waldstreifen. Arb. des staatl. hydrologischen Inst.), Heft 34 (88) (1952).

[12] Обухов, А. М., Характеристики микроструктуры ветра в приземном слое атмосферы. Изв. АН СССР, сер. геофиз. (OBUCHOW, A. M., Untersuchung der Mikrostruktur des Windes in der bodennahen Schicht der Atmosphäre. Nachr. Akad. Wiss. UdSSR, Ser. Geophys.), Nr. 3 (1951). [Siehe auch die S. 174—198 dieses Sammelbandes.]

[13] Кречмер, С. И., Исследования микропульсаций температурного поля в атмосфере ДАН СССР. (Kretschmer, S. I., Untersuchung der Mikroschwankungen eines Temperaturfeldes in der Atmosphäre. Ber. Akad. Wiss. UdSSR), Bd. 34, Nr. 1 (1952).

[14] Ландау, Л. Д. и Лифшиц, Е. М., Механика сплошных сред. (Landau, L. D., und Lifschitz, E. M., Mechanik der Kontinua), Kapitel 5, ГТТИ, 1944.

[15] Сапожникова, С. А., Некоторые особенности в распределении температуры, влажности и ветра в приземном слое воздуха. Труды НИУ ГУГМС. (Saposhnikowa, S. A., Einige Besonderheiten der Temperatur-, Feuchtigkeits- und Windverteilung in der bodennahen Luftschicht. Arb. wiss. Forsch. Inst. der Hauptverw. des hydrometeorologischen Dienstes), Bd. 39 (1947).

[16] Щербакова, Л. Ф., Исследование некоторых способов характеристики турбулентного обмена на основании данных наблюдений в нижнем слое атмосферы. Труды ГГО. (Stscherbakowa, L. F., Untersuchung einiger Methoden zur Charakterisierung des turbulenten Austausches mit Hilfe von Daten aus Beobachtungen in der niederen Schicht der Atmosphäre. Arb. des geophysikalischen Haupt-Observatoriums), Heft 16 (78) (1949).

[17] Щербакова Л. Ф., Исследование влияния лесных насаждений на скорость ветра, радиационный баланс и турбулентный обмен в поле. Труды ГГО. (Stscherbakowa, L. F., Untersuchung des Einflusses von Waldanpflanzungen auf die Windgeschwindigkeit, die Strahlungsbilanz und den turbulenten Austausch im Feld. Arb. des geophysikalischen Haupt-Observatoriums), Heft 19 (91) (1952).

[18] Монин, А. С., О механизме нагревания воздуха в открытой степи. Сб. Климатические и микроклиматические исследования в Прикаспийской низменности. Изд. АН СССР. (Monin, A. S., Über den Mechanismus der Lufterwärmung in der offenen Steppe. Sammelband: Klimatische und mikroklimatische Untersuchungen in der Kaspischen Niederung), Изд. АН СССР, 1953.

[19] Halstead, M., A stability term in the wind-gradient equation. Trans. Amer. Geoph. Union, 1943.

[20] Скворцов, А. А., Об испарении и обмене в приземном слое атмосферы. Тр. Института энергетики АН УзССР. (Skworzow, A. A., Über die Verdunstung und den Austausch in der bodennahen Schicht der Atmosphäre. Arb. d. Inst. für Energetik der Akad, Wiss. Usb. SSR), Taschkent 1947.

NAMEN- UND SACHVERZEICHNIS

Bei Fragen zur Produktsicherheit wenden Sie sich bitte an:
If you have any questions regarding product safety,
please contact:

Walter de Gruyter GmbH
Genthiner Straße 13
10785 Berlin
productsafety@degruyterbrill.com